国家出版基金资助项目
"十二五"国家重点图书
材料研究与应用著作

纳米磁性液体的制备及其性能表征

STUDY ON NANOMETER MAGNETIC FLUID & ITS PROPERTY CHARACTERIZATION

张金升　著

U0223768

哈尔滨工业大学出版社
HARBIN INSTITUTE OF TECHNOLOGY PRESS

内 容 提 要

纳米磁性液体是一种特殊的液态磁性材料,兼具纳米特性、优良磁性能和良好的流动性,从而具有一系列独特的优异性能,在尖端高科技领域有着十分重要的应用,并已渗透到工业、医药、交通、民用等广泛的领域。其中 Fe_3O_4 磁性液体是一类重要的磁性液体,在其发展研究过程中产生了各种独具特色的制备理论和表征理论,并开拓出不同的应用领域。本书根据作者多年从事纳米磁性液体的研究成果,介绍一种简便易行的制备技术及表征方法,全面分析其稳定机制,并对其在机械、医药、交通等领域的应用做了一些探索。

本书适合于纳米磁性液体研究生产领域的技术人员参考,也可作为相关专业大学生和研究生的教学用书。

图书在版编目(CIP)数据

纳米磁性液体的制备及其性能表征/张金升著. —哈尔滨:哈尔滨工业大学出版社,2017.6
ISBN 978 - 7 - 5603 - 5921 - 2

Ⅰ.①纳… Ⅱ.①张… Ⅲ.①纳米材料-磁流体-研究 Ⅳ.①TM271

中国版本图书馆 CIP 数据核字(2016)第 062161 号

材料科学与工程
图书工作室

策划编辑 杨 桦 张秀华
责任编辑 刘 瑶 范业婷
封面设计 卞秉利
出版发行 哈尔滨工业大学出版社
社　　址 哈尔滨市南岗区复华四道街 10 号 邮编 150006
传　　真 0451 - 86414749
网　　址 http://hitpress.hit.edu.cn
印　　刷 黑龙江艺德印刷有限责任公司
开　　本 660mm×980mm 1/16 印张 19.5 字数 337 千字
版　　次 2017 年 6 月第 1 版 2017 年 6 月第 1 次印刷
书　　号 ISBN 978 - 7 - 5603 - 5921 - 2
定　　价 98.00 元

《材料研究与应用著作》

编 写 委 员 会

（按姓氏音序排列）

前　言

　　运动是物质的根本属性和存在形式。像运动一样,磁性也是物质的基本属性之一,因为磁性直接产生于物质的运动,确切地说,磁性产生于旋转运动。物质在旋转时,由于离心力的作用,物质的力场会出现不均衡分布。在垂直于旋转轴的平面上,旋转中心合力为零,其余位置都受到离心力的作用,离心力的分布遵从 $F = mv^2/r$(m 为质量,单位为 kg;v 为速度,单位为 m/s;r 为半径,单位为 m),即离旋转中心越远所受离心力越小。在平行于旋转轴的方向上,力场分布没有出现不均衡,但却出现了磁场,并且磁场分布也是不均衡的。磁场的大小与物质的总质量以及所在位置距物质质量中心的距离有关,质量越大磁场越强,越接近于物质的质量中心磁场越强(人们研究较多的是电磁感应)。这里要注意,无论离心力场还是磁力场,都是由旋转运动产生的,没有旋转运动,上述质量、速度、距离等因素对于离心力场和磁力场都是没有意义的。

　　宏观上,地球旋转产生离心力场和地磁场。离心力一般小于万有引力产生的地心引力,所以人和物体不会飞出地球,但如果运动速度超过第二宇宙速度(11.2 km/s),物体就会在离心力的作用下飞离地球。至于地磁场,动物(飞鸟等)会利用地磁场确定方向寻找回家的路径,而我们人类的感受性已经退化,平常感受不到地磁场的存在,但通过仪器测量很容易测得某位置的地磁场数值,常见的指南针也清楚地表明地磁场的存在。

　　微观上,人们研究的结论是,电子、质子、中子等微观粒子的自旋和公转形成磁偶极子和微磁场。物质中存在无数的磁偶极子,方向杂乱。当磁偶极子的磁性方向平行或近平行时,磁力不为零,从而表现出磁性;保持杂乱状态或磁性方向反平行时,则不表现出磁性。因此,物质实质上是万物有磁,差别在于是否表现出来以及表现出来的程度大小。

　　通常的磁性材料是指铁氧体等固体磁性材料,一般是刚性或脆性材料,后来人们发展了柔性的磁性材料,如橡胶磁体,大大扩大了磁性材料的应用领域。随着航空航天技术和国防技术的发展,具有更加神奇性能的液体磁性材料应运而生,这就是纳米磁性液体。

　　纳米磁性液体,是将纳米磁性粒子经表面包覆处理,然后均匀稳定地分散于某种基载液中,形成的一种胶体体系的液体磁性材料。它兼具流动性和磁性,因此可起到刚性的固体磁性材料和柔性的橡胶磁性材料所起不到的作用,在国防领域得到了广泛应用,是很多技术实现的关键,同时在机械密封、医疗器械、电子信息等诸多民用领域有着重要应用。

　　纳米磁性液体是一种重要的高科技材料,属于前沿研究领域,极具发展前景,但有关纳米磁性液体研究的著作不多。作者从事该领域研究多年,取得了丰富的成果,具备一定的理论功底,方法独到。本书内容包括:阐述了纳米磁性液体的基础理论,论述了基本的生产制备方法,重点介绍了作者研究工作中总结的简便易行的生产工艺,对影响磁性液体制备的诸多复杂因素做了较全面的分析,探讨了纳米磁性液体的稳定机制及其主要应用。

　　本书适应国内外科技发展的需要,可以作为相关专业科技工作者的参考书,它的出版将对纳米磁性液体的研究具有一定的促进作用。

　　限于作者水平,书中疏漏及不妥之处在所难免,敬请读者批评指正。

作　者

2016 年 6 月

目　　录

第 1 章　绪论 ··· 1

1.1　纳米材料 ··· 1

1.2　磁性材料基础 ··· 4

1.3　胶体化学基础 ·· 13

1.4　纳米磁性液体 ·· 26

1.5　小结 ·· 57

第 2 章　磁性液体的物理性能 ·· 59

2.1　磁性液体的稳定性 ·· 59

2.2　磁性液体的黏度 ·· 70

2.3　磁性液体的密度 ·· 78

2.4　磁性液体的磁化强度及其测试 ······································· 80

2.5　磁性粒子的平均直径的测量 ··· 89

2.6　磁性液体的热导和热容 ··· 90

2.7　磁性液体的声学特性 ·· 91

2.8　磁性液体的光学性质 ·· 94

2.9　小结 ·· 94

第 3 章　纳米磁性液体的制备理论 ·· 95

3.1　纳米磁性液体的制备方法概述 ······································· 95

3.2　工艺研究方法、原材料及仪器设备 ··································· 101

3.3　全损耗系统机油基系列磁性液体的制备 ······························ 104

3.4　煤油基磁性液体的制备方法 ·· 109

3.5　水基磁性液体的制备方法及其电镜表征 ······························ 110

3.6　双酯基磁性液体的制备方法及其性能测试 ···························· 111

3.7　纳米磁性液体制备基本问题综述 ···································· 113

3.8　小结 ··· 119

第 4 章　Fe_3O_4 纳米磁性液体的制备研究 ································· 120

4.1　$FeCl_3$ 水溶液系统和 $FeCl_2$ 水溶液系统的研究 ··············· 120

    4.2　水基纳米 Fe₃O₄磁性液体的制备研究 ……………………… 127

    4.3　柴油基纳米 Fe₃O₄磁性液体的制备研究 ……………………… 129

    4.4　制备方法讨论 ………………………………………………… 133

    4.5　小结 …………………………………………………………… 135

第 5 章　纳米 Fe₃O₄磁性液体制备过程中的影响因素 ……………… 136

    5.1　引言 …………………………………………………………… 136

    5.2　反应前驱体溶液浓度对磁性液体性能的影响 ………………… 136

    5.3　表面活性剂种类对磁性液体性能的影响 ……………………… 137

    5.4　表面活性剂用量对磁性液体性能的影响 ……………………… 138

    5.5　表面活性剂带电符号对磁性液体 ζ-电位即磁性液体动电
        稳定性的影响 ………………………………………………… 140

    5.6　NH₄OH 溶液滴加量对磁性液体性能的影响 ………………… 141

    5.7　NH₄OH 溶液滴加速度对磁性液体性能的影响 ……………… 142

    5.8　表面活性剂和 NH₄OH 溶液滴加顺序对磁性液体性能的
        影响 …………………………………………………………… 143

    5.9　搅拌方式对磁性液体性能的影响 ……………………………… 143

    5.10　沉淀的洗涤和洗涤方式对磁性液体性能的影响 …………… 144

    5.11　沉淀老化对磁性液体性能的影响 …………………………… 145

    5.12　磁性液体的分散和超声分散对磁性液体性能的影响 ……… 146

    5.13　离子强度对磁性液体性能的影响 …………………………… 146

    5.14　表面活性剂包覆时间对磁性液体性能的影响 ……………… 147

    5.15　氧化作用对磁性液体性能的影响 …………………………… 148

    5.16　pH 对磁性液体性能的影响 ………………………………… 148

    5.17　制备过程中温度对磁性液体性能的影响 …………………… 149

    5.18　表面活性剂种类与制备工艺的关系 ………………………… 150

    5.19　小结 ………………………………………………………… 151

第 6 章　纳米 Fe₃O₄磁性液体的表征 ……………………………… 152

    6.1　引言 …………………………………………………………… 152

    6.2　磁性液体在磁场下的形貌观察 ………………………………… 152

    6.3　磁性液体的性能测试 …………………………………………… 153

    6.4　磁性液体的 X-射线(XRD)研究 …………………………… 156

    6.5　磁性液体的扫描电镜(SEM)研究 ………………………… 158

    6.6　磁性液体的透射电子显微镜(TEM)表征 ………………… 160

6.7 磁性液体的电子衍射谱(EDP)研究 …………………………… 161

6.8 磁性液体的红外光谱(IR)研究 …………………………………… 161

6.9 磁性液体的拉曼光谱研究 ………………………………………… 170

6.10 磁性液体的高分辨电子显微镜(HREM)研究 ………………… 174

6.11 小结 ……………………………………………………………… 177

第7章 纳米 Fe_3O_4 磁性液体稳定机制研究 …………………………… 179

7.1 引言 ……………………………………………………………… 179

7.2 磁性液体热力学稳定机制 ………………………………………… 180

7.3 磁性液体动力学稳定机制 ………………………………………… 184

7.4 磁性液体的流变学稳定性 ………………………………………… 187

7.5 磁性液体的静电稳定机制 ………………………………………… 191

7.6 磁场和重力场对磁性液体的作用 ………………………………… 193

7.7 磁性液体中表面活性剂的空间位阻和弹性位阻稳定机制 …… 195

7.8 磁性液体的综合稳定机制 ………………………………………… 197

7.9 小结 ……………………………………………………………… 197

第8章 磁性液体密封动力学及密封结构设计 ………………………… 199

8.1 引言 ……………………………………………………………… 199

8.2 磁性介质受力分析 ………………………………………………… 199

8.3 磁性液体静力学分析 ……………………………………………… 200

8.4 磁性液体动力学分析 ……………………………………………… 202

8.5 磁性液体密封压差 ………………………………………………… 204

8.6 磁性液体密封的磁路(磁场)计算 ……………………………… 207

8.7 密封结构设计 ……………………………………………………… 217

8.8 密封能力研究 ……………………………………………………… 230

8.9 小结 ……………………………………………………………… 240

第9章 纳米磁性液体在生物医学领域的应用 ………………………… 242

9.1 高疗效的磁性针剂 ………………………………………………… 242

9.2 用磁性液体处理血栓 ……………………………………………… 243

9.3 用磁性液体技术分离细胞 ………………………………………… 244

9.4 用磁性液体技术处理血液和骨髓 ………………………………… 245

9.5 用磁性液体技术研究病毒 ………………………………………… 246

9.6 用磁性胶粒子尝试治癌和做 X 光造影剂 ……………………… 247

9.7 用磁性液体血栓切除与血管相连的肿瘤 ……………………… 248

9.8　小结 ································· 248

第 10 章　纳米磁性液体在交通材料研究中的应用 ·············· 250

10.1　磁性液体作为液态纳米分散体系用于改性沥青 ······· 250

10.2　纳米磁性液体改性沥青分散稳定性研究 ··········· 252

10.3　纳米磁性液体改性沥青的三大指标研究 ··········· 258

10.4　基于截面畸变和微区反应的 Fe_3O_4 纳米改性沥青的机制
研究 ································· 265

10.5　小结 ································· 274

参考文献 ·································· 275

名词索引 ·································· 298

第1章 绪 论

纳米磁性液体,简称纳米磁液,又称铁磁液、磁(性)流体,是铁磁性物质(如 Fe_3O_4,$\gamma-Fe_2O_3$,Co 等)的纳米颗粒表面吸附一层表面活性剂后,均匀稳定地分散在某种基载液中形成的一种弥散溶液,即磁性微粒的胶体溶液。纳米磁液不但具有磁性,而且具有流动性,是液态体系、纳米材料和现代磁学技术有机结合的产物,是一种液态的强磁性材料,具有其他常规材料和高技术材料都不具备的一系列独特的优异性能[1-20],在航空航天、电子技术、机械化工、生物医药、信息技术等高新技术领域中得到了广泛的应用。

本书涉及的基础理论知识有:磁性材料基础[11,13-16,21-40],无机化学和现代化学基础[41-46],胶体化学基础[47-50],有机化学基础,界面物理和表面化学基础[51-55],物理化学和材料热力学基础[39,51-53,56],纳米材料和纳米技术基础[13-15,21,35,57-60]。

1.1 纳米材料[13,61,62]

1.1.1 纳米材料的传统意义和发展历程

纳米(nm)为一种长度单位,$1\ nm = 1 \times 10^{-9}\ m$。最小的原子(H)的半径为 0.037 nm,最大的原子(Ce)的半径为 0.235 nm。1 nm 相当于人类头发直径的万分之一。不仅人的肉眼看不到纳米尺度,就连普通光学显微镜也不能企及,必须用较高倍率的电子显微镜才可以观测到。

纳米材料的传统定义为:特征尺度(三维空间尺度中的至少一维)小于100 nm 的各种材料。这个特征尺度可以是一个颗粒的直径(如量子点、纳米簇、纳米晶等)、一个晶粒的大小(纳米结构材料)、一层薄膜的厚度(薄膜及超晶格)、在一个芯片上一条导线的宽度等。

纳米材料在自然界的存在可追溯到上百万年前,人类自发地使用纳米材料始于数千年前(古代的熏墨、宝剑的表面处理层等),但人们真正地认识纳米材料则是在 19 世纪。1861 年,英国的 Thomas Graham 用"胶体"描述了悬浮在溶液中粒径为 1~100 nm 的颗粒,这是科学家首次发现纳米材料。20 世纪初,一些著名的科学家,如 Arayleigh,Maxwell,Einseir 等系统地研究了胶体。1960 年,Uyeda 用电子显微镜研究了胶体颗粒。20 世纪 80 年代以后,纳米材料和技术重新引起了人们的重视。1980 年,少于 100 个原子组成的簇被发现;1985 年,Smally 和 Kroto 领导的研究小组发现了 C_{60} 簇;20 世纪 90 年代以后,纳米科技进入蓬勃发展的时期。1991 年,Iijimas 发现了碳纳米管。在 1991 年、1992 年、1993 年,连续召开了三次关于纳米材料研究的国际会议,内容涉及纳米技术和装置的各个领域,如金属簇及其化合物的合成与性质、纳米颗粒的合成与性质、生物纳米材料、分子自组装和纳米化学、STM(scanning tunneling microscope) 观察纳米材料的结构、先进量子装置、纳米结构的光学行为等。与体相材料相比,纳米材料不仅展现了更强大的新特性,而且为制造新材料创造了机会。纳米材料具有许多奇异的特性,因此在国防、电子、化工、冶金、轻工、航空、陶瓷、核技术、催化剂、医药等领域得到了广泛的应用。许多科学家预言,纳米材料和技术必将引发 21 世纪新一轮的产业革命。

纳米技术是当代三大技术革命之一——材料技术革命的重点,是 21 世纪科学研究的重点。未来包括信息和通信技术、汽车技术、医疗技术、生物技术、分析和诊断技术、化学技术、制造和生产技术、环保技术等几乎所有现代技术领域的革新和进步都离不开纳米技术。以微电子技术及其集成为代表的微米技术曾经并且仍在对世界产生着影响,比微米技术更深入微观世界的纳米技术,将使人类进一步掌握物质运动的规律,掌握改造客观世界的武器。

1.1.2 纳米材料的基本特征

当物质(材料)的结构单元(如晶粒或空隙)为纳米量级时,物质(材料)的性质发生了重大变化,不仅大大地改善了原有材料的性能,甚至会产生新的性能或效应。利用纳米材料的新特性制作器件或制品将会引起诸多工业、农业、医疗和社会的重大变革。

纳米材料具有大量的界面,晶界原子比例达 15% ~ 50%。这些特殊的结构使得纳米材料具有独特的体积效应、表面效应、量子尺寸效应、宏观量子隧道效应以及常规材料不具有的非同寻常的物理化学特性。前述 1 ~ 100 nm 以内为纳米尺度的概念是纳米工程工作者的观点,与纳米工程工作者不同,纳米科学工作者是以材料是否具有这些效应来界定纳米材料的,即某些材料尺寸即使在 100 nm 以上,但只要具有上述纳米效应,就可以称为纳米材料。在纳米尺度下,物质中的电子波性以及原子间的相互作用受尺度大小的影响,物质会出现与体相材料完全不同的性质。例如,即使不改变材料的成分,纳米材料的基本性质如熔点、磁性、电学性质、光学性质、力学性质和化学性质等也将与传统材料大不相同,呈现出用传统的模式和理论无法解释的独特性能。

本书研究的体系首先是一个纳米体系,其粒径范围在纳米分散体系(1~100 nm)的下限区域(主流粒径 10 nm 以下)(范围内颗粒数目占总颗粒数 80% 以上的颗粒粒径为主流粒径),而且是一种零维(纳米质点、量子阱)纳米材料。

纳米材料还具有其他的特殊性质,如特殊的催化性质、特殊的力学性质、特殊的磁学性质等。下面主要介绍一下磁学性质。

1.1.3　纳米材料特殊的超顺磁性

材料中颗粒尺寸的减小,使其能级发生显著变化,这必将引起磁性的改变。例如,粒径为 20 nm 的铁颗粒的矫顽力比块体材料大 1 000 倍,而当粒径进一步减小到 6 nm 时,又表现出超顺磁性(矫顽力下降到 0)。利用超顺磁性可制成高性能的磁液用于密封以及医疗等领域。在医学上,利用磁性纳米颗粒为药物"导航",不仅能提高药效,还能减少副作用。

在外磁场下,铁磁性物质具有很高的诱导磁性,而顺磁性物质的诱导磁性很小。超顺磁性的概念是铁磁性物质的颗粒小于一临界尺寸时(此时的铁磁性物质具有单畴或近单畴结构),(温度足够高时)外磁场产生的磁取向力不足以抵抗热骚动的干扰,其磁化性质与顺磁体相似(不再表现为铁磁性,即单畴微粒在外磁场下不再形成强烈的取向作用)。但在外磁场作用下其磁化率仍比一般顺磁材料大几十倍(尽管如此,其磁化率仍较原来体相铁磁性物质的磁化率小得多)。微粒呈现超顺磁性还与温度有关,温度越高越易出现超顺磁性,对一定直径的微粒,其铁磁性转变成超顺磁性的温度常记为 T_B,称为转变温度;转变温度以下时,该颗粒将不表现为超顺磁性(仍表现为铁磁性)。临界尺寸与温度有关,温度越低临界尺寸越小(因其热运动能小),例如球状铁粒在室温的临界半径为 12.5 nm,而在 4.2 K 时半径为 2.2 nm,还是铁磁性的。

当将铁磁体做成微粒状或通过沉淀法得到极细粒子时(超顺磁性临界尺寸以下,对于 Fe_3O_4 为 10~16 nm),该粒子自发磁化本身做热振动,产生郎之万顺磁性(自旋之间无相互作用,自由地进行热振动的现象)。基本特征是,在外磁场下各磁畴定向排列,撤去磁场无任何磁滞,此时微粒尺寸减小到其各向异性与热运动能相当,整个微粒不再沿一个固定的易微化方向自发磁化,而处于无序状态。

除上所述,纳米材料的热学、相变、能带结构、光学特性等方面的性质也发生了显著变化,出现了许多全新的现象,如熔点、热容、相变温度和压力的反常降低和升高等。

1.2 磁性材料基础

我们把顺磁性物质和抗磁性物质称为弱磁性物质,把铁磁性物质和亚铁磁性物质称为强磁性物质。反铁磁性物质则在任何情况下都不表现出宏观磁性(但微观上是有磁性的)。通常所说的磁性材料是指强磁性物质。磁性材料按磁化后去磁的难易可分为软磁性材料和硬磁性材料,容易去掉磁性的物质称为软磁性材料,不容易去磁的物质称为硬磁性材料。一般来讲,软磁性材料剩磁较小,硬磁性材料剩磁较大(剩磁是某些能被感应出磁性的物体如钢或磁合金等在外界磁场消除后保留的磁性)。软磁性和硬磁性都属于强磁性物质,铁磁性物质多属于硬磁性材料,所有亚铁磁性物质均属于软磁性材料。所以,磁性材料是由铁磁性物质或亚铁磁性物质组成的、具有磁有序的强磁性物质,广义上还包括可应用其磁性和磁效应的弱磁性及反铁磁性物质。

磁性材料是古老且用途十分广泛的功能材料。物质的磁性早在3 000年以前就被人们所认知并应用。中国是世界上最先发现物质磁性现象和应用磁性材料的国家。早在战国时期就有关于天然磁性材料(如磁铁矿)的记载;11世纪就发明了制造人工永磁材料的方法;1086年宋代沈括所著《梦溪笔谈》就记载了指南针的制作和使用;1099～1102年就有了指南针用于航海的记录,同时还发现了地磁偏角的现象。图1.1所示为中国古代用天然磁铁制造的指南针——司南。

图1.1 中国古代的指南针——司南

1.2.1 磁性材料的概念

磁性(magnetism)通常是指磁体具有的吸引铁、钴、镍等金属的性质。磁体是指具有磁性、能产生磁场的物体。磁铁矿、磁化的钢、有电流通过的导体以及地球、太阳和其他恒星等许多天体本身都是磁体。一般把磁体能够产生磁性作用的空间称为磁场,而物理学上,磁体周围的空间具有特殊物理性能,这个空间被称为磁场。磁场具有作用力、动量和能量等物理属性,因此是物质存在的特殊形式之一。整个地球的内外空间都有磁场存在,指南针能指南就是在地球磁场的磁力下而发生的定向作用。

磁性材料在日常生活中特指永磁性材料或称硬磁性材料,如磁铁等。永磁性材料可以直接表现出宏观磁场(指无外磁场等作用),对其他磁性材料(硬磁或软磁)产生作用。永磁性材料的直接宏观磁性,既可以是自发磁化而获得,也可以是外磁场去除后保留的磁性(即较大剩磁)。从物质结构和磁感应角度上讲,磁性材料是指由过渡元素铁、钴、镍及其合金等组成能够直接或间接产生宏观磁性的物质。

实验表明,任何物质在外磁场中都能够或多或少地被磁化,只是磁化的程度不同。

磁性是物质的一种基本属性。物质按照其内部结构及其在外磁场中表现出的特性可分为抗磁性、顺磁性、铁磁性、反铁磁性和亚铁磁性物质。

磁性材料按使用又分为软磁性材料、永磁性材料和功能磁性材料。功能磁性材料主要有磁致伸缩材料(压磁材料)、矩磁材料、磁记录材料、磁电阻材料、磁泡材料、磁光材料、旋磁材料、Nd-Fe-B 永磁材料、磁性纳米材料以及磁性薄膜材料等,反映磁性材料基本磁性能的有磁化曲线、磁滞回线和磁损耗等。

磁性材料从材质和结构(性质)上讲,分为金属及合金磁性材料(金属)和铁氧体磁性材料(非金属)两大类,前者主要有电工钢、镍基合金和稀土合金等,后者主要是铁氧体材料。铁氧体磁性材料又分为多晶结构和单晶结构材料。

磁性材料从形态上讲,分为粉体材料、液体材料、块体材料、薄膜材料等。

1.2.2 磁性的来源及分类

1. 磁性的描述和作用

严谨的磁性定义为:物质由自身原子磁矩的大小及排列方向所决定的

特性。

磁铁两端磁性强的区域称为磁极,一端称为北极(N 极),一端称为南极(S 极)。试验证明,同性磁极相互排斥,异性磁极相互吸引。

铁中有许多具有两个异性磁极的原磁体,在无外磁场作用时,这些原磁体排列紊乱,它们的磁性相互抵消,对外不显示磁性。当把铁靠近磁铁时,这些原磁体在磁铁的作用下,整齐地排列起来,使靠近磁铁的一端具有与磁铁极性相反的极性而相互吸引;当移开磁铁时,铁中的原磁体重新呈紊乱排列,铁的磁性基本消失。这说明铁中由于原磁体的存在能够被磁铁所磁化,而铜、铝等金属是没有原磁体结构的,所以不能被磁铁所吸引。

2. 磁性的来源——万物有磁

磁性是物质的基本属性之一,一切物质都具有磁性。物质的磁性起源于原子中电子的运动和自旋,电子的运动会产生一个电磁以太的涡旋,从而产生磁场。电流是一群定向移动的电荷。电流或移动的电荷也会在周围产生磁场。

早在 1820 年,丹麦科学家奥斯特就发现了电流的磁效应,第一次揭示了磁与电存在着联系,从而把电学和磁学联系起来。为了解释永磁和磁化现象,安培提出了分子电流假说。安培认为,任何物质的分子中都存在着环形电流,称为分子电流,而分子电流相当一个基元磁体。由于微观结构原因,在没有外磁场情况下,分子电流或基元磁体可以做规则取向,也可以做不规则取向。当物质内的分子电流做规则取向时,就表现出宏观磁性;当物质内的分子电流做不规则取向时(分子电流取向无规则),它们所产生的磁效应互相抵消,就不表现出宏观磁性,即整个物体不显示磁性。在外磁场作用下,等效于基元磁体的各个分子电流将倾向于沿外磁场方向取向,而使物体显示磁性。

磁现象和电现象有本质的联系,物质的磁性和电子的运动结构有着密切的关系。乌伦贝克与哥德斯密特最先提出的电子自旋概念,是把电子看成一个带电的小球,他们认为,与地球绕太阳的运动相似,电子一方面绕原子核运转,相应有轨道角动量和轨道磁矩,另一方面又绕本身轴线自转,具有自旋角动量和相应的自旋磁矩。施特恩和盖拉赫从银原子射线试验中所测得的磁矩正是这种自旋磁矩(后来人们认为把电子自旋看成是小球绕本身轴线的转动是不正确的)。

因此电子具有磁矩,电子磁矩由电子的轨道磁矩和自旋磁矩组成。在晶体中,电子的轨道磁矩受晶格的作用,其方向是变化的,不能形成一个联合磁矩,对外没有磁性作用。因此,物质的磁性不是由电子的轨道磁矩引起的,而是主要由自旋磁矩引起的。每个电子自旋磁矩的近似值等于一个玻尔磁子(原子磁矩的单位)。因为原子核比电子重 2 000 倍左右,其运动速度仅为电子速度的几千分之一,故原子核的磁矩(nuclear magnetic moment)仅为电子磁矩的几千分之一,可以忽略不计。当进行一般运算时,可以忽略核子磁矩。但是,核子磁矩在某些领域很重要,例如,核磁共振、核磁共振成像。对于磁性物质,磁极化的主要源头是以原子核为中心的电子轨域运动和电子的内秉磁矩。

孤立原子的磁矩决定于原子的结构。原子中如果有未被填满的电子层,其电子的自旋磁矩未被抵消,原子就具有"永久磁矩"。例如,铁原子的原子序数为26,共有 26 个电子,在 5 个轨道中除了有一个轨道必须填入 2 个电子(自旋反平行)外,其余 4 个轨道均只有 1 个电子,且这些电子的自旋方向平行,因此总的电子自旋磁矩为4。

很多种粒子具有内秉的磁矩——自旋磁矩(spin magnetic moment),这些磁矩会在四周产生磁场。如前所述,物质的磁行为与其结构有关,特别是其电子组态。在高温状况下,随机的热运动会使得电子磁矩的整齐排列变得更加困难。

综上,物质的磁性起源于物质内部基本粒子的自旋和公转。物质存在的方式是运动(当物质全部以光子等基本粒子的形式运动时就全部转化成能量),所有的物质都在做着永不休止的运动,其内部的基本粒子都有自旋和公转,因此,任何物质都是有磁性的。但由于微观结构的原因,有些物质表现为宏观磁性,另一些物质则不表现宏观磁性。追根究底,磁有两种源头:产生于电子运动的电子磁矩和起源于原子核运动的核子磁矩。核子磁矩较小,为电子磁矩的几千分之一,故可忽略不计。电子的运动分为电子自旋和绕核旋转,相应地,电子磁矩有自旋磁矩和轨道磁矩。轨道磁矩的方向不断变化,对外没有磁性作用,因此物质的(宏观)磁性主要由自旋磁矩(内秉磁矩)引起。通常内秉磁矩随机取向而相互抵消,物质就不会表现出显在的磁性。但是有时候或许是自发性效应,或许是由于施加了外磁场,物质内的电子磁矩会整齐地排列起来。这一动作很可能会造成强烈的净磁矩与净磁场,即产生宏观的磁性。

3. 磁性的分类

根据物质在磁场作用时,其原子或次原子水平所起的反应,物质的磁性可分为抗磁性、顺磁性、铁磁性、反铁磁性、亚铁磁性、超顺磁性和其他类型的磁性等。物质的磁相(状态)与温度及其他因素(如压力或磁场)等有关,因此,某种物质由于温度和其他因素的不同,可能显出多种磁性。

（1）抗磁性。

抗磁性又称反磁性，是指在受到外加磁场作用时，电子的轨道运动产生附加转动（Larmor 进动），动量矩发生变化，产生与外磁场相反的感生磁矩，物质获得反抗外加磁场的磁化强度的现象。抗磁性是一种感应磁性，而不是本征磁性。抗磁性与物质本身的磁性方向总是相反的。任何物质都可以产生抗磁性。

一些物质的原子中电子磁矩互相抵消，合磁矩为 0。但是当受到外加磁场作用时，电子轨道运动会发生变化，而且在与外加磁场的相反方向产生很小的合磁矩。这样，表示物质磁性的磁化率便成为很小的负数（量），这便显示出抗磁性。磁化率是物质在外加磁场作用下的合磁矩（称为磁化强度）与磁场强度之比值，符号为 χ。抗磁性物质的磁化率为负值（约为 -10^{-6}）。

当外磁场引发的抗磁性与物质本身表现的宏观磁性（有外加磁场）相比较小时，物质不表现出抗磁性；反之，则表现出抗磁性。外磁场引发的抗磁性一般很小，通常表现不出来，但对于某些磁性微弱的顺磁性物质，抗磁性不可忽略，有时会起到主导作用。Bi，Cu，Ag，Au 等金属具有这种性质。

所有物质都具有抗磁性（反磁性），但在含有不成对电子的物质中被顺磁化率（比抗磁性大 1 ~ 3 个数量级）掩盖。表现出外在抗磁性的物质称为抗磁性物质。抗磁性和抗磁性物质是两个不同的概念。在物质中抗磁性普遍存在，而抗磁性物质仅是物质中的一小部分。常见的抗磁性物质有水、金属铜、碳（C）和大多数有机物和生物组织。抗磁性物质的一个重要特点是磁化率不随温度变化。

（2）顺磁性。

顺磁性物质的主要特征是不论外加磁场是否存在，原子内部存在永久磁矩。但在无外加磁场时，由于顺磁性物质的原子做无规则的热运动，宏观上看，没有磁性；在外加磁场作用下，每个原子磁矩比较规则地取向，物质显示极弱的磁性。磁化强度与外磁场方向一致，而且严格地与外磁场成正比。

顺磁性物质的磁性除了与外磁场有关外，还与温度有关。其磁化率 χ 与绝对温度 T 成反比，即 $\chi = cT$。式中，c 为居里常数，取决于顺磁性物质的磁化强度和磁矩大小。

顺磁性物质的磁化率一般也很小，室温下 χ 约为 10^{-5}。一般含有奇数个电子的原子或分子、电子未填满壳层的原子或离子的物质，如过渡元素、稀土元素、锕系元素及铝铂等金属，都属于顺磁性物质。以前普遍认为是

铁磁性的 Fe_3O_4 被证明是顺磁性物质。

一般而言,分子中没有不成对电子时,物质呈抗磁性。电子自旋产生磁场,分子中有不成对电子时,各单电子平行自旋,磁场加强,这时物质呈顺磁性。

(3)铁磁性。

Fe,Co,Ni 等物质,在室温下磁化率可达 10^{-3} 数量级,称这类物质的磁性为铁磁性。铁磁性物质即使在较弱的磁场内,也可得到极高的磁化强度,但当外磁场增大时,磁化强度迅速达到饱和;当外磁场移去后,仍可保留极强的磁性。其磁化率为正值。

铁磁性物质具有很强磁性的主要原因是它们具有很强的内部交换场。铁磁性物质的交换能为正值,而且较大,使得相邻原子的磁矩平行取向(相当于稳定状态),在物质内部形成许多小区域,即磁畴。每个磁畴大约有 10^{15} 个原子,这些原子的磁矩沿同一方向排列。假设晶体内部存在很强的称为"分子场"的内场,足以使每个磁畴自动磁化达饱和状态,这种自生的磁化强度称为自发磁化强度。由于它的存在,铁磁性物质能在弱磁场下强烈地磁化,因此自发磁化是铁磁性物质的基本特征,也是铁磁性物质和顺磁性物质的区别所在。

铁磁体的铁磁性只在某一温度以下才表现出来,超过这一温度,由于物质内部热骚动破坏电子自旋磁矩的平行取向,因此自发磁化强度变为0,铁磁性消失,这一温度称为居里点。在居里点以上,材料表现为强顺磁性,其磁化率与温度的关系服从居里-外斯定律。

(4)反铁磁性。

在原子自旋(磁矩)受交换作用而呈现有序排列的磁性材料中,如果相邻原子自旋间是受负的交换作用,自旋为反向平行排列,则磁矩虽处于有序状态(称为有序磁性),但总的净磁矩会因相互抵消而变小,若完全抵消,总的净磁矩在不受外场作用时仍为零,这种磁有序状态称为反铁磁性。即反铁磁性是指晶格内电子自旋反向平行排列。在同一子晶格中有自发磁化强度,电子磁矩是同向排列的;在不同子晶格中,电子磁矩反向排列。若两个子晶格中自发磁化强度大小相同,方向相反,则整个晶体呈反铁磁性。反铁磁性物质大多是非金属化合物,如 MnO 等。

不论在什么温度下,都不能观察到反铁磁性物质的任何自发磁化现象,因此其宏观特性是顺磁性的,外加磁场与本征磁场处于同一方向,磁化率为正值。当温度很高时,磁化率极小;当温度降低时,磁化率逐渐增大。降低到一定温度,低于此温度时,磁化率突然变为接近于零,材料表现为反铁磁性,这个温度称为反铁磁性物质的奈尔温度。对奈尔点存在的解释是:在极低温度下,由于相邻原子的自旋完全反向,其磁矩几乎完全抵消,故磁化率几乎为 0。当温度上升时,自旋反向的作用减弱,反铁磁性增加;超过奈尔温度,热运动影响较大,此时反铁磁体与顺磁体具有相同的磁化行为。

(5)亚铁磁性。

亚铁磁性是在无外加磁场的情况下,磁畴内由于相邻原子间电子的交换作用或其他相互作用,使它们的磁矩在克服热运动的影响后,处于部分抵消的有序排列状态,因此还有一个合磁矩的现象(抵消后总的净磁矩不为零)。

亚铁磁性是指由两套子晶格形成的磁性材料。不同子晶格的磁矩方向和反铁磁的一样,但是不同子晶格的磁化强度不同,不能完全抵消掉,所以有剩余磁矩,称为亚铁磁。亚铁磁性物质大多是合金,如 TbFe 合金。亚铁磁也有从亚铁磁变为顺磁性的临界温度,称为居里温度。

(6)超顺磁性。

当铁磁体或亚铁磁体的尺寸足够小的时候,由于热骚动影响,这些纳米粒子会随机地改变方向。假设没有外磁场,则通常它们不会表现出磁性。但是假设施加外磁场,则它们会被磁化,就像顺磁性一样,而且磁化率大于顺磁体的磁化率。

1.2.3　磁性纳米材料和磁性液体

磁性纳米材料的特性不同于常规的磁性材料,其原因是与磁相关的特征物理长度恰好处于纳米量级。例如,磁单畴尺寸、超顺磁性临界尺寸、交换作用长度以及电子平均自由路程等大致处于 $1 \sim 100$ nm 量级,当磁性体的尺寸与这些特征物理长度相当时,就会呈现反常的磁学性质。

纳米表征技术是高新材料基础理论研究与实际应用交叉融合的技术。纳米表征技术对我国高新材料产业的发展起着重要的推动作用。在纳米表征技术的带动下,磁性纳米材料的应用日显勃勃生机,例如,磁性材料与信息化、自动化、机电一体化、国防、国民经济的方方面面紧密相关,磁记录材料至今仍是信息工业的主体。

磁液最先用于宇航工业,后应用于民用工业,它由超顺磁性的纳米微粒包覆表面活性剂,然后弥散在基载液中而构成。目前美、英、日、俄等国都有磁液公司,磁液广泛地应用于旋转密封,如磁盘驱动器的防尘密封、高真空旋转密封等,以及扬声器、阻尼器件、磁印刷等生产领域。磁性纳米颗粒作为靶向药物、细胞分离等医疗应用也是当前生物医学的热门研究课题，有些已步入临床试验。

软磁性材料的发展经历了晶态、非晶态、纳米微晶态的过程。纳米微晶金属软磁材料具有十分优异的性能，如高磁导率、低损耗、高饱和磁化强度，已应用于开关电源、变压器、传感器等，可实现器件小型化、轻型化、高频化及多功能化，近年来发展十分迅速。磁电子纳米结构器件是 21 世纪最具有影响力的重大成果。除巨磁电阻读出磁头、MRAM、磁传感器外，全金属晶体管等新型器件的研究也方兴未艾。磁电子学已成为一门颇受青睐的新学科。

总之，磁性纳米材料将成为纳米材料科学领域大放异彩的明星，其应用涉及各个领域，在机械、电子信息、光学、磁学、化学和生物医学领域有着广泛的前景。

1.2.4　Nd-Fe-B 永磁体和磁性纳米材料

Nd-Fe-B 永磁体是 1982 年发现的迄今为止磁性能最强的永磁材料。其主要化学成分为 Nd（钕）、Fe（铁）、B（硼），其主相晶胞在晶体学上为四方结构，分子式为 $Nd_2Fe_{14}B$（简称 2:14:1 相）。除主相 $Nd_2Fe_{14}B$ 外，Nd-Fe-B 永磁体中还含有少量的富 Nd 相、富 B 相等其他相。其中主相和富 Nd 相是决定 Nd-Fe-B 磁体永磁特性的最重要的两个相。目前，Nd-Fe-B 永磁体已广泛应用于计算机、医疗器械、通信器件、电子器件、磁力机械等领域。

稀土永磁材料（$Nd_2Fe_{14}B$）按生产工艺不同分为以下三种：

（1）烧结钕铁硼（Sintered NdFeB）永磁体经过气流磨制粉后冶炼而成，矫顽力值很高，且拥有极高的磁性能，其最大磁能积（BH_{max}）高过铁氧体 10 倍以上。其本身的机械性能也相当好，可以钻孔和切割加工成不同的形状。高性能产品的最高工作温度可达 200 ℃。由于它的物质含量容易导致锈蚀，因此根据不同要求必须对表面进行不同的涂层处理，如镀锌、镍、环保锌、环保镍、镍铜镍、环保镍铜镍等。其优点是非常坚硬和脆，有高抗退磁性，性价比高，但不适用于高工作温度（>200℃）。

（2）黏结钕铁硼（Bonded NdFeB）是将钕铁硼粉末与树脂、塑胶或低熔点金属等黏结剂均匀混合，然后用压缩、挤压或注射成型等方法制成的复合型钕铁硼永磁体。产品一次成形，无须二次加工，可直接做成各种复杂的形状。黏结钕铁硼的各个方向都有磁性，可以加工成钕铁硼压缩模具和注塑模具。黏结钕铁硼具有精密度高、磁性能极佳、耐腐蚀性好、温度稳定性好等优点。

(3)注塑钕铁硼(Zhusu NdFeB)有极高的精确度,容易制成各向异性、形状复杂的薄壁环或薄磁体。

通常的 Nd-Fe-B 烧结磁体是用粉末冶金方法制造的各向异性致密磁体;而通常的 Nd-Fe-B 黏结磁体是用激冷的方法获得微晶粉末,每个粉末内含有多个 Nd-Fe-B 微晶晶粒,再用聚合物或其他黏结剂将粉末黏结成大块磁体,因而通常的 Nd-Fe-B 黏结磁体是非致密的各向同性磁体。因此,通常的 Nd-Fe-B 烧结磁体的磁性能远高于 Nd-Fe-B 黏结磁体,但 Nd-Fe-B黏结磁体有着许多 Nd-Fe-B 烧结磁体不可替代的优点:可以用压结、注射等成型方法制作尺寸小、形状复杂、几何精度高的永磁体,并容易实现大规模自动化生产;另外,Nd-Fe-B 黏结磁体还便于任意方向充磁,能方便制作多极乃至无数极的整体磁体,而这对于 Nd-Fe-B 烧结磁体来说通常很难实现;由于 Nd-Fe-B 黏结磁体中主相 $Nd_2Fe_{14}B$ 呈微晶状态,因此它比烧结磁体耐蚀性好。

1.2.5 磁性材料的应用

近代,电力工业的发展促进了金属磁性材料——硅钢片(Si-Fe 合金)的研制。永磁金属从 19 世纪的碳钢发展到后来的稀土永磁合金,性能提高 200 多倍。随着通信技术的发展,软磁金属材料从片状改为丝状再改为粉状,仍满足不了频率扩展的要求。20 世纪 40 年代,荷兰的 J·L·斯诺伊克发明电阻率高、高频特性好的铁氧体软磁材料,接着又出现了价格低廉的永磁铁氧体。20 世纪 50 年代初,随着电子计算机的发展,美籍华人王安首先使用矩磁合金元件作为计算机的内存储器,不久被矩磁铁氧体记忆磁芯取代,矩磁铁氧体记忆磁芯在 20 世纪 60~70 年代曾对计算机的发展起到了重要的作用,并且发现铁氧体具有独特的微波特性,制成一系列微波铁氧体器件。压磁材料在第一次世界大战时就已用于声呐技术,但由于压电陶瓷的出现,使用有所减少。后来又出现了强压磁性的稀土合金。非晶态(无定形)磁性材料是近代磁学研究的成果,在发明快速淬火技术并于 1967 年解决了制带工艺后,走向了实用化。

永磁材料有多种用途,基于电磁力作用原理的应用主要有扬声器、话筒、电表、按键、电机、变压器、继电器、传感器及开关等;基于磁电作用原理的应用主要有磁控管和行波管等微波电子管、显像管、钛泵、微波铁氧体器件、磁光盘、磁记录软盘、磁阻器件及霍尔器件等;基于磁力作用原理的应用主要有磁轴承、选矿机、磁力分离器、磁性吸盘、磁密封、磁黑板、玩具、标牌、密码锁、复印机及控温计等,其他方面的应用还有磁疗、磁化水及磁麻醉等。

根据使用的需要,永磁材料可以有不同的结构和形态。有些材料还有各向同性和各向异性之别。

磁性材料是生产生活、国防科学技术中广泛使用的材料,主要是利用其各种磁特性和特殊效应制成元件或器件,用于存储、传输和转换电磁能量与信息,或在特定空间产生一定强度和分布的磁场,有时也以材料的自然形态而直接利用(如磁液)。例如,用于电力技术中的各种电机、变压器,电子技术中的各种磁性元件和微波电子管,通信技术中的滤波器和增感器,国防技术中的磁性水雷、电磁炮以及各种家用电器等的制造。此外,磁性材料在地矿探测、海洋探测以及信息、能源、生物、空间新技术中也获得了广泛的应用。

1.3　胶体化学基础

1.3.1　溶胶的布朗运动和扩散

1. 布朗运动

图 1.2 为布朗运动示意图。布朗运动的特点是无规则热运动,不消耗能量(完全弹性碰撞),是分子内固有热运动的表现。

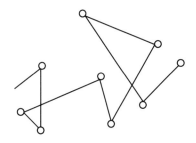

图 1.2　布朗运动示意图

布朗运动中粒子的碰撞不会绝对地完全弹性碰撞,大分子不是弹性碰撞;为何不消耗能量? 因为涨落现象是以某种未知的形式与外界交换能量。涨落是宇宙间的普遍现象,具有重要的科学意义。

流体体系中的较大颗粒受各方向布朗运动冲击太大,各方向冲击作用相互抵消,表现不出热运动。

布朗运动速率的影响因素包括粒子大小、温度及介质黏度。

2. 扩散

当浓差存在时,溶胶因布朗运动而扩散,但速度较慢。

菲克定律为

$$\mathrm{d}m/\mathrm{d}t = DA \cdot \mathrm{d}c/\mathrm{d}x$$

式中,m 为扩散质量;t 为扩散时间;$\mathrm{d}m/\mathrm{d}t$ 为扩散速率;D 为扩散系数;A 为截面面积;c 为浓度;x 为扩散距离;$\mathrm{d}c/\mathrm{d}x$ 为浓度梯度。

上式说明,扩散系数与离子半径、介质黏度及温度有关。

1.3.2　溶胶的沉降与沉降平衡

沉降造成上下浓差,浓差引起扩散。

由于沉降速率等于扩散速率,粒子随高度的分布形成稳定的浓度梯度,形成沉降平衡。

$$\ln(n_1/n_2) = (LV/RT)(\rho - \rho_0)(h_1 - h_2)g$$

式中,n_1,n_2 分别为高度 h_1 和 h_2 处粒子的浓度(数密度);h_1,h_2 分别为浓度梯度计算时所取的两个截面高度;L 为阿伏加德罗常数;T 为绝对温度;R 为理想气体常数;ρ,ρ_0 分别为分散相和分散介质的密度;V 为每个粒子的体积;g 为重力加速度。

粒子体积 V 越大,分散相与分散介质的密度差越大,达到沉降平衡时粒子的浓度梯度越大。

1.3.3　溶胶的电性质

在分散体系中,分散相本身就有聚结的趋势。溶胶是多分散体系,且分散相粒径小,比表面积很大,具有很高的表面能,这使其具有很大的聚结趋势,以此降低体系的能量。因此,胶体系统是热力学不稳定体系,但某些因素可以使胶体体系相对稳定存在。人们有时需要增强胶体系统的稳定性,有时需要破坏胶体系统的稳定性。

溶胶粒子带静电(较弱),是不稳定胶体体系不聚结的重要原因。

1. 电动现象

在外电场作用下,分散相和分散介质发生相对移动的现象,称为胶体体系的电动现象。

(1)电泳。

在电场作用下,固体的分散相粒子在液体介质中做定向运动称为电泳。

电泳时,形成不对称离子氛及电泳力(松弛力)。电泳仪如图1.3所示。

①负溶胶。溶胶带负电,溶液负极一侧下降,正极一侧上升。典型负溶胶:硫溶胶、金属硫化物溶胶及贵金属溶胶。

②正溶胶。溶胶带正电,溶液正极一侧下降,负极一侧上升。典型正溶胶:金属氧化物溶胶。

③两性溶胶。两性溶胶既可表现为正溶胶,也可表现为负溶胶,取决于外界条件。

某些物质,既可形成带正电的溶胶,也可形成带负电的溶胶,与物质本性有关,并取决于pH。

④影响因素。溶胶粒子电泳速率正比于外加电势和带电量,反比于介质黏度和粒子大小。

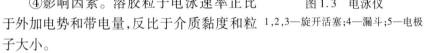

图1.3 电泳仪

1,2,3—旋开活塞;4—漏斗;5—电极

若电泳速率与粒子迁移速率数量级相当,则说明胶体粒子带电量相当大。

⑤研究意义。了解胶体粒子结构和电性质,为生产和科研服务。

⑥应用。用于生物化学中分子分离、橡胶乳状液电泳凝结浓缩、医用手套生产、电泳涂漆。

(2)电渗。

在胶体体系中,若固定胶体粒子,则液体介质在电场下做定向移动称为电渗。电渗仪如图1.4所示,溶胶充满在棉花或凝胶等多孔性物质中,在斜面毛细管中观察介质移动(升降)。

①正溶胶。胶粒带正电,介质带负电,介质向正极一侧移动。

②负溶胶。胶粒带负电,介质带正电,介质向负极一侧移动。

③电渗应用。用于电沉积法涂

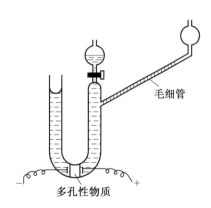

毛细管

多孔性物质

图1.4 电渗仪

漆时漆膜排水、泥土泥炭脱水（干燥），由于内外一起干，防开裂、收缩、变形、水的净化、生产过程中大型绝缘子的稳定、特大花瓶生坯的干燥等。

2. 溶胶粒子带电的原因

（1）吸附。

溶胶粒子比表面积大，表面能高，易吸附。吸附正离子带正电，吸附负离子带负电，吸附何种离子与吸附离子本性与溶胶粒子表面结构有关。

①自然界中的两个规律。结构方面，相似相容；电荷性能方面，同性相斥，异性相吸，更微观。

②法杨斯规则。与溶胶粒子带相同化学元素的离子优先被吸附。

③AgI溶胶。优先吸附何种离子，就带何种电荷。看溶液中存在哪些离子。

（2）电离。

溶胶粒子固体表面分子电离、使胶粒带电。

（3）断键。

（4）缺陷，掺杂等。

3. 溶胶粒子的双电层

与电极–溶液界面处的情况相同，溶胶粒子周围也会形成双电层。

（1）扩散双电层。

扩散双电层包括荷电层（电势为 ε）和反离子层（电势为 ψ，$\psi = -\varepsilon$）。反离子层又分为紧密层（电势为 ψ_1）和扩散层（电势为 ψ_2）。

紧密层被带电粒子束缚，电场中随粒子运动（有反向的静电力阻碍带电粒子运动）。

扩散层（分散层）受带电粒子引力较小，可脱离溶胶粒子（滞后）。在电场中，扩散层与溶胶粒子反向运动。

反离子在紧密层和扩散层中的分布处于动态中。

（2）热力学电势 ε。

热力学电势指分散相固体表面与溶液本体之间的电势差，又称质点的表面电势。

电动电势 ζ（ζ–电位，ζ–电势）为紧密层外界面与溶液本体间的电势差，决定电场中粒子的移动速率。分散层电势差 Ψ_2 即为 ζ–电位。

ε 仅与被吸附的或被电离的那种离子在溶液中的活度有关，而与其他离子存在与否及浓度无关。其他离子都在本体溶液中中和抵消。ε 仅与胶核有关（胶核决定吸附或电离何种离子）。

ζ–电势只是 ε 的一部分，与其他离子的存在关系密切（其他离子可压缩扩散层）。ζ-电势不但与胶核有关更与介质有关。

如图 1.5 所示,外加电解质浓度加大时,进入紧密层的离子增多,分散层变薄,ζ-电位下降,直至为零,双电层被压缩。

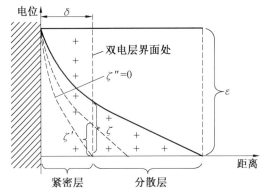

图 1.5 双电层示意图——电解质对电动势的影响
δ—紧密层厚度;ζ—分散层（扩散层）电势;ζ'—随溶液中电解质浓度增加,双电层界面向带电颗粒表面移动时的分散层电势;ζ''—分散层全部压缩进紧密层时的分散层电势,此时实际上双电层又变为单电层,即只有紧密层

电泳速率随电解质浓度的加大而减小,直至为零。电泳或电渗速率与 ε 无直接关系,而与 ζ-电位密切相关。

经验关系式为

$$\zeta = \eta u / (\varepsilon_0 \varepsilon_r E)$$

式中,η 为液体黏度;u 为电泳速度;E 为电势梯度;ε_r 为介质相对于真空的介电常数;ε_0 为真空介电常数。

4. 溶胶粒子的结构

图 1.6 为 AgI 溶胶粒子结构示意图。胶粒与环绕在其周围的分散层构成胶团:胶核|双电层(吸附层|紧密层|扩散层)|=胶团。

图 1.7 为 AgI 溶胶粒子胶团结构式。

1.3.4 溶胶的聚沉和絮凝

某些溶胶需要稳定化,某些溶胶需要聚沉。聚沉较稳定化容易些。

稳定化因素:带电(断键、电离、电解质吸附等);水化;表面活性剂弹性外壳等。

聚沉过程:溶胶是热力学不稳定体系,有聚结成大颗粒的趋势,当聚集

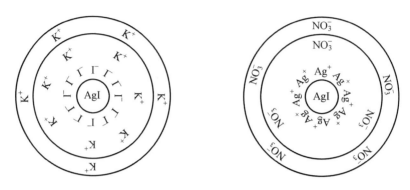

图 1.6 AgI 溶胶粒子结构示意图

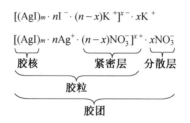

图 1.7 AgI 溶胶粒子胶团结构式

到一定程度时,失去表观均匀性而沉降下来,这一过程即聚沉过程。

聚沉因素:可通过加聚沉剂(如电解质等)、加热、离心分离等方法促进聚沉。

聚沉物:在聚沉过程中所得的沉淀物称为聚沉物,一般比较紧密,沉淀过程也较缓慢。

1. 外加电解质对溶胶聚沉的影响

外加电解质对溶胶具有双重作用。当电解质浓度较小时,有助于形成 ζ-电势,起稳定作用。

当电解质浓度较大时,压缩扩散层,ζ-电势降低,引起聚沉。(可用图解注明压缩双电层的过程,图 1.5 中动态压缩 ζ 时即可说明此种过程)

(1)聚沉条件。

聚沉条件是凝聚力大于斥力。只有外加电解质达到一定浓度,才能使溶胶发生明显聚沉。

聚沉值:使溶胶发生明显聚沉的最低电解质浓度。聚沉值越小,聚沉能力越强。

图 1.8 为聚沉速率与电解质浓度的关系。电解质浓度为聚沉值时,ζ-电势未达到 0,为 25 ~ 30 mV。当 ζ-电势为 0 时,聚沉速率最大。

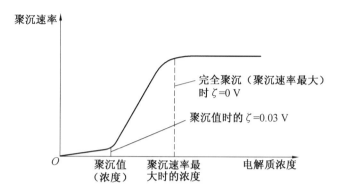

图 1.8　聚沉速率与电解质浓度的关系

（2）哈迪－叔采规则（反离子聚沉规则）。

哈迪－叔采规则：起聚沉作用的主要是电解质中的反离子，价数越高，聚沉能力越强。

证明：同离子相同时，不同反离子聚沉值不同；价数提高，相当于电荷密度（浓度）提高。

机理：不同离子、不同价数，压缩扩散层的作用不同。高价离子对扩散层的压缩作用较大。

例外：当离子在胶束表面强烈吸附或发生表面化学反应时，哈迪－叔采规则不适用。

（3）感胶离子序。

同价离子聚沉能力略有不同。

负溶胶（一价金属离子）聚沉能力从大到小排列为：Cs^+，Rb^+，K^+，Na^+，Li^+。

正溶胶（一价负离子）聚沉能力从大到小排列为：Cl^-，Br^-，NO_3^-，I^-。

感胶离子序与离子几何形状、尺寸有关。

（4）同离子影响。

与胶粒带电相同的同离子对聚沉略有影响。当反离子相同时，同离子价数越高，聚沉能力越强。

机制：同离子的几何特征对扩散层的压缩略有影响。

证明：反离子相同时，不同的同离子聚沉值不同。

机理：同离子浓度一定，价数提高时，反离子浓度肯定增加，但无法确认同离子的影响。除非固定反离子浓度，提高同离子价数（此时同离子浓度肯定同比例降低），在此情况下，若聚沉值仍降低（或保持不变），则可肯定同离子价数越高，聚沉能力越强。（价数影响不易考察）

2.溶胶的相互聚沉

两种相反电性的溶胶混合会产生中和作用而使溶胶聚沉。完全中和时才能发生完全聚沉,否则发生部分聚沉或不聚沉。

应用:明矾净水;两种不同牌号墨水混合出现沉淀;黄河三角洲、长江三角洲(浦东)的形成(电性相反、高浓度电解质以及急沙慢淤)。

3.大分子化合物对溶胶稳定性的影响

(1)两重性。

①保护作用。一定量的大分子化合物对溶胶起稳定作用。

机理:大分子化合物包覆在溶胶粒子上形成弹性外壳;隔离后加入的电解质离子,使之不进入紧密层;具有亲水性等。

亲水性大分子化合物一方面能在胶粒上吸附,另一方面与水相溶,体系能量不高。大分子包裹后减少颗粒聚结而降低表面能。

②破坏作用。

敏化作用:微量,使聚沉值减小,即易聚沉。

絮凝作用:少量,直接导致聚集沉降,如絮凝剂。

③溶胶保护剂。具有亲水性的溶胶,如蛋白质、淀粉等。只有达到一定的量才能起保护作用,否则起破坏作用。

(2)絮凝机理。

大分子化合物量少时产生架桥效应,使多个胶粒连接;另外大分子有"痉挛"作用,容易使胶粒聚结。大分子化合物过多时反而起保护作用。其主要机理为形成球状外壳,产生弹性位阻。

(3)絮凝应用。

应用:污水处理和净化、有用矿泥回收、重金属离子废水和铝厂废水处理等。

优点:(与无机聚沉剂相比)效率高,用量少;聚沉迅速;沉淀块大而松,便于过滤;可实现选择性絮凝。

(4)影响因素。

溶胶浓度、温度、pH、非电解质作用等。

1.3.5 溶胶的制备与净化

1.溶胶的制备

(1)分散法。

①机械分散法,也称 up-down 法。利用胶体磨,加入明胶或单宁类化合物作为稳定剂。此法可以制备胶体石墨、颜料及医用溶胶。

优点:有效防止微裂缝弥合;稳定胶体体系。

②胶溶法。使新沉淀物在一定条件下重新形成胶体分散状态。

胶溶作用:新生成的固体沉淀物在适当条件下能重新分散而成胶体溶液。加入与沉淀具有相同离子的电解质,使相同离子被优先吸附而带电,促进胶溶。

操作关键:不能形成硬沉淀(陈化沉淀)或胶粒制备时加入大分子化合物,由大分子保护后干燥的烘干颗粒,容易胶溶。

(2)聚沉法。

聚沉法也称累积(bottom-up)法,将分子、离子等凝聚而形成溶胶粒子(控制在胶体范围),常借助化学反应。

一些氧化还原、水解、复分解等反应可得到一种溶解度很小的产物,控制条件可凝聚成胶体尺度粒子。

$AuCl_2$($1.0×10^{-4}$)稀溶液加热沸腾,慢慢加入甲醛或单宁类有机还原剂,可得红色金溶胶。

影响因素:反应物浓度、介质的 pH、操作程序、温度、搅拌速度和方式等。

操作关键:控制颗粒大小;与分散剂相容的情况;制作过程中对胶粒的各种稳定作用。

2.溶胶的净化

溶胶的净化就是除去或部分除去杂质(过量电解质或其他杂质,不利于溶胶稳定)。

半透膜净化:降低分子杂质和滤去电解质。

(电)渗析法:在半透膜两侧施加电场,加快渗析,故称为电渗析法,如图 1.9 所示。

注意:电解质除去过多反而影响溶胶稳定性,因为电解质太少造成电位离子解吸,ζ-电势下降,从而影响稳定性。

水洗涤法:最后调 pH,利用 H^+ 吸附。

1.3.6 溶胶的稳定作用

在很多情况下,需要增强胶体系统的稳定性。

能够促进溶胶稳定的主要因素有:

①动力稳定作用,源于布朗运动引起的扩散作用。

②聚沉稳定性(聚结势垒)。主要是胶体粒子周围存在的双电层产生

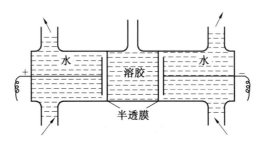

图 1.9　电渗析法示意图

斥力,形成聚结位能峰 E_0,使胶体体系处于亚稳状态。从动力学和热力学角度考虑,可通过提高胶体溶液这一亚稳体系的 E_0 来提高其稳定性,使其以稳定体系的状态长期存在。

1. 热力学角度,主要存在范德瓦耳斯力和双电层斥力

从化学热力学角度考虑,悬浮在磁液中的微粒普遍受到范德瓦耳斯力的作用,很容易发生团聚,而由于吸附在小颗粒表面形成的具有一定电位梯度的双电层又有克服范德瓦耳斯力阻止颗粒团聚的作用,因此悬浮液中的微粒是否团聚主要由这两个因素来决定。当范德瓦耳斯力的作用大于双电层之间的排斥作用时,粒子就发生团聚。在讨论团聚时必须考虑悬浮液中电解质的种类浓度和溶液中离子的化学价、浓度的影响。

(1)加入反絮凝剂形成双电层。

反絮凝剂的选择可根据纳米微粒的性质、带电类型等来确定,即选择适当的电解质作为分散剂,使纳米粒子表面吸引异电离子形成双电层,通过双电层之间库仑排斥作用大大抵消粒子之间发生团聚的引力,实现纳米微粒分散的目的。纳米颗粒为 Fe_3O_4 粒子,若在溶液中加入几滴 $FeCl_3$ 溶液,则将水解产生 FeO^+,FeO^+ 优先吸附在 Fe_3O_4 颗粒表面使胶体粒子带正电,形成双电层使磁液得以稳定,这是指磁液粒子最终带正电的情况。若粒子吸附阴离子表面活性剂后形成双分子层吸附,使胶体粒子最终带负电,则 FeO^+ 的存在反而会使双电层厚度减小,此时不加入 $FeCl_3$ 为好。

(2)加表面活性剂包覆微粒。

为了防止分散的纳米粒子团聚也可加入表面活性剂,使其吸附在粒子表面,形成微胞状态,由于表面活性剂的存在而产生粒子之间的排斥力,使得粒子之间不能接触,从而防止团聚体的产生。这种方法对于使磁性纳米颗粒分散制成磁液是十分重要的。磁性微粒很容易团聚,这是由于颗粒之间磁吸引力造成的。因此,为了防止磁性纳米颗粒的团聚,加入表面活性剂(如油酸等),使其包裹在磁性粒子表面,造成粒子之间的排斥,这就避免了团聚体的生成。对磁液的稳定作用,应该说,表面活性剂的稳定性更重要。

2. 动力学角度,主要考虑布朗运动和重力

(1)布朗运动。

布朗运动是胶体粒子的分散系(溶胶)动力稳定的一个原因。由于布朗运动的存在,胶粒不会稳定地停留在某一固定位置上,这样胶粒不会因重力而发生沉积;但另一方面,可能使胶粒因相互碰撞而团聚,颗粒由小到大进而沉淀。这时表面活性剂包覆层外壳所产生的弹性和空间位阻效应将发挥重要作用。

(2)扩散。

扩散现象是指在有浓度差时由于微粒热运动(布朗运动)而引起的物质迁移现象。微粒越大,热运动速度越小。一般以扩散系数来衡量扩散速度,扩散系数是表示物质扩散能力的物理量。

(3)沉降和沉降平衡。

对于质量较大的胶粒来说,重力作用是不可忽视的。如果粒子的密度大于液体的密度,因重力作用使悬浮在液体中的微粒下降,但对于分散度高的物系,因布朗运动引起扩散作用与沉降方向相反,故扩散成为阻碍沉降的因素,粒子越小这种作用越显著,当沉降作用与扩散作用相等时,物系达到平衡状态,即沉降平衡。

3. 流变学角度,存在黏滞作用和重力

(1)黏度的概念。

当流体的剪切应力 τ 正比于剪切速度 $\dot{\gamma}$ 时,即 $\tau = \eta\dot{\gamma}$,黏度 η 为常数,这种流体称为牛顿流体,空气、水、甘油、低相对分子质量化合物的溶液和许多通常遇到的液体都是牛顿流体(近似)。但某些流体不遵循上述关系,其黏度 η 随 τ 和 $\dot{\gamma}$ 而改变。

(2)典型胶体悬浮液的黏性。

通常人们把乳化聚合制成的各种合成树脂胶乳的球形分散粒子(0.1 μm)看成典型的胶体粒子,并对这种胶体分散粒子进行研究。Saunders 研究了单分散聚苯乙烯胶乳的体积分数对黏度的影响,结果发现胶乳的体积分数低于 0.25% 时,胶乳分散系统为牛顿流体;胶乳的体积分数高于 0.25% 时,胶乳分散系统为非牛顿流体。大多数分散体系为非牛顿型,磁液由于磁性微粒体积分数较高,无论是何种基载液,所形成的磁液几乎均为非牛顿型。当胶乳的体积分数增加时,约化黏度(单位浓度下黏度的增加率)η_{recl}增大,即使胶乳浓度相同,随胶乳粒径的减小,黏度也会增大。胶乳的体积分数与黏度的关系可用 Mooney 式来表示:

$$\eta_{recl} = \exp\left[\left(\alpha_0\phi\right)/\left(1-K\phi\right)\right]$$

式中,ϕ 为胶乳的体积分数;α_0 为粒子的形状因子,$\alpha_0 = 2.5$;K 为静电引力常数(约为 1.35)。

随胶乳粒径减小黏度增加的原因是:粒径越小胶乳比表面积越大,胶乳间静电引力增大,Mooney 式中的 K 变大。

4. 静电稳定机制角度,主要是磁性粒子表面双电层的弹性作用和浓差反扩散作用

详见 7.5 节磁性液体的静电稳定机制。

5. 弹性稳定机制

胶体粒子的周围形成离子氛,离子氛类似于一个球体,当两个带有离子氛的粒子碰撞时,离子氛就会产生弹性力,造成离子氛分开的趋势,这就是弹性稳定机制。

1.3.7　表面活性剂及其在溶胶稳定方面的应用

加入少量就能显著降低溶液表面能的物质,称为表面活性剂。表面活性剂主要分为离子型表面活性剂(可电离出正负离子)和非离子型表面活性剂(不能电离)。离子型表面活性剂又可分为阳离子型表面活性剂、阴离子型表面活性剂及两性型表面活性剂。

表面活性剂一般具有不对称的两亲性结构,一端为非极性的长链的有机高分子基团,另一端为极性的原子或原子团。表面活性剂降低表面能的机理是,表面活性剂在溶液中做定向排列,富集于溶液表面而使表面能降低。降低液相体系的表面能是表面活性剂的最主要应用。

在胶体体系中,表面活性剂还可作为胶体粒子的包覆层,在胶粒外面形成均匀的表面活性剂外壳,一方面可以改变胶粒的极性而使胶体稳定;另一方面,表面活性剂球状外壳可为胶体系统起弹性稳定作用。

从表面活性剂包覆角度考虑,希望形成完整良好的表面活性剂球状弹性外壳。

提高磁液动力稳定性的措施是减小磁性微粒的粒度,提高聚结稳定性的措施则是在磁性微粒的表面包覆分散剂。在纳米磁性液体中,磁性粒子被表面活性剂包覆后,形成一单分子层或双分子层表面活性剂球状弹性外壳,这一外壳对纳米磁性粒子的碰撞团聚产生空间位阻和弹性位阻,起到稳定作用。[11-13,16,51-53,101,148,153,160,161,180,181,217,240,266,301,302]

（1）扩散作用和弹性作用。

当包覆有表面活性剂的磁性粒子相距较远时，两粒子不发生相互作用；当两粒子相距较近（浓度较大）、靠近或碰撞在一起时，首先相接触的是两粒子的表面活性剂球状弹性外壳。一方面，碰撞作用使表面活性剂层重叠，重叠区域内表面活性剂浓度较大，有向外扩散的趋势，产生扩散势，这种扩散势使两粒子重新分开；另一方面，表面活性剂形成的球状外壳，一般在表面形成张应力或压应力（起因于球状外壳的表面积自动减少以降低表面能的趋势），这种表面应力使得球状外壳具有一定的强度和刚度，当两粒子碰撞在一起时，球状外壳发生变形，在弹性力的作用下，变形的球状外壳有恢复为原来球对称形状的趋势，这种趋势使得两粒子分开。

（2）空间位阻和弹性位阻。

表面活性剂的包覆有一定的厚度，高分辨电镜图像证明我们所制得的磁液中磁性粒子包覆层的厚度为 1 ~ 1.5 nm，两磁性粒子相撞时，磁性粒子本征表面之间就会隔着两层表面活性剂包覆层，其厚度为 2 ~ 3 nm，这个距离使得磁性粒子之间的范德瓦耳斯力和磁性力大大减弱，有效降低了粒子之间的吸引能，从而使磁液稳定。图 1.10 为表面活性剂的空间位阻和弹性位阻的高分辨电镜图像。

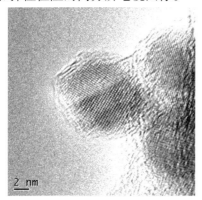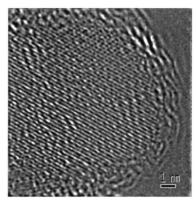

图 1.10　表面活性剂的空间位阻和弹性位阻的高分辨电镜图像

在实际作用过程中，表面活性剂的空间位阻和弹性位阻是与双电层的弹性作用结合在一起的。表面活性剂的包覆一般要影响到双电层的厚度，有时还会引起 ζ-电位反号。在某些情况下会增加 ζ-电位的绝对值，此时磁液稳定性肯定增加。但在许多情况下将会降低 ζ-电位的绝对值，此时就削弱了磁液系统的静电稳定作用，当这种削弱作用大于表面活性剂外壳所产生的弹性（空间）稳定作用时，磁液的稳定性变差；当这种削弱作用小于表面活性剂外壳所产生的稳定作用时，磁液稳定性能提高，这也是大多数大分子表面活性剂所能起到的作用。

1.4　纳米磁性液体

1.4.1　纳米磁性液体的性能[1,9,11–13,16,64–101]

纳米磁液主要由三部分组成,即纳米磁性微粒、基载液和表面活性剂,如图 1.11 所示。磁液既有流动性,又有磁性,是纳米磁液最重要、最独特、最优异的性能,这使它在外磁场下可以定位、定向移动,改变磁液表观密度,实现磁悬浮,具有磁黏滞性和磁各向异性等。磁液中的纳米微粒的尺寸一般在该种物质的超顺磁性临界尺寸以下,因此磁液具有超顺磁性,这一特点是磁液具有一系列优异性能并能获得广泛应用的微观物理基础。磁液的较强磁性能和长期稳定性是衡量其质量高低的基本指标,也是其能够获得良好应用的关键。在纳米磁液的制备过程中,表面活性剂对磁性微粒的良好包覆,对于磁液的稳定性起了至关重要的作用,同时也有利于提高和保持磁性能。黏度和挥发特性是磁液的重要性能指标,它主要由基载液的性质所决定,对基载液的基本要求是:低蒸发率、低黏度(阻尼器件除外)、很高的化学稳定性(静态和动态下都不与被密封介质发生物理的和化学的相互作用)、耐高温和抗辐射、良好的导热性、无毒性等。

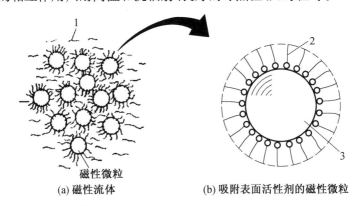

(a) 磁性流体　　　　　(b) 吸附表面活性剂的磁性微粒

图 1.11　磁液的组成

1—基载液;2—表面活性剂;3—磁性微粒

1. 超顺磁性

从能量角度讲,当磁性微粒的热运动能(随粒径减小而增大)与其静磁作用能(各向异性能)相当时,各单畴微粒不再沿同一方向取向,铁磁材料表现为类似于顺磁材料的性质,称为超顺磁性。当铁磁体做成微粒状或通过沉淀法得到的粒子极细时,该小体积中的自发磁化的粒子本身做热振动,产生超顺磁性,即经典的郎之万顺磁性(自旋之间无相互作用,自旋质点自由地进行热振动),如图1.12所示。其基本特征是,磁性微粒在磁场下定向排列,撤去磁场无任何磁滞。

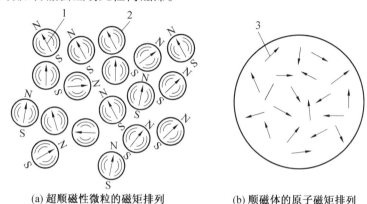

(a) 超顺磁性微粒的磁矩排列　　　　(b) 顺磁体的原子磁矩排列

图 1.12　微粒的超顺磁性
1—磁矩;2—微粒;3—原子磁矩

　　磁场对磁液的作用力表现为体积力,利用此体积力可开发的应用产品有磁液陀螺、磁液打印机、加速度表、通信纤维、人工肌肉、移位寄存器、磁性显影剂、软磁路、磁液水平仪、磁墨水和磁印刷、医药上的药物导航载体、外科用磁刀以及磁带磁迹显示、磁液密封、磁液定位润滑、磁液研磨等。

2. 长期稳定性

　　纳米磁液在重力场、电场、温度场及非均匀磁场中高度稳定,无凝聚、沉淀和分层现象。

3. 饱和磁化强度

　　磁性微粒的饱和磁化强度随微粒直径的减小而减小(图1.13)。随着外磁场强度的增加,开始时,磁化强度成正比例增加,然后逐步趋于饱和,如图1.14 所示。

4. 起始磁导率

　　磁导率又称畴壁迁移率,是一种表征电磁感应强度的强度因子,即磁化曲线上某点的斜率。磁化率越高,说明材料越易被磁化。磁导率为磁化率曲线上某点的斜率。起始磁导率,即为磁化曲线内推至零处(即 $H=0$ 时)曲线的斜率。磁液中希望起始磁导率高些,这样有利于应用。

5. 黏度和蒸气压

　　磁液黏度与基载液黏度、外磁场、磁性粒子浓度及温度有关。

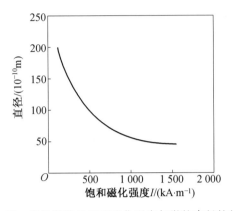

图 1.13　磁性微粒的饱和磁化强度与微粒直径的关系

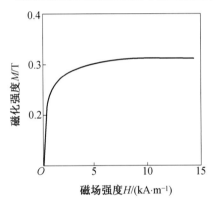

图 1.14　磁性微粒的磁化曲线

利用黏度、运动阻尼与外加磁场大小等有关的特性,可开发的应用产品有阻尼器、减振器、制动器、阀门等。

6. 外磁场下悬浮(表观密度随外磁场变化)

根据需要,调整磁场梯度和强度,可悬浮不同密度的非磁性固体。

利用磁感应悬浮力可开发的应用产品有选矿装置、无摩擦开关、密度计、继电器、自由升降装置、废水处理器等。

7. 各向异性

与外磁场有关。在外磁场下,使超声波在各方面上产生速度变化和衰减;使可见光产生双折射和二色性及法拉第旋转;使偏振光具有方向性;施加不同方向的磁场时,黏度表现不同,产生各向异性。

利用其光学各向异性可开发的应用产品有光传感器、电流计、光快门、激光稳定器、光增幅器、光计算机等。

8. 磁黏滞性

在交变电磁场下,磁性粒子的磁化方向瞬间改变,产生磁黏滞性。

9. 在垂直磁场下自发形成稳定波峰

表面不稳定现象和针尖状表面如图 1.15 所示。磁液表面(界面)扰动现象(界面不稳定)如图 1.16 所示。

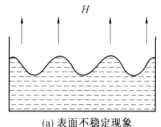

(a) 表面不稳定现象　　　　　　(b) 针尖状表面

图 1.15　表面不稳定现象和针尖状表面

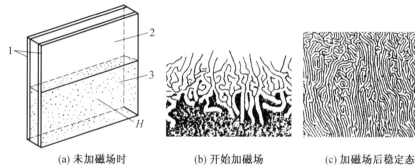

(a) 未加磁场时　　　(b) 开始加磁场　　　(c) 加磁场后稳定态

图 1.16　磁液表面扰动图(界面不稳定)

1—玻璃板;2—非磁液;3—磁液

10. 磁热效应(基于其良好的导电、导热性等)

磁化强度随温度的升高而呈线性下降,此即温度效应,或磁热效应。利用此特性可开发的应用产品有加热泵、热磁转换器、磁液制冷机、热交换器、音响装置等。

11. 良好的润滑性能

可开发的应用产品有:磁性润滑、磁液轴承及拉拔加工装置。

12. 其他

其他各项性能如图 1.17 ~ 1.26 所示。图 1.17 中,每个单位微电流都产生磁学效应,所以把每个单位微电流称为一个磁偶极子。定义在真空中每单位外磁场对一个磁偶极子产生的最大力矩为磁偶极矩 P_m,每单位体积内材料磁偶极矩的矢量和为磁感应强度 B,其单位为 T(特斯拉,在 CGS

29

单位制中 B 的单位为 Gs，$1\ T = 10^4\ Gs$）。

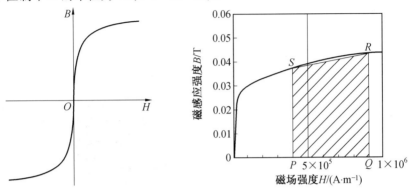

(a) 磁滞回线示意图　　　　　　　　(b) 局部放大图

图 1.17　磁液的磁化曲线图

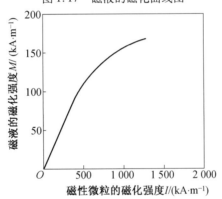

图 1.18　磁液的磁化强度与磁性微粒的磁化强度的关系

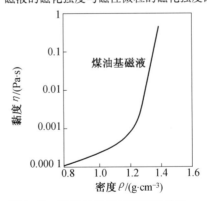

图 1.19　磁液的黏度与密度的关系

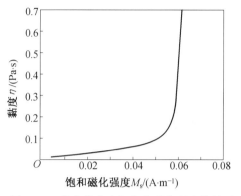

图 1.20 磁液的黏度与饱和磁化强度的关系

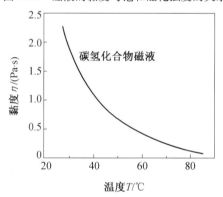

图 1.21 碳氢化合物磁液的黏度与温度的关系

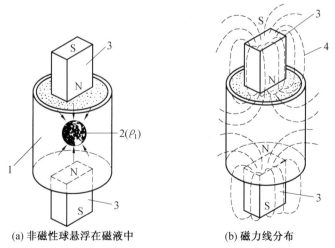

(a) 非磁性球悬浮在磁液中   (b) 磁力线分布

图 1.22 外加梯度磁场对磁液的作用(在梯度磁场中磁液各部位的密度不同)
1—磁液;2—悬浮的非磁性球;3—磁铁;4—磁力线

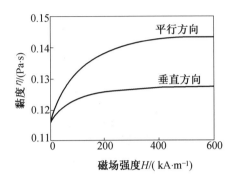

图 1.23 磁场方向对黏度的影响

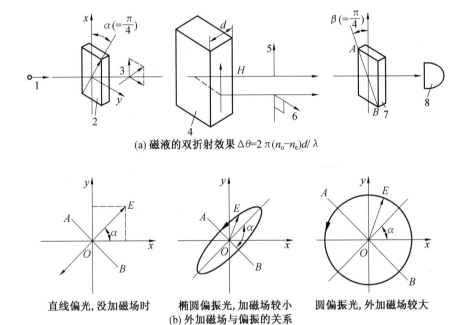

(a) 磁液的双折射效果 $\Delta\theta = 2\pi(n_o - n_e)d/\lambda$

直线偏光,没加磁场时　　椭圆偏振光,加磁场较小　　圆偏振光,外加磁场较大

(b) 外加磁场与偏振的关系

图 1.24 磁液的光学各向异性

1—光源;2—偏振器;3—入射光;4—磁液薄膜;5—非正常光;6—正常光;7—检偏器;8—检出器

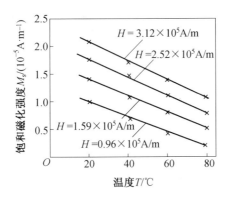

图 1.25　磁液的饱和磁化强度与温度的关系

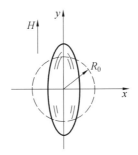

图 1.26　液滴的变形

1.4.2　磁性液体研究现状[3,5,7,8,15,121-263]

近几年,我国对磁液的研究比较活跃,但多限于理论跟踪,对其工艺研究有一定进展但不成熟,产业化方面做得很少,应用受限;对磁液水密封研究较多,而对油密封研究较少,限制了它的实际应用。国外对磁液的研究有以下特点:

①已形成前沿科技研究的热点。

②理论研究远远多于试验研究。

③日本、俄罗斯、罗马尼亚、美国等对理论研究较重视,罗马尼亚在试验研究方面处于领先地位。

④近年来磁液密封理论研究较少。

⑤理论研究集中的情况也恰好说明了理论研究有待突破。

国内对磁液的研究较少,滞后于相关科技的发展。表 1.1 ~ 1.3 为磁液产品的性质介绍。

表1.1　黑龙江省化工研究院生产的磁液及其性质

型号	HW-01	HM01	HM02	HJ01	HJ02	HZS1	HZS2
基载液	水	煤油	煤油	机油	机油	二酯	二酯
颜色	黑	黑	黑	黑	黑	深棕	深棕
饱和磁化强度(在 $H_0 \geqslant 650$ kA/m 条件下测得)/(A·m^{-1})	0.025	0.030	0.060	0.030	0.050	0.030	0.050
密度/(g·cm^{-3})	1.30	1.0	1.50	1.0	1.50	1.27	1.40
黏度(25 ℃)/(mPa·s)	12	6	30	10	10	70	15
基载液的饱和蒸气压(20 ℃)/Pa						9	9
蒸发率(80 ℃)/(g·cm^{-2}·h^{-1})			3.6×10^{-4}	3.6×10^{-4}	8.5×10^{-6}	8.5×10^{-6}	
沸点(0.101 MPa)/℃	100	180	180	300	300	310	310
溶点/℃	0	-30	-30	-45	-45	-60	-60

表1.2　日本大和株式会社生产的磁液及其性质

型号	W-35	Hc-50	DEA-40	LS-35	PX-10	DES-40
基载液	水	碳氢化合物	合成油	合成油	合成油	合成油
颜色	黑	棕黑	黑	黑	棕黑	黑
饱和磁化强度/T	0.036	0.042	0.04	0.035	0.01	0.04
密度(25 ℃)/(g·cm^{-3})	1.35	2.8	1.39	1.27	1.24	1.39
黏度(20 ℃)/(mPa·s)	34	42	150	1010	1100	300
溶点/℃	0	-27.5	-72.5	-10	-10	-62
沸点/℃	100	180~212	205~218		240~260	222~245
使用温度/℃	5~90	-20~150	-20~250	-10~150	-10~150	-15~250
蒸发率/(g·cm^{-2}·h^{-1})			1.2×10^{-5}	5.4×10^{-6}	6.5×10^{-6}	8.5×10^{-6}

表 1.3　美国生产的磁液及其性质

基载液	碳氢化合物		水	二酯		
饱和磁化强度/T	0.02	0.04	0.02	0.01	0.01	0.01
密度/($g \cdot cm^{-3}$)	1.05	1.25	1.18	1.19	1.19	1.19
黏度(27 ℃)/($mPa \cdot s$)	3 ~ 10	5 ~ 25	1 ~ 10	100	500	1 000
溶点/℃	4	7	0	−40	−35	−29
蒸气压(0.101 MPa)/Pa			100	324	324	324

1. 气体密封研究

气体密封是最简单的一种隔离密封,用于隔绝空气、防尘、防毒等。目前气体密封研究较完善,应用情况也较好。选择合适的基载液,不使其与被密封气体发生溶解、污染等,可实现对任何气体的磁液密封。磁液在磁场作用下(密封结构中有磁场)受到力的作用,产生定向位移并形成局部富集,有聚结的倾向,磁液聚结后将导致密封失效。目前的研究方向是如何进一步提高磁液在磁场下的稳定寿命,即提高磁液密封的寿命。在实际应用中,多数情况下,气体密封是与压力密封和/或旋转轴密封(动密封)联系在一起的。

2. 压力密封(包括真空密封)研究

被密封介质与外界有压力差。对于真空密封,被密封一侧处于负压状态,外界为大气时,密封压差有极限(1 标准大气压,即 101.325 kPa),只需选择蒸气压低、挥发性小的基载液,一般较易实现真空密封。在特殊情况下,外界(或内部)为高压气体(或低压气体)时,密封状态演变为一般的压力密封,密封两侧压差可能较大,当压差大于密封结构耐压力时,密封就失效。为了提高密封压力,一般采取提高外加磁场强度、提高磁液饱和磁化强度、改进密封结构等措施。目前,一般采用第三代磁王——钕铁硼永磁体作为外磁场源,并且正在研制新一代(第四代)稀土永磁体,有望进一步提高磁场性能;磁液的磁性能主要取决于磁性微粒的性能,采取提高磁性粒子密度、选择高性能强磁性粒子等措施来提高磁液饱和磁化强度,目前已研制出性能较好的氮化铁系列磁液,而且还在不断地合成性能更高更好的用于磁液的磁性微粒;在密封结构方面,采用多极-多级密封,设计新颖高效的密封结构等来提高密封压差。单级密封的密封压差一般在 0.01 ~ 0.04 MPa,采用多极-多级密封后,密封压差可达 2.5 ~ 3.0 MPa,甚至更高。

3. 旋转轴密封(动密封)研究

旋转轴密封是一种动态密封,与密封部件和液体都不动的静态密封相比,情况更复杂。在工作状态下,磁液随轴的转动受剪切力作用并有一沿圆周的运动,同时受离心力的作用,使密封压力下降;在转速较高时,由于摩擦作用,磁液温度会升高且蒸发速度加快,温度升至临界温度以上,将导致磁液超顺磁性消失,使密封失效。对于剪切力给磁液密封带来的影响,已成功地用动力学模拟加以计算和调整;对于离心力产生的影响,主要从密封结构入手,如在两极间的空隙中填充非导磁材料、磁极装在转轴上、采用离心密封结构等措施加以解决;对于温度升高问题,一方面选择蒸气压较低的液体作为基载液,另一方面必要时采用外部水冷,但这必将使密封结构进一步复杂化,尤其在密封空间有限的情况下限制了其应用。

4. 液体密封研究

液体密封的首要问题是被密封液体与磁液不能有相互作用,如溶解、反应、渗透等。在静止密封状态下,选择合适的基载液,这一点还是不难达到的。但实际应用中大多数为动态密封,当两液面(磁液和被密封液体界面)做高速相对运动(或振动)时,界面往往发生强烈扰动,界面处两种液体掺混溶合在一起,并逐步扩大范围,最终使两液体混为一体,使被密封液体污染同时导致密封失效。目前,液体密封是磁液密封研究中的一个热点,大体分为两类,即封水和封油。对密封水的研究,近年来国内外研究得较多,且取得了可喜的成果,如对氨水泵的密封等,基本解决了封水问题,下一步研究的方向是如何进一步提高封水能力。对油的密封更为复杂,因为某种油基磁液能封水,反之,水基磁液却不一定能封油,因此油密封成为磁液密封中的一大难点。目前主要采取的措施是合成新的基载液和新型表面活性剂,增加磁液在动密封中的抗扰动能力。该项研究已取得了一些进展,但仍不理想。

5. 新型磁性液体研究

高质量磁液的基本要求是低黏度、低蒸气压、高饱和磁化强度、高起始磁导率、长期稳定等。最早应用的强磁性粒子是铁磁矿类,后来发展了铁氧体类磁液,为了提高磁性能,又发展了金属单质磁液和稀土合金磁液,但这类磁性粒子易氧化,稳定性差。近年又发展了氮化铁类磁液,其具有较高的饱和磁化强度,且较稳定,目前正在走向实用化阶段。为了提高磁液的密封性能,如提高密封压差、提高液体密封能力尤其是封油能力,尚需不断地研制性能更好的磁液。一方面是新型磁性微粒的研制及其进一步细微化,并尽量实现纳米微粒的单分散,提高磁液本身的磁性能;另一方面合成新的基载液和表面活性剂,并研制改善调整磁液性能的添加剂(如调整黏度:无水硫酸钠;降低凝固温度:乙二醇;提高饱和磁化强度:稀土钴等磁性微粒;在水银、镓合金、油或水中分散 Fe、Co、Fe-Co 微粒;提高密封轴承压力:添加线径小于 $\phi 1 \sim 50$ μm 的顺磁性或弱磁性金属丝等),实现磁液在长期高速旋转下不与被密封油介质产生相互作用。

6. 磁液的稳定性研究

稳定性是磁液密封最重要最关键的指标,要求在重力场、磁场、温度场、力场等各种均匀和非均匀场下能够长期稳定而不沉淀、不聚结。目前的研究主要有:降低磁性粒子颗粒尺寸以增加动力稳定性;实现纳米磁性颗粒的单分散增加磁液均一性和稳定性,控制颗粒为球形以减少聚结力;研究基载液与表面活性剂的良好配合以增加空间位阻稳定性;对磁性粒子进行高效包覆达到良好表面改性,形成均匀球状弹性外壳提高悬浮能力;提高磁性纳米颗粒表面 ζ-电位以增加静电稳定性等。在给定条件下,对某种磁性粒子,只有当粒径小于某一临界尺寸即超顺磁性临界尺寸时,才有可能在磁液中长期稳定悬浮。为了获得高质量的磁液,要求颗粒在超顺磁性尺寸以下越小越好,越均匀越好,这也是目前研究制备过程中的一大课题。有时具有强磁性的某种物质的粒子,进行稳定化处理较困难,这时可从密封结构、磁液的约束形式、表面活性剂、基载液与磁性微粒的相互作用等多方面着手,综合对其磁性能和稳定性进行调配。值得指出的是,上述影响磁液稳定性的诸多因素,有时相互间可能产生冲突,此时可抓住主要方面,忽略次要方面,以达到提高综合稳定性能的目的。

7. 密封结构研究

密封结构研究的主要目的是提高密封压差,或通过过渡密封结构使难以密封的被密封介质得到密封,同时在保证密封性能的前提下,尽量使密封结构简单。单级密封结构简单,但其密封能力差(耐压压差小),故一般在实际应用中采用多级密封、多极-多级密封、离心密封(磁极在转轴上)、组合密封(两种或两种以上的密封方式,如气密封、液密封、静密封、动密封、压力密封、离心密封、旋转密封、直线密封、机械密封等组合在一起)等,以提高密封能力。有时需要在密封结构上附加外部水冷装置,增加密封结构的复杂性和密封元件体积。一般来讲,密封结构较复杂,对某些应用环境,空间狭窄或对质量限制较严,而且密封压差较大、对密封要求较特殊、密封条件较特殊的仪器装备,大大限制了其应用。因此,如何研制结构尽量简单,又能满足高性能密封要求的密封结构,是目前研究的又一热点。

8. 磁性液体静力学和动力学方面的研究

磁液静力学的理论研究,一般归结为建立磁液连续介质模型。旋转轴密封研究,磁液除受法向力外,还受切向力、离心力等作用,在这种情况下,一般建立不可压缩黏性流体流动问题模型(动力学问题),在这两种模型下推导出来的磁液运动方程,对磁液密封有一定的指导意义,但也存在一些误差。如何探索更加完备的磁液静力学和动力学理论,用以指导磁液的理论研究、工艺研究和应用研究,是今后研究的一个重要方向。

1.4.3 纳米磁性液体应用概况[3,4,6,7,67,68,71-73,76,101-120]

表1.4为磁液应用现状介绍。

表1.4 磁液应用现状

种类	使用范围
密封	各种运动旋转轴密封、液体密封、可动部件(如泵、阀等)密封、磁盘密封等
控制液体密度	选矿、分选回收各种金属,阻尼器、轴承、减振器等
磁性循环	热交换器、能量转换器、加热泵、超导发电机、热引擎等
固定	光纤连接器,润滑油、切削油等的固定
捕集或移动流动体	回收废油、分离回收气体中的固体、去除水中的油污等
传感	振动计、温度计、重力计、水位计、密度计、压力计、加速度表等
显示	磁性探伤、磁性图案可视化,各种显示器等
磁感应和信息传输	磁回路
其他	磁性薄膜及磁带等存储器件,涂料、助燃剂、显影剂、填充剂,印染、导航磁陀螺、扬声器、水下低频声波发声器、磁性针剂、人造肌肉、靶向给药、生物磁学等

磁液的研究可以追溯到20世纪60年代初期,美国宇航局为了解决宇航服可动部分的密封及在空间失重状态下的燃料补充问题,开发了磁液。目前,磁液的研究和开发为机电制造、电子设备、仪器仪表、石油化工、航天、冶金、环保、轻工、医疗卫生等方面提供了帮助,为许多历来难以解决的问题提供了新的解决途径。

(1)利用磁液的性能(如黏度特性、声学特性、温度特性、光学特性等)在磁场中的改变。如利用磁液在磁场中透射光的变化可制造光传感器、磁强计;利用磁液的(表观)黏度在磁场中的变化可制造惯性阻尼器;利用其液面在磁场中的变化(界面扰动,宏观交错分布)可制造压力信号发生器、电流计,以及新型扬声器、热能转换器、水声器件等。

(2)利用外加磁场与磁液作用产生的力(受力、流动或保持在一定位置)。最常见的是磁液密封,利用的是磁液受磁场约束的原理。

(3)利用磁液在梯度磁场中产生的悬浮效果(表观密度变化)。可制造密度计、加速度表、轴承、陀螺、光纤连接装置、继电器等,也可用于润滑、研磨、印刷、医疗、选矿、废水处理等领域。

(4)利用磁场控制磁液的运动。例如利用其流动性可制备药物吸收剂、治癌剂、造影剂、流量计、控制器等,还可应用于生物分子分离等研究。

(5)利用磁液的热交换。可制成能量交换机、液体金属发电机等。

磁液的应用范围相当大,目前较为广泛和成熟的应用技术有磁液密封技术、磁液润滑技术、磁液研磨技术以及磁液扬声器、磁液阻尼器及磁液传感器技术,其中最广泛的应用是在密封领域。

磁液在航空航天上的应用依然重要,如失重状态下的物料输运、部件密封、磁性书写等。目前最有前景的应用之一则是在医学领域的应用。密封应用和医学应用将有专门章节叙述,下面就其应用做简要介绍。

1.磁性液体在矿物分离中的应用

从矿山挖出的矿石需分离出富铝矿石和富铜矿石等,有时也要从机械废品中分离出密度不同的物质。将待分离混合物置于适当密度(介于密度较大的矿物和密度较小的矿物之间)的液体中,在搅拌下可实现矿物的机械分离。水银是符合要求的矿物分离介质,但其成本高、具有毒性而不适于工业应用。将磁液置于磁场梯度下,可以改变磁液的表观密度,液体密度增大,所产生的浮力也增大,利用磁液的这一性质,可以通过改变外磁场的强度和磁场梯度来改变磁液的表观密度,将其表观密度调整到介于待分离的两种物质的密度值之间。

例如,将密度不同的两种非金属(或非磁性金属材料)放在磁液中,当外磁场增大到使磁液的表观密度为两种非金属物质密度的平均值时,密度较大的一种非金属下沉,密度较小的另一种非金属浮起。比如铅和铝的混合物(两种非磁性金属),当磁场增加时,则磁液的静磁压力增加,铝球比铅球浮起来要早一些。根据这个原理可以通过控制磁场的大小逐步地分离不同密度的各种矿物,密度最小的矿物最先分离,其次分离出密度次之的矿物,依次类推,最终将所有矿物全部逐级分离出。

国外已研制出从废品中回收铜、铅、铝等金属的水基磁液,特别是日本东北大学的下饭坂等人解决了处理过程中磁液的回收问题,使这一技术进入实用阶段。日本日铁工业公司建立了每小时分离半吨物质的实用化装置,用来回收废汽车中的有色金属。同时,日本和美国用磁液已制成新型选矿样机和密度分析仪。

从砂金重选精矿中回收金的新型工业设备,利用了清洁的磁选法,生产过程中不使用汞,与汞齐技术相比,它的金回收率高,可达98.6% ~ 99.5%。开发的整套设备已在俄罗斯金矿获得工业应用,可以有效地回收更多的宝石(金刚石、红宝石)、半宝石(红榴石、贵橄榄石等)和人造金刚石。

2. 磁液陀螺

绕一个支点高速转动的刚体称为陀螺,它由苍蝇后翅(退化为平衡棒)仿生得来。在一定的初始条件和一定的外在力矩作用下,陀螺会在不停自转的同时,绕着另一个固定的转轴不停地旋转,这就是陀螺的旋进,又称为回转效应。陀螺旋进是日常生活中常见的现象,许多人小时候都玩过的陀螺就是一例。

人们利用陀螺的力学性质所制成的各种功能的陀螺装置称为陀螺仪。其原理就是,一个旋转物体的旋转轴所指的方向在不受外力影响时是不会改变的。人们根据这个原理,用它来保持方向,制造出来的仪器称为陀螺仪。陀螺仪可以和加速度计、磁阻芯片、GPS制成惯性导航控制系统。陀螺仪的种类很多,按用途可以分为传感陀螺仪和指示陀螺仪。它在科学、技术、军事等各个领域有着广泛的应用。例如,回转罗盘、定向指示仪、炮弹的翻转、陀螺的转动、地球在太阳(月球)引力矩的作用下的旋进(岁差)等。

陀螺仪分为压电陀螺仪、微机械陀螺仪、光纤陀螺仪、激光陀螺仪、陀螺方向仪、陀螺罗盘、陀螺垂直仪、陀螺稳定器、速率陀螺仪、陀螺稳定平台、陀螺仪传感器、MEMS陀螺仪、智能手机上的陀螺仪和现代陀螺仪(一种能够精确地确定运动物体的方位的仪器),它们被广泛用于现代航空、航海、航天和国防工业中,这是由于它的两个基本特性决定的,即定轴性和进动性,这两种特性都是建立在角动量守恒的原则下。

利用新材料、新效应、新原理代替通常的机电陀螺是惯性导航系统提高精度的研究方向之一。陀螺仪要降低漂移就必须提高转子的转动惯量,但这是有限的,为了尽可能降低陀螺框架等内环及外环的轴承摩擦力,常采用液体轴承甚至气体轴承,或者干脆取消轴承。磁液陀螺就是无轴承陀螺,它是将磁液置于容器中,在外加磁场旋转时,由于电磁耦合,旋转磁场对悬浮于磁液中的磁性微粒产生力矩。该力矩通过粒子表层的黏性耦合到整个磁液,使整个磁液旋转。因每个颗粒又都以接近旋转磁场的速率自转,从而具有一定的转动惯量。它就相当于普通机电陀螺的转子,但它一无轴承,二无布朗运动的无序效应所限制的机械耦合,这正是这种陀螺的独特之处。由于每个微粒都以同步于旋转磁场的速率旋转,因此整个磁液也以某种速率旋转。如果给容器输入一个角速率,其矢量与磁液自转的方向垂直,则磁性粒子就会产生进动。如果把进动的电磁信号从磁液容器外的线圈上检测出来,就完成了普通二自由度陀螺——速度陀螺仪的功能。

图 1.27 为磁液陀螺示意图。磁液陀螺包括磁液、产生旋转磁场的系统、施加输入角速度的装置和检测陀螺输出的电磁敏感器系统。根据陀螺的原理,一旦输入矢量方向与自转轴垂直的外部旋转信号时,该转子就要进动,它的自转轴方向相对于检测线圈要发生改变,于是就在检测线圈上产生感应电磁信号。磁液陀螺在磁场旋转速率为 5 kHz、80 Oe(奥斯特,1 000 A/m = 4π Oe)场强下可达到力矩 100(dyn · cm)/cm^3(1 dyn · cm = 10^{-7}N · m = 10^{-5}N · cm)。在动态测量中,场强为 80 Oe、激励频率为 10 kHz 时,激励电流为 11 A。当输入角速度为 150(°)/s 时,从检测线圈中可测得的陀螺信号达到 0.2 μV/mrad。

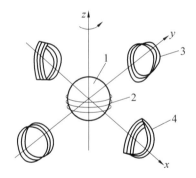

图 1.27　磁液陀螺示意图

1—磁液容器;2—敏感线圈;3—y 轴激励线圈;4—x 轴激励线圈

3. 磁性液体用作显示剂

(1)观察磁畴。

每种磁性材料的微观结构都不同,即磁畴不同。由于磁畴结构不同,各种磁性材料产生的磁力线也有不同的特征。磁力线是看不见的,但可以通过细小的铁磁性的粉料在磁场中的取向情况观察到。磁液中的磁性粒子在磁场中可以定向排列,由于其基本上是单畴结构,所以能最真实地反映磁力线的特征,也就是反映发出外磁场的磁性材料的磁畴特征。因此,利用磁液作为介质可以有效地观察多种磁性材料的磁畴结构。该方法试样制备简单、图像清晰,尤其是对稀土永磁的效果最好。用这种方法除了可以观察磁畴的形状和分布等情况外,还能判定磁取向的优劣,能在不用酸蚀、不破坏样品的条件下测定材料的晶粒度的大小和相分布等多种微观物理现象。

在适宜于磁化的光滑样品表面上,沉积在磁液中的微粒可显示出磁畴。使用水及磁液便可观察到钴永磁材料的磁畴及外延磁泡材料中的磁畴。将待测样品的欲观察面朝上,取一小滴磁液滴于待测样品的欲观察面上,轻轻盖上盖玻片,小心移动盖玻片,使磁液在观察区内均匀分布,然后取此样品置于显微镜载物台上,将透射光显微镜调节好,即可观察到泡畴。若欲观察"充磁畴",则需应用离子注入圆形样品,且外加适当偏磁场和平面磁场。

（2）检查磁头缝隙和磁带磁迹的显示。

可用磁液来显示磁带特别是视频磁带的磁迹。先将磁液精细地分散在磁带上,光线以某一特定角度通过玻璃纤维束加以照射,再通过光学显微镜就可看到磁带上的粉纹。在观察粉纹时,需利用产生的衍射效应来判别。

检测、记录磁头工作气隙的测试装置:在一定容器中充满光透明的磁液,即可采用磁光传感器予以测定。

（3）磁液泡用于位移寄存的显示。

在数字电路中,用来存放二进制数据或代码的电路称为寄存器。按其功能可分为基本寄存器和移位寄存器。移位寄存器中的数据可以在移位脉冲作用下依次逐位右移或左移,数据既可以并行输入、并行输出,也可以串行输入、串行输出,还可以并行输入、串行输出及串行输入、并行输出,十分灵活,用途也很广泛。通常将钇铁石榴石(YIG)磁泡用于信息的存储,与位移寄存器配合。

将磁液和一种密度相同且透明的非混合溶液放到两块玻璃板之间,就可获得磁液泡。在玻璃片上用适当的工艺做成特定的图案,在垂直于玻璃片的方向外加磁场,就会产生图案,这就是磁液泡。磁液泡可用于显示,YIG 磁泡太小,肉眼不容易看见,而磁液泡的大小恰为肉眼所能见到。如以石油系列为母液的磁液泡,尺寸在 $100\ \mu m$ 以上,即使不用显微镜,肉眼也能看到,使用通常的光源,反差强且光度好,作为显示材料很有前途。另外,功率损耗小、材料便宜,显示所必需的空间比光投影法和电子束投影法都小。这种显示技术与液晶相结合,可制成液晶磁液显示器,大有发展前途。

4.磁性液体扬声器

随着科学技术的发展和人民生活水平的不断提高,人们对音响系统的保真度提出了更高的要求。在大型落地式音响系统中,需要进一步扩大动态范围;在小口径扬声器中,需要解决低音不足的问题。若把磁液应用于扬声器,就能满足上述要求。

磁液扬声器的结构与一般扬声器的结构基本相同,如图 1.28 所示。在普通扬声器音圈的气隙中灌入少量磁液,就可改善扬声器的性能。其主要原因是磁气隙中灌入的是磁液,扬声器的磁场能把磁液局限在磁气隙里,将热量传导至磁路,由于磁液的热导率远大于空气,因而散热效果大大改善,功率可提高一倍。同时,磁液吸附于磁极上,对音圈产生了自动的定心作用,防止音圈与磁极产生摩擦,使扬声器振膜平滑振动。具有一定黏度的磁液还对扬声器的谐振起到阻尼作用。另外,由于磁液可使扬声器功率增加,因而可在不减少功率输出的情况下扩大低音频率范围。总之,磁液扬声器的优点是输出功率高,频率特性好,动态范围大,提高磁通密度和效率,尤其是扩展了小口径扬声器的低音区域。

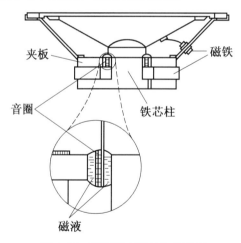

图 1.28　磁液扬声器结构示意图

随着输入功率的增加,音圈的温度会明显升高,将导致磁液蒸发。一般采用非挥发性液体作为基载液,如碳氢化合物、硅酮、碳氟化合物和二酯系等。磁液的黏度在 0.1 Pa·s 左右,也可根据扬声器的特殊要求而定。

磁液的注入使磁隙下面的空腔变成密闭状态,音圈产生的热量会使空腔内的空气膨胀,造成压力升高。在低音范围内,音圈的振动幅度很大,也导致压力升高。当输入音频电流增大到一定值时,磁液就会飞溅出去。在底板上打孔,可有效防止磁液在低音大功率时的飞溅问题。

磁液具有一定的黏度,且磁力使它呈现一定的水平状态。所以它对音圈的振动存在弹性反作用力,从而起到定位作用,这可省去扬声器中用作定位的弹簧支架片。与普通扬声器相比,磁液扬声器还具有承受功率高、改善频率特性、提高磁通密度、提高效率等独特优点。

5. 磁性液体变压器和电感磁芯

电力是现代社会中不可或缺的能源,输变电要用到变压器,铁芯是变压器的重要组成部分。它的主要作用是构成磁路(另一主要构件线圈的主要作用是形成电路)。变压器中的铁芯和线圈在工作时会产生大量的热量,不仅降低了动能,而且会使变压器损坏,因此常需设计冷却装置。传统的变压器是利用油间接除热,要用到大量的变压器油且效率较低。将铁芯用磁液代替并使之循环流通,便可冷却和散热。由初级或次级线圈所产生的热量被磁液吸收并送至散热器进行冷却,散热效率高,铁损较小,而且节省变压器油,保养简单,无公害。

目前在调谐回路式变压器的电感中都采用罐式铁芯。若把磁液注入磁芯的绕组间隙,则可补充磁芯磁路,仪表充分利用间隙,从而使磁芯小型化和高效化。

6. 用磁性液体作为润滑剂

磁液在外加磁场下可保持在润滑部位,在润滑过程中可抵消重力和向心力等,且不泄漏,并可防止外界污染。磁液用的基载液本身就具有润滑剂的性能,又因磁性微粒细微及其涂层性,所以磁液对轴承的磨损较小。磁液润滑剂可用于动压润滑的轴颈轴承、推力轴承、各种滑座和两表面相互接触的任何复杂运动机构,这种结构简单、维护方便、使用可靠的新型润滑剂,在磁场作用下能准确地充满润滑表面,用量不多,又可节省泵及其他辅助设备,实现连续润滑,由于不泄漏,故润滑磁液基本无损耗。用磁液作为润滑剂的机械结构有枢轴型、铰链型、球轴型和齿轮吻合型等多种形式。

加拿大工厂中将磁液润滑用于巨型压缩机,加速快而无噪声;法国飞机生产用的磨床使用磁液润滑,磨削速度是普通车床的10倍,零件精度和光洁度都达到很高的要求;某光化学试验室进行透镜表面加工的单刃金刚石设备用磁液润滑,夹角透镜旋转的轴颈向偏差绝不会超过0.13 mm。

磁液润滑需借助磁场,为使滚动体和轴承圈接触区形成磁场,可使滚动体、轴承圈或分离圈磁化,或将永磁体装在其间。

拉丝拔管时,通常采用湿式润滑拉拔加工法,该法不仅要用润滑油,而且因供油方式或黏度不当等原因,会使加工表面质量下降,为此使用如图

1.29 所示的拉拔加工装置可克服此缺点。该装置是把磁液置于拉拔模引料口上,并用磁铁将其固定,从而提高磁液的表观黏度。磁液拉拔利用了湿式拉拔加工法,具有不易过热、拉拔效率高等优点,克服了表面质量不高的缺点,使加工产品的质量显著提高。

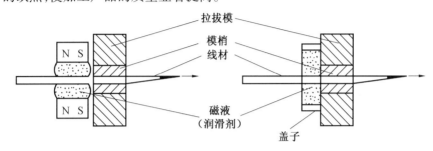

图 1.29　采用磁液润滑的拉拔加工装置

7. 磁性液体用于研磨

传统的研磨方式主要有机械研磨、挤压研磨、超声波抛光、化学抛光、磨粒流喷射加工、电解研磨、不接触浮力研磨、磁性磨料研磨、电刷镀技术等。新型的磁液研磨法是一种利用磁液本身所具有的液体流动性和磁性材料的磁性来保持磨粒与工件之间所产生的相对运动,从而达到研磨光整工件的精加工方法。它的特点是加工精度极高,表面质量好,不会在加工表面形成新的加工变质层,容易保证零件的机械物理性能,研磨效率和研磨精度易于控制,适合加工面宽材料,不但适合于研磨平面,而且适合于球面和其他复杂形状零件表面的研磨加工。日本在磁液研磨方面做了大量研究,技术比较成熟,而我国在此方面起步较晚。

（1）磁悬置研磨。

使用三个以上磁铁,使其相邻而磁极互不相同。由此产生的磁力线在中心磁铁的上方,且为凹形。因此,磨粒就悬置在磁液的上层,且集中在磁场形状产生的凹处。这时如果混入磁液的磨粒添加率较低,则由于工件的搅拌,磨粒形成分散状态;如果磨粒添加率高,就可获得由悬置的磨粒与磁液形成的"黏土层",形成类似柔软抛光器的磨具。

（2）分离式研磨。

为了增大磨粒的定位和压紧力,提高研磨效率,在磁液和磨粒之间增加了一层抛光绒布,外磁场的作用使磁液把嵌有磨粒的抛光绒布和工件压紧,当它们之间做相对运动时,绒布上的磨粒对工件进行细微磨削,降低工件的表面粗糙度,此种方法加工效率较高,但在加工表面易留残余应力,结构复杂,对形状复杂工件加工较困难。

（3）堆积研磨。

在磁液中加入 Al_2O_3 或 SiC 磨料,所加比例远远大于用于磁液悬浮研磨所使用的最佳体积添加率。

8. 磁性液体磁光效应的应用

磁液的磁光效应是指光通过磁液薄膜时,施加于磁液薄膜的磁场会造成很大的磁光效应,可用于磁场感测器、光电元件等。将磁铁接近磁液薄膜施加磁场,或远离磁液薄膜除去磁场,可使光透过或不透过,在施加磁场的状态下,因为光透过而得到日光灯的影像,除去磁场时全变暗。磁液装于瓶中时,为黑色不透明液体,但若在液体状态下形成 10 μm 厚的薄膜,则可使光透过。对磁液薄膜施加磁场时会产生复折射性,此复折射性为硝基苯同种效果的 1 000 万倍到 1 亿倍。

（1）磁液磁场感测器。

磁液薄膜的磁复折射率非常大,所以来自光子的信号不经由放大器,可直接连接于量表,又因用光纤,故可抵抗杂讯干扰。因此,可制成比传统磁感测器便宜且高性能的磁场感测器,进而制成非接触性电流计等。

（2）光快门与光调变器。

根据磁液的磁光效应可使用磁场感测器检知透过光量从而测定未知磁场。磁液薄膜以电磁铁施加磁场,可控制外加磁场,从而控制透过光量,以此法可制成光快门及光调变器。偏光子与检光子夹着磁液薄膜使偏光面直交配置,使光入射于此系统。在电磁铁未通电流时,无磁场,所有光完全不透过,若接通电流回路的开关,会产生磁场,使光透过,此即快门作用。磁液磁光效应的响应时间为 10^{-7} s,可用为高速快门。

若用交流电,1 s 间可多次开闭快门,比起照相机用快门,因无机械性可动部分而更易保养。

施加的磁场越大透过的光量也大,以可变电阻器控制通往电磁铁的电流量,即可实现磁场控制,从而控制透过光量。调节电流大小,因光的透过光量本身可调变,可制成光调变器。若以偏光滤光镜夹着磁液薄膜,可与液晶显示元件同样使用。但液晶显示元件是外加电压而工作,磁液薄膜显示元件是外加磁场而工作。

（3）光双安定性元件。

光入射于某种物质时,在某入射光强度下物质不透明,但当达到某入射光强度即可透明。反之,减少入射光强度,则以某入射光强度为界,从透明变为不透明。但在光强度增加或减少过程中的转变入射光强度值却不相同,形成类似磁滞回线的循环,这种性质称为光双安定性,这样就有两个透射光强度几乎不随入射光强度而变化的区域。利用此两部分性质,可制作入射光的安定装置和光计算机的记忆体。

(4)光信号放大器。

适当选择磁液光双安定性装置中的偏压 V_0,可消除线圈中的电流相位滞后,即将环形带的宽度减小,这时较小的入射光就能得到较大的透射光,利用此关系可发挥光信号的放大作用。

9. 磁性液体在微波元件上的应用

使聚苯乙烯类非磁性物质形成的微米级球状粒子分散于磁液中,因为这种微米级粒子远大于磁液中强磁性胶体粒子,因而在磁液中呈孤立分散状,即从这些非磁性微粒子角度看,磁液可看成连续体。把此含有非磁性微米级粒子的磁液制成 10 μm 或 100 μm 的薄膜,若施加外部磁场,分散于磁液中的非磁性粒子将呈现某种排列,外部磁场与膜平行,则非磁性微粒互有引力作用而呈链状集合;外部磁场垂直于膜,则非磁性微粒互斥而成三角格子或四角格子,而且斥力也因外部磁场而变化,在某外部磁场强度以下不形成格子,在某外部磁场以上形成格子。这种情况类似结晶的生成。把非磁性微粒子当成分子,模拟彼此斥力变化而成为类似为结晶相或非结晶相之间的相互转移现象。

利用上述薄膜的特性,使微波垂直于膜,透过此膜,微波的电向量平行于外部磁场的波在膜中被吸收。根据这个原理,可制成微波元件。

10. 磁性液体热引擎(磁液热管)

引擎是发动机的核心部分,因此习惯上也常用引擎指发动机。引擎的主要部件是汽缸,也是整个汽车的动力源泉。严格意义上讲,世界上最早的引擎是由一位英国科学家在 1680 年发明的。

磁液的磁化强度随温度的上升而减少,磁化强度在某温度下为零,利用此现象可制成引擎,此引擎全无曲柄、凸轮等复杂的机构。磁液热引擎装置,通过磁场加热磁液,通过磁液的循环实现热交换,即形成一种磁液热机。

11. 磁性液体黏度可控性的应用——阻尼与减振

磁液施加磁场后表观黏度会改变,此变化的试验结果远大于理想的预测值。施加磁场而改变黏度的性质可有多种用途。

(1)阻尼器。

安置天平、光学装置等精密仪器,需隔绝外来振动,即需要除振台。一般用空气阻尼器(汽缸)效率不是很高。向缓冲缸中加入磁液,薄圆盘状永久磁铁 N–S 极交错多层叠置制成活塞,将活塞插入装有磁液的缓冲缸。由于磁性活塞的作用,作用于周围的磁液的表观黏度非常大,活塞上下运动时,活塞–圆筒间的磁液也随之运动,对振动产生很大的衰减作用。

(2)唱盘机转盘的应用。

唱盘机目前虽已应用不多,但由于其特有性能在某些领域还有不可替代的作用。唱盘机需使唱片无振动地以一定速度旋转,但转盘周边增厚而增大惯性矩,质量在周边部分富集会使转动不安定,容易引起共振。以金属线等可伸缩的支件悬吊磁铁重锤,在与转盘成一体的鼓夹紧器间充满磁液,成弱结合。旋转时转盘的共振运动会因磁铁重锤与磁液间的阻尼作用而立即消失。唱机的拾音臂升降也利用磁液。

(3)伺服阀。

液体在管道中流通时,调节液体流量的元件称为伺服阀。借激励线圈改变磁场强度,改变通过螺旋通路的磁液黏度,从而控制通过的磁液流量。

(4)在步进电机和仪表阻尼中的应用。

步进电机是一种数字电脉冲转换为精确机械位移的传动装置,如果它被迅速地加速和减速,常会导致系统呈振荡状态。利用磁液阻尼器可消除振荡。对于用永磁材料做转子的步进电机,只要将磁液注入磁极间隙,就可使发动机平滑地转动。磁液用于仪表阻尼时,可将仪表的运动线圈悬浮于磁液中或用磁液对仪表框轴进行润滑,这样能减小由于空气阻尼产生的黏滞摩擦,消除指针的摆动、振荡和制动时间过长的缺陷,有利于提高仪表的精度。

对于具有腐蚀性的工作气体或液体,可利用磁液作为缓冲液,将压力表与腐蚀性工作气体或液体隔离开,从而起到保护压力表的作用。

(5)磁液黏滞惯性阻尼器。

磁液黏滞惯性阻尼器由机壳、磁液、惯性转子(永磁铁)组成,其中惯性转子由永磁材料制成,机壳由非磁性材料制成,惯性较小,如图 1.30 所示。惯性转子将磁液吸附于表面上,在机壳与惯性转子之间形成磁液膜,将惯性转子漂浮于机壳之中。当电机发生振荡时,机壳随之振荡,惯性转子的惯性较大,因而机壳相对于惯性转子产生相对运动,间隙中的磁液起到黏滞阻尼作用。

(6)磁液在减振器中的应用。

磁液在减振器中的应用可分为磁液用于阻尼不可调减振器和磁液用于阻尼可调减振器等情况,叙述从略。

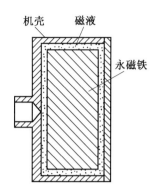

图 1.30　磁液黏滞惯性阻尼器

12. 磁性液体在磁墨水射流印刷系统中的应用

磁墨水射流印刷系统由液滴形成器(喷嘴)、电磁选择器、偏转器、液槽和印刷纸组成。从印刷质量来看,由于磁墨水微滴中有氧化铁,它具有磁性,因而这是一种存档式印刷。

制备磁墨水的方法很多,射流印刷用的磁墨水是在不饱和脂肪酸涂覆的磁性微粒上再加上变润剂和界面活性剂,前者使微粒更易悬浮在水中并降低微粒间界面张力,后者用以加强微粒间双电层静电排斥力,减少磁吸引力与范德瓦耳斯力。

磁液还可用于磁记录平面扫描型印刷机等。

13. 磁性液体在引动器方面的应用

利用磁液可形成有人工肌肉功能的机构,可用作机器人的引动器。如图 1.31 所示,向橡胶之类可变形的封囊中充满磁液,用电磁铁施加磁场。电磁铁通电时,产生图中箭头方向磁场 H,封囊变形为扁长的椭球体,若要减小磁能,则移动装于封囊上的梁。

14. 磁性液体在阀门行业中的应用

图 1.32 所示是利用磁液的二支路阀,即在分叉管的一方通液体的机构。以外部磁场的作用把磁液固定于管的"肿瘤"部位,堵塞管路,被堵的流路不通液体。改变外部磁场,使磁液从一处"肿瘤"移到另一处"肿瘤"部分,即可改变流路。图 1.33 所示为磁液在计量阀上的应用。利用可变电磁铁形成外部磁场,把阀内的磁液固定,具有阀的功能。管铅直而立,因累积的磁液重量而破阀,液体下漏,阀上的液体量减少到某一定量后,磁液的阀再堵塞,成为保持一定量液体的计量阀。

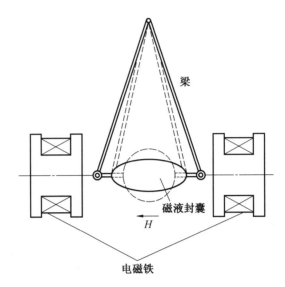

图 1.31 磁液引动器

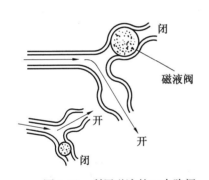

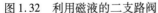

图 1.32 利用磁液的二支路阀

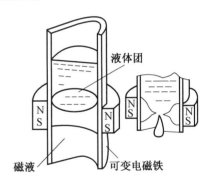

图 1.33 利用磁液的计量阀

15. 磁性液体在各种传感器中的应用

(1)离心力开关。

离心力开关是一种机械量检用感测器,图 1.34 为其原理图。磁液封入旋转圆筒中,圆筒上方装有磁感测器,圆筒不旋转时,其状态如图 1.34(a)所示,磁液滞留底部,磁感测器距磁液较远;旋转时,磁液在离心力作用下,沿圆筒壁分布,其状态如图 1.34(b)所示。在装磁感测器和固定式永磁铁的情况下,磁液接近磁感测器,出自永久磁铁的磁力线集中于磁液,元件感受大磁场,借此可检知圆筒容器是否旋转;在仅有永磁铁而永磁铁用弹簧固定时,永磁铁被磁液吸引,引起开关闭合,电路通电流。如此用电路的"on""off"可检出圆筒容器是否旋转,也可以利用圆筒容器是否旋转控制电路通断,此即磁液离心力开关。

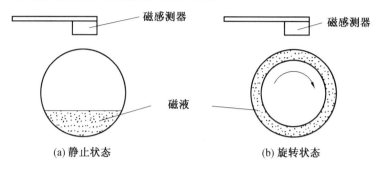

图 1.34 机械量检用感测器的原理图

(2)倾斜感测。

用磁液和差动变压器可检知台面是否倾斜。图 1.35 中,U 形管中装有磁液,U 形管的一方卷有一次线圈与二次线圈,构成差动变压器。一次线圈通交流电,二次线圈因电磁感应而产生交流电压。U 形管中磁液的高度在线圈所形成圆筒的中部,即上部线圈不感应磁液(图 1.35(a))。台面倾斜时,U 形管倾斜,线圈中感受到的磁液数量发生变化(图 1.35(b)),互感变化,二次线圈发生的电压也产生变化,可测台面是否倾斜,故称为倾斜感测器。

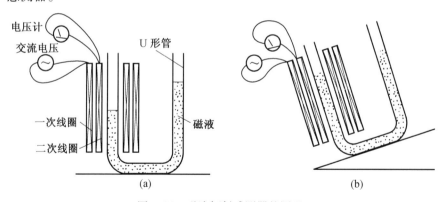

图 1.35 磁液倾斜感测器的原理

(3)倾斜计。

如图 1.36 所示,在圆筒形密封容器约一半的空间内封装磁液,中段绕上励磁线圈 N_1,两边绕上检出线圈 N_2。当此密封容器倾斜 α 角时,由于产生诱导电压 U_2 的差 U_D(两边 N_2 是串联反接的),就可读出两边检出线圈中磁通的差,从而测出倾斜角。

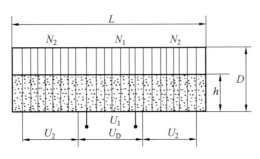

图 1.36 磁液倾斜计示意图

（4）加速度感测器。

磁液填充管子成为差动变压器的线圈芯时，一次线圈与二次线圈的互感因管内磁液量而发生变化，从而二次线圈发生的电压也发生变化。此是倾斜计的基础也是加速度感测器的基础。如图 1.37 所示，向形成差动变压器的一次线圈与二次线圈管中填充磁液，在无加速度的状态下，磁液的液面水平，如有加速度施加于横向磁液的液面以 θ 角倾斜，$\tan \theta = -a/g$，g 为重力加速。如果施加加速度，管内磁液变形，互感也变化，二次线圈产生的电压也变化；反之，计测电压可得知加速度，即为加速度感测器。

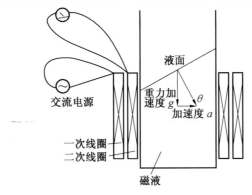

图 1.37 磁液加速度感测器

（5）加速度表、倾斜加速度传感器。

其原理依据同（4）。它是利用磁液的加载支撑和阻尼特性制成的一种灵敏度达万分之一的传感器。叙述从略。

（6）转速感测器。

如图 1.38 所示，转速感测器装在具有一定线速度的部位，旋转中磁液液面因离心力而倾斜变形，互感发生变化，二次线圈的电压也发生变化，可计测转速，此即磁液转速感测器。

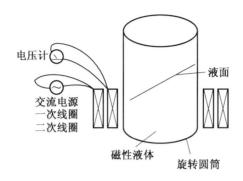

图 1.38　磁液转速感测器

16.磁性液体轴承在电动机中的应用

利用磁液可以被磁场控制及可用作润滑剂这两种特性,可制成磁液轴承。事实上,磁液的心轴润滑即为磁液轴承的一种,磁液起到了润滑和将心轴浮起的作用。一般磁液轴承的原理是由磁场力将磁液固定于极间位置,从而将液体或空气密封在环形腔内,形成液体或气体支撑轴承。

随着激光打印机工作速度与图像信息密度的成倍提高,其电动机使用滚珠轴承或空气轴承已不能适应,它们不仅受到使用期限和高速化的限制,而且还存在油污染的缺陷,新型的磁液轴承应运而生。磁液轴承有双重密封结构,即由磁液与永磁铁组成的磁性密封,以及利用磁液本身黏性及旋转密封槽形成的黏性密封。这种双重密封结构的密封性能可靠,可以确保磁液不泄漏,从而为高速化创造了条件。

磁液轴承用于激光机械驱动电动机,具有转速高、旋转精度高、振动小、体积小、噪声低等优点。

17.磁性染料

把染料附载于磁液即可得到磁性染料。将需要染色的布料置于强磁场中,如通过由强磁铁制成的辊子,根据图案加入相应的磁性染料,磁场将染料吸附在布料上,烘干后再用强磁场将铁粉除去。由计算机控制染色工艺可染出各种图案和花色的布料。

18.油水分离和废水处理

以碳氢化合物作为基载液的磁液具有亲油和疏水的特性。若将漂浮于水面上的油喷洒上这种磁液,则磁液便与油相混合,将一磁场较强的永久磁铁加到水面上,则油与磁液的混合物被磁铁吸收,实现油水分离。该方法可以回收泄漏于海面上的石油,也可用于处理含油的废水。

19. 能量转化装置

利用磁液的温度特性可以制成新的能量转换装置。温度升高时,磁液的磁化强度减小,超过其居里温度时,磁性完全消失,温度下降后,磁性可恢复。将磁液置于温度和磁场下,由于温度差的存在使磁液的磁化强度存在差别,因而受力不平衡。温度低处磁化强度大、受力也大,磁液在压强差的作用下流动,这样就将热能转换为机械能。这种能量转换装置的总热量的利用率可达卡诺极限的80%以上。图1.39为磁液发动机示意图。发动机由环形磁液容器、磁液、热源、散热器、涡轮机、加热管及介质等组成。这种发动机所需加热温度为200 ℃,可利用某种余热作为热源。该发动机需要磁液的饱和磁化强度高,传热系数大。

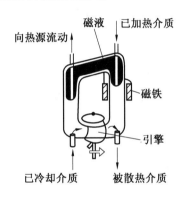

图1.39 磁液发动机示意图

20. 温度传感器

以对温度敏感的锰锌铁氧体为磁性微粒制备磁液,当温度变化时,其磁化强度有明显的变化,因而可以用来测量工件表面的温度。在被测工件的表面涂覆磁液,当温度变化引起磁液的磁化强度改变时,通过线圈组成的系统产生感应,输出信号的幅值也发生变化,由此测出温度的高低。该方法可以测出任意形状物体的表面温度,缺点是只限于对非磁性材料工件温度的测量。

21. 无摩擦开关

利用磁液制成的磁液-水银无摩擦开关如图1.40所示,开关由磁液、水银、电极及封闭容器组成。磁液与水银装在封闭的容器中,线圈不通电时,磁液浮于水银的上部,电极之间开路,开关处于断开状态;当线圈通电后,产生磁场,磁液的表观密度增加,磁液下沉,水银将浮于磁液上部,将两电极短路,开关处于接通状态。

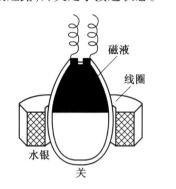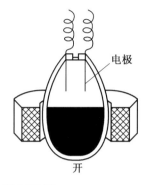

图 1.40 磁液-水银无摩擦开关

22. 其他方面的应用

其他主要应用和新的应用动向有:动密封,真空密封,气体密封,液体密封,磁液血管密封与药物血管中输送,磁液定位,热传导散热,磨削与抛光,磁控比例放大器,磁共振显像,稀土磁液,磁回路,线性源麦克风,涂镀系统,环境和气压机控制泄漏,油罐水车密封,半导体,运动部件控制,达松伐耳磁流计,检测仪器(无损检测、传感器),沉浮分离,金属分选,失重下的记录笔,磁性燃料,水下低频声波发生器,磁液制动装置,磁液药物,药品定位,生物分离,X-射线检查用造影剂(代替钡餐),磁性血栓,等等。

尤其是动密封,在精密仪器、精密机械、气体密封、真空密封、压力密封、旋转密封、离心密封、直线密封等方面有重要应用,可形成液体"O"形环,具有零泄漏、用量少、防振、无机械磨损、摩擦小、低功耗、无老化、自润滑、寿命长、转速适应范围宽、结构简单、对轴加工精度及光洁度要求不高(允许轴有一定跳动)、密封可靠等优点。目前主要的有前景且具有可操作性的密封应用有:SL-2 型湿式罗茨真空泵(转子轴);磁控溅射镀膜(工件架转轴);真空卷绕镀膜机(收入卷及工件架旋转轴);N03204 型离子注入机(挡板摆动轴);X-射线衍射仪(阳极靶旋转轴动密封);微晶钕铁硼真空快淬设备(转轮旋转轴);真空焊接机(工件架);硅单晶炉(坩埚与粒晶旋转轴);CO_2 激光器(离心风扇旋转轴);X-射线管(转轴阳极);飞行时间质谱仪(高速转轴);纺织机械(设置隔绝密封屏障);机床(主轴);计算机(磁盘转动轴);机器人(旋转关节);深水泵(电机轴);舰、船(螺旋推进器轴);环氧树脂脱气炉(搅拌器主轴);化学反应(搅拌轴)等。

随着新兴科学——生物磁学的发展,磁液在生物医学领域的应用尤为引人注目。例如,用磁液分流技术实现生物物料提纯,鉴别微量有机物、细胞,诊断和处理人的血液和骨髓疾病等。尤其需要指出的是,磁液在医学医疗方面的应用前景十分诱人,如靶向药物,医用纳米机器人胶囊,血液中纳米潜艇——治疗、清洁血液、打通血栓、分解胆固醇等。

1.4.4 磁性液体研究和密封应用中存在的问题

(1)工艺复杂,成本高,应用受限。目前,密封方面,考虑成本和机械设计等因素,实践中比较可行和成熟的,仅能用于 X-射线转靶衍射仪、单晶炉、电子计算机(音圈等)、大功率激光器等的转轴密封及其他一些贵重精密仪器上,在其他方面应用尚存在一些困难。

(2)饱和磁化强度低,导致耐压差小。对于压差较大的场合,磁液密封尚不能满足要求。为了提高密封压差,大多采用多极-多级密封,这又使密封结构复杂、密封元件体积增大,对高速旋转动密封还相应地产生发热问题及附属冷却装置问题,因此也限制了其应用。

(3)稳定性差,很难保证在梯度磁场下很长时间不沉降、不聚沉,不能保证在各种强场下不聚沉,磁液综合性能有待提高。磁液稳定性破坏后,需要更换磁液,有的需要对密封结构拆卸、清洗,造成很大不便,更有甚者,有时不知何时需要更换磁液,往往因稳定性破坏、密封失效造成严重后果,因此,进一步提高磁液的稳定性,是提高其密封性能和其他应用性能的又一关键。

(4)品种少。被密封介质与磁液之间有相互作用,可以不同介质要求用不同特性的磁液。虽然理论上任何液体都可以用作磁液的基载液,但真正性能优良、适合制备磁液的基载液种类有限,因此优质磁液的种类比较少。有限的品种和广泛的应用可能性产生深刻的矛盾,因此研制更多的性能优异的新型基载液和磁液品种是其普及应用的基础。

(5)液体动态密封的研究进展缓慢。目前研究多限于水密封,而机械行业大量涉及的是有关油介质的动态密封;磁液密封结构不够完善,须提高多极-多级密封压差,在保证密封要求的前提下,尽量简化密封结构,探索密封与轴承一体化。

(6)磁液密封动力学和热力学研究不完善,理论欠缺。

1.4.5 新的研究领域、创新方向及发展趋势

(1)超强磁性材料(稀土永磁或其他合成强磁性物质)粉体用于磁液,

从根本上提高磁液的磁性能。

（2）微乳液型磁液,微乳化过程为热力学自发过程（$\Delta G < 0$）,微乳液的形成为磁液的长期稳定提供了热力学基础,而且可制得颗粒细小可调（3～20 nm）、单分散的磁性粒子,有利于系统稳定。

（3）多孔磁性材料约束的磁液。多孔材料中可储存更多的磁液,并且不易蒸发,可以解决磁液补充问题,将足量的磁液有效地约束在磁极材料中。

（4）磁性塑料原理和技术用于磁液密封。利用磁场分散方法、磁性塑料技术制备磁性微粒,探索可变性永久磁铁密封等。

（5）络合物技术用于稳定磁液,使磁性微粒位于络合物分子结构的中心,利用络合物的稳定性使磁液更加稳定。

（6）磁液液体密封尤其是对油的旋转轴动态密封和直线往复密封的研究,扩大磁液适用范围,增强其实用性。

（7）小尺寸、单分散磁性粒子的研究,有效地提高磁液的磁性能和稳定性。

（8）新型表面活性剂的合成。表面活性剂对磁性粒子的亲和力和良好包覆及与磁液的适应性对磁液的稳定性起至关重要的作用,也是磁液在某些领域成功应用的关键,因此合成新的表面活性剂对制备新型磁液非常重要（如对油介质的动态旋转及直线密封、生物相适应的生物医疗用磁液等）。

（9）动态封油技术。涉及新型磁液制备（提高磁液性能）及新型密封结构设计（简化结构或提高性能、提高耐压压差等）。

（10）靶向给药。医用纳米机器人、血液中纳米潜艇等一直是诱人的研究热点,但与临床应用尚有一定距离。

（11）改善磁液悬浮性、稳定性、约束性,制造出能够长期稳定的纳米级、微米级磁液,以便简化工艺,降低成本,有利推广。

1.5　小　　结

本章主要介绍了纳米磁液研究和涉及的有关知识,包括纳米材料、纳米科技、磁性材料、胶体化学及界面化学的基本知识。磁性是物质的基本属性,伴随着运动产生,所以磁性普遍存在,万物有磁,只不过某些材料的磁性被抵消或在宏观上表现不出来,了解这一点,我们利用磁性、开发磁性就有了着眼点。通常的磁性材料都是固体状态的,一般脆性较大,后来将磁性微粒加入橡胶材料中,我们有了柔性的磁性材料,但很少有人知道液体材料也可以具有磁性,这就是磁液,它既具有磁性又具有流动性,因而具有很多奇异的性能,在高技术高科技中得到了广泛的应用,这也是我们要研究纳米磁液的目的。

第2章　磁性液体的物理性能

2.1　磁性液体的稳定性

2.1.1　磁性液体中粒子间的磁性吸引

磁液的固体颗粒中存在很多偶极子,由于偶极子随机取向而不显示磁性,因此当无外加磁场时,磁性粒子不显示磁性,颗粒间也无磁性吸引作用。在外磁场作用下,偶极子定向排列使磁性微粒产生磁性,微小的颗粒间存在着相互作用的磁场力。

在磁液胶体中,每毫升磁液中含有的磁性微粒的数量为 10^{18} 数量级,这样众多的颗粒在做布朗运动时,它们之间的碰撞十分频繁,因此即便在无外加磁场的情况下,也有因碰撞而聚结的趋势,只是表面活性剂及其他稳定措施抑制了聚结倾向。在外磁场作用下,磁性微粒定向产生互吸力,加大了聚结力,当聚结力(黏滞力 + 表面能降低 + 磁势能)超过热运动能时,就会因碰撞而聚结。即便是完全弹性碰撞,有时两者的动能也不足以克服磁吸引势能而使粒子分开。所以,保持磁液的胶体状态的另一个条件是磁势能 E_{dd} 小于分子热运动能 Ck_0T。

为方便起见,可将磁化的微粒视为一个偶极子。偶极子之间的磁势能为

$$E_{dd} = \frac{\mu_0}{4\pi r^3}(M_1 V_{01})(M_2 V_{02}) \cdot [\bm{n}_1^0 \cdot \bm{n}_2^0 - 3(\bm{r}^0 \cdot \bm{n}_1^0)(\bm{r}^0 \cdot \bm{n}_2^0)] \quad (2.1)$$

式中,μ_0 为真空磁导率;r 为微粒之间的距离;M_1,M_2 分别为两微粒的磁化强度;V_{01},V_{02} 分别为两微粒(偶极子)的体积;$\bm{n}_1^0,\bm{n}_2^0$ 分别为两偶极子的单位矢量;$\bm{r}^0$ 为位移矢量。

在磁液胶体中,可以取 $M_1 = M_2 = M$,$V_{01} = V_{02} = V_{p1}$,$r = d_p + d_s$,其中 d_s 是颗粒表面间的距离,d_p 为微粒平均直径,V_{p1} 为微粒的平均体积。在外磁场的作用下,颗粒的磁矩都是按照外磁场方向排列,这时偶极子对的相互作用势能最大,顺其连线磁化方向一致,此时,$(\bm{r}^0 \cdot \bm{n}_1^0)(\bm{r}^0 \cdot \bm{n}_2^0) = 1$,$\bm{n}_1^0 \cdot \bm{n}_2^0 = 1$,

式(2.1) 变为

$$E_{dd} = \frac{\mu_0 \left(M \frac{1}{6} \pi d_p^3 \right) \left(M \frac{1}{6} \pi d_p^3 \right)}{4\pi \left(d_p + d_s \right)^3} (1 - 3)$$

化简得

$$E_{dd} = -\frac{\pi \mu_0 M^2 d_p^3}{72 \left(1 + \dfrac{d_s}{d_p} \right)^3} \tag{2.2}$$

若两个颗粒互相接触,即 $d_s = 0$,则式(2.2) 给出偶极子对的最大磁势能为

$$(E_{dd})_{\max} = -\frac{1}{12} \mu_0 M^2 V_{p1} \tag{2.3}$$

按照不发生聚结的要求,偶极子对本身的分子热运动能 $Ck_0 T$ 应当大于这个偶极子对间相互作用的最大磁势能,于是有 $2Ck_0 T \geqslant \mu_0 M^2 V_{p1}/12$,这个不等式给出颗粒直径为 d 的限制条件为

$$d_p \leqslant \left(\frac{144 k_0 T}{\pi \mu_0 M^2} \right)^{\frac{1}{3}} \tag{2.4}$$

Rosensweig 取 $H_0 = 8 \times 10^4 \text{A/m}, M = 4.46 \times 10^5 \text{A/m}, T = 298 \text{ K}$ 这些典型数据,计算出 $d \leqslant 9.8 \text{ nm}$。这个尺寸表示偶极子对相互作用的磁场对于聚结的影响比外磁场小。

2.1.2　磁性液体中的固体颗粒之间的范德瓦耳斯力

范德瓦耳斯力并不是磁液中磁性固体粒子所特有的现象。任何一种分子间都存在这种力,通常认为范德瓦耳斯力是由一个微粒子中的脉动轨道电子诱导另一个微粒中的振荡偶极子所产生的。对于两个相等的圆球,Hamaker 得到偶极子脉动能量的表达式为

$$E_f = \frac{A}{6} \left[\frac{2}{l^2 + 4l} + \frac{2}{(l+2)^2} + \ln \frac{l^2 + 4l}{(l+2)^2} \right] \tag{2.5}$$

式中,A 为 Hamaker 常数,对于处于碳氢化合物中的 Fe、Fe_2O_3 及 Fe_3O_4,$A = (1 \sim 3) \times 10^{-9} \text{N} \cdot \text{m}$;$l$ 为无量纲的表面距离,$l = 2d_s/d_p$。

当两个颗粒相距很远时,分析能量 E_f 的函数形式,式(2.5) 可写成

$$E_f = \frac{A}{6} \left\{ \frac{2}{(l+2)^2 - 4} + \frac{2}{(l+2)^2} + \ln \frac{(l+2)^2 - 4}{(l+2)^2} \right\}$$

$$= \frac{A}{6} \left\{ \frac{2(l+2)^2 + 2[(l+2)^2 - 4]}{[(l+2)^2 - 4](l+2)^2} + \ln \left[1 - \frac{4}{(l+2)^2} \right] \right\}$$

$$= \frac{A}{6} \left\{ \frac{4}{(l+2)^2 - 4} - \frac{8}{[(l+2)^2 - 4](l+2)^2} + \right.$$

$$\left. \left[-\frac{4}{(l+2)^2} + \frac{1}{2} \left[\frac{4}{(l+2)^2} \right]^2 - \frac{1}{3} \left(\frac{4}{(l+2)^2} \right)^3 + \cdots \right] \right\}$$

当 l 很大,即 $2d_s \gg d$ 时, $[(l+2)^2 - 4] \to (l+2)^2$,于是右边出现相同的项,相互消去。而最后剩下最右边的一项,同时因为 l 很大,所以有

$$E_f = -3.56Al^{-6} \tag{2.6}$$

这个结果与 London 模型相一致。

当 l 很小,即 $2d_s \ll d$ 时,直接由式(2.5)略去 l^2 项,得

$$E_f = \frac{A}{6} \left(\frac{1}{2l} + 1 + \ln l \right)$$

因为

$$\lim_{l \to 0} \frac{\ln l}{\frac{1}{l}} = \frac{\frac{1}{l}}{-\frac{1}{l^2}} = -l \to 0$$

所以,相对于 $\frac{1}{2l}$,则 $\ln l$ 和 1 均可忽略,从而得

$$E_f = \frac{1}{12} Al^{-1} \tag{2.7}$$

当两个颗粒接近时,偶极子脉动能量与距离成反比。注意,式(2.6)和式(2.7)等号右边的符号不同,表明一个是排斥势能,一个是吸引势能。

为了抗拒范德瓦耳斯力造成的颗粒接近,在磁液中加入一种保持其胶体状态的附加成分,即分散剂。分散剂是一些长链分子,其长度大约与固体颗粒的直径有相同的量级,即为几个至十几个纳米。这些长链分子的一端有一个较短的头部,这个头部吸附在固体颗粒的表面上,而其他部分称为尾部,可以在磁粒外部的空间自由地摆动,就如同一端装有球形铰链的杆子一样。它在空间摆动时,其末端的轨迹在理想状况下是一个球面。由于绕铰链摆动的这种杆具有动能,所以它就形成一个保持距离的能垒。这个能垒很高,即使具有范德瓦耳斯力的势能、磁场势能、偶极子对势能的颗粒,也都很难越过这个势垒而发生接触。图 2.1 为分散剂长链分子的 Mackor 模型示意图。

吸附于固体颗粒表面上的这种长链分子,其尾部在空间摆动的能量来源仍然是分子的热运动,即这种摆动是分子热运动的一种形式。所以每个

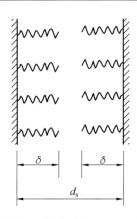

$$\delta \qquad \delta$$

$$d_{\mathrm{s}}$$

图 2.1　分散剂长链分子的 Mackor 模型示意图

摆动所具有的能量就是 Ck_0T,若按最可几速率计算动能,则 $C = 1$。对于固体颗粒来讲,这些长链分子的空间摆动就相当于弹簧缓冲器的作用。Mackor 改进了一种平面模型。假定固体颗粒表面是平面,两表面之间的距离是 d_{s},而长链分子的长度为 δ,如图 2.1 所示。当两表面接近而距离 $d_{\mathrm{s}} < 2\delta$ 时,弹簧受到压缩,每个长链分子弹簧的压缩长度是 $\delta - d_{\mathrm{s}}/2$,于是压缩功可以写成 $W = -K(\delta - d_{\mathrm{s}}/2)$,其中 K 为长链分子的平均刚性系数。而所谓长链分子弹簧的刚度,实际上来源于它的热运动的能量。所以当两表面接触时,即 $d_{\mathrm{s}} = 0$,这个弹簧压缩功就完全克服了长链分子的热运动,$W_{\max} = -K\delta = Ck_0T$,于是得到 $W = Ck_0T\left(1 - \dfrac{d_{\mathrm{s}}}{2\delta}\right)$,这个压缩功也就以排斥势能 E_{r} 的形式存在。所以 Mackor 给出

$$E_{\mathrm{r}}' = \begin{cases} \xi Ck_0T\left(1 - \dfrac{2d_{\mathrm{s}}}{2\delta}\right), & d_{\mathrm{s}} \leqslant 2\delta \\[2mm] 0, & d_{\mathrm{s}} > 2\delta \end{cases} \tag{2.8}$$

式中,ξ 为单位面积上附有的长链分子数;E_{r}' 为单位面积上的排斥势能。

　　当然,在磁液中固体颗粒都是呈球状的。Rosensweig 等人在 Mackor 的基础上算出了圆球表面上分散剂长链分子的排斥势能,模型如图 2.2 所示。两个直径为 d 的球形颗粒,上面吸附有长度为 δ 的分散剂长链分子。两颗粒间的表面距离为 d_{s}。当两个颗粒相互接近到一定程度,即当 $d_{\mathrm{s}} < 2\delta$ 时,吸附于颗粒表面的长链分子就像弹簧一样受到压缩。这些具有弹簧作用的长链分子沿着颗粒体的半径方向伸展,由于角度方向不同,因此每个长链分子受到不同程度的压缩,如图 2.3(a) 所示。下面计算这种物理模型的排斥能。

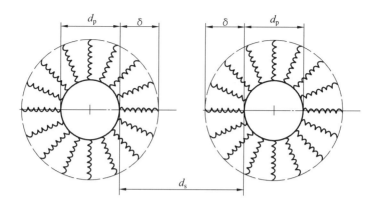

图 2.2　Rosensweig 模型

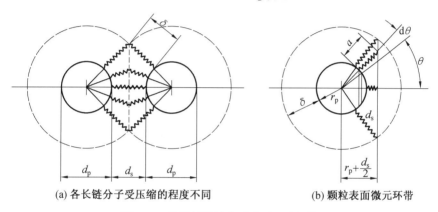

(a) 各长链分子受压缩的程度不同　　(b) 颗粒表面微元环带

图 2.3　分散剂长链分子受到压缩的情况

如图 2.3(b) 所示,在颗粒表面上取一微元环带。这个微元环带的面积为 $dS = 2\pi r_p \sin\theta r_p d\theta$,在此环带上的长链分子受到压缩后的长度从 δ 减少到 a,于是由式(2.8) 给出在这两个环带面积上的排斥能为

$$dE_r = E_r' d_s = \xi C k_0 T (1 - \frac{a}{\delta}) 2\pi r_p \sin\theta r_p d\theta$$

因为

$$\frac{a}{\delta} = \frac{1}{\delta}(r_p + a - r_p) = \frac{r_p + a}{\delta} - \frac{r_p}{\delta} = \frac{r_p + \dfrac{d_s}{2}}{\delta} \frac{1}{\cos\theta} - \frac{r_p}{\delta}$$

所以

$$dE_r = \xi C k_0 T \left[1 + \frac{r_p}{\delta} - \frac{r_p + \dfrac{d_s}{2}}{\delta} \frac{1}{\cos\theta} \right] 2\pi r_p^2 \sin\theta d\theta$$

63

或写成

$$dE_r = 2\pi r_p^2 \xi C k_0 T \left[1 + \frac{r_p}{\delta} - \frac{r_p + \dfrac{d_s}{2}}{\delta} \frac{1}{\cos\theta} \right] (-d\cos\theta)$$

对上式进行积分，$\cos\theta$ 的积分限从 1 到 $\dfrac{r_p + \dfrac{d_s}{2}}{r_p + \delta}$，结果为

$$E_r = -2\pi r_p^2 \xi C k_0 T \left[\left(1 + \frac{r_p}{\delta}\right)\cos\theta - \frac{r_p + \dfrac{d_s}{2}}{\delta}\ln\cos\theta \right]_1^{\frac{r_p + \frac{d_s}{2}}{r_p + \delta}}$$

积分后得

$$E_r = -2\pi r_p^2 \xi C k_0 T \left[-1 + \frac{\dfrac{d_s}{2}}{\delta} - \frac{r_p + \dfrac{d_s}{2}}{\delta}\ln\frac{r_p + \dfrac{d_s}{2}}{r_p + \delta} \right]$$

引用记号

$$\bar{d}_s = \frac{d_s}{r_p} = \frac{2d_s}{d_p}, \quad \bar{\delta} = \frac{\delta}{r_p} = \frac{2\delta}{d_p} \tag{2.9}$$

于是最终有

$$E_r = 2\pi r_p^2 \xi C k_0 T \left[1 - \frac{\bar{d}_s}{2\delta} - \frac{1 + \dfrac{\bar{d}_s}{2}}{\delta}\ln\frac{1 + \bar{\delta}}{1 + \dfrac{\bar{d}_s}{2}} \right] \tag{2.10}$$

对于两个互相接近的粒子，其总排斥势能为

$$E_r = 4\pi r_p^2 \xi C k_0 T \left[1 - \frac{\bar{d}_s}{2\delta} - \frac{1 + \dfrac{\bar{d}_s}{2}}{\delta}\ln\frac{1 + \bar{\delta}}{1 + \dfrac{\bar{d}_s}{2}} \right] \tag{2.11}$$

2.1.3　固体颗粒在重力场中抵抗沉淀的稳定性

磁液中磁性固体颗粒在重力场作用下的沉降，实际上是一种低 Re（雷诺数）的圆球绕流问题。它们在沉降过程中所受到的流体阻力就是 Stokes 阻力。按 Stokes 阻力定律，圆球状颗粒的阻力 F_d 可表示为

$$F_{d} = C_{f}\left(\frac{1}{2}\rho_{N_{c}}v^{2}\right)\left(\frac{1}{4}\pi d_{p}^{2}\right) = \frac{1}{8}\pi d_{p}^{2}\rho_{N_{c}}v^{2}C_{f} \tag{2.12}$$

式中,$\rho_{N_{c}}$ 为基载液的材料密度;v 为固定颗粒和基载液间的相对速度;C_{f} 为摩擦系数,对于小圆球有

$$C_{f} = \frac{24}{Re} = \frac{24\eta_{c}}{\rho_{N_{c}}vd_{p}} \tag{2.13}$$

式中,η_{c} 为基载液的动力黏度系数。

颗粒在基载液中沉降的驱动力是重力,而阻力除了 Stokes 力外,还有基载液对颗粒产生的浮力,所以力的平衡方程为

$$\frac{1}{6}\pi d_{p}^{3}\rho_{N_{p}}g = \frac{1}{6}\pi d_{p}^{3}\rho_{N_{c}}g + \frac{1}{8}\pi d_{p}^{2}\rho_{N_{c}}v^{2}C_{f}$$

式中,$\rho_{N_{p}}$ 为固体颗粒的密度。

将式(2.13)代入此平衡方程,对 v 求解,得到固体颗粒在基载液中的沉降速度为

$$v = \frac{(\rho_{N_{p}} - \rho_{N_{c}})gd_{p}^{2}}{18\eta_{c}} \tag{2.14}$$

设基载液是矿物油,常温下其黏度 $\eta_{c} = 4 \times 10^{-3}$ kg/(m·s),密度 $\rho_{N_{c}} = 850$ kg/m³;固体颗粒的材料是 $Fe_{3}O_{4}$,其密度 $\rho_{N_{p}} = 5\ 240$ kg/m³。若颗粒尺寸为 $d_{p} = 8$ nm,算出的沉降速度 $v = 3.83 \times 10^{-11}$ m/s,这相当于每年下降 1.2 mm;若 $d_{p} = 4$ nm,则每年下降 0.3 mm。这样缓慢的沉降,显然可以保证磁液所需的长期有效储存。

上述的计算没有考虑磁性固体颗粒之间的相互影响,这个结果只是当颗粒在磁液中分布很稀的场合下才实际存在。就磁性颗粒而言,磁场的作用常比重力场大得多。若颗粒在磁场中稳定,在重力场中也会稳定。由 $Ck_{0}T \geqslant (\rho_{N_{p}} - \rho_{N_{c}})gh_{0}V_{pl}$(其中 h_{0} 为重力场中颗粒的高度),则颗粒的直径为

$$d_{p} \leqslant \left[\frac{6Ck_{0}T}{\pi(\rho_{N_{p}} - \rho_{N_{c}})h_{0}}\right]^{\frac{1}{3}} \tag{2.15}$$

取 $h_{0} = 100$ mm,$T = 25\ ℃ = 298$ K,基载液和颗粒的材料仍为矿物油和 $Fe_{3}O_{4}$,则由式(2.15)算出 $d_{p} \leqslant 99.5$ nm。这个尺寸比磁场所允许的大 10 倍,由此可见,重力场对颗粒尺寸的影响很大。

由磁性固体颗粒在重力场的势能

$$E = (\rho_{N_{p}} - \rho_{N_{c}})ghV_{pl} \tag{2.16}$$

可得颗粒群在重力场中的分布

$$n = n_0 \exp\left[-\frac{\pi d_p^3 (\rho_{N_p} - \rho_{N_c}) gh}{6k_0 T} \right] \qquad (2.17)$$

或密度分布

$$\rho_p = \rho_{p0} \exp\left[-\frac{\pi d_p^3 (\rho_{N_p} - \rho_{N_c}) gh}{6k_0 T} \right] \qquad (2.18)$$

式中，n_0 和 ρ_{p0} 是 $h = 0$ 处的颗粒群的百分比分布和密度分布值。

2.1.4　磁性液体在外磁场作用下的胶体稳定性

磁液中的磁性固体颗粒的尺寸非常小，以至于它们都是一些单畴的磁性微粒。它们实际上就是一个个的磁偶极子，磁液可视为这些小偶极子的集合。没有外磁场时，这些小偶极子的磁矩方向是杂乱无章和相互抵消的，所以总的宏观磁矩为零；在外磁场作用下，这些小偶极子沿外磁场 H_0 的方向排列，它们的磁化强度矢量 M 的方向与外磁场 H_0 是平行的，这样，每个小磁偶极子在外磁场 H_0 中的磁势能为

$$E_m = -\mu_0 V_{p1} M H_0 \qquad (2.19)$$

但从另一方面来讲，每个小磁偶极子又是一个悬浮的分子，因而它具有分子热运动。分子热运动的动能就是 $C k_0 T$，其中 C 是系数，对于最可几速率的动能 $C = 1$，对于统计平均速率的动能 $C = 1.273$，对于统计方均根速率的动能 $C = 1.5$；k_0 是 Boltzmann 常数。如果热运动的动能大于外磁场对颗粒吸引的磁势能，则磁液中的固体颗粒就能保持其分散状态，而不会向外磁场作用的方向聚集。所以，条件是

$$C k_0 T \geqslant \mu_0 M H_0 V_{p1} \qquad (2.20)$$

设颗粒是球形，则 $V_{p1} = \pi d_p^3 / 6$，于是不等式给出颗粒直径 d_p 的限制式为

$$d_p \leqslant \left(\frac{6 C k_0 T}{\pi \mu_0 M H_0} \right)^{\frac{1}{3}} \qquad (2.21)$$

由式（2.21）来看，温度越高，颗粒的尺寸越大，其实不然。事实上，这个关系式是建立在分子运动论基础上的，如果固体颗粒太大，它们就不具备分子的行为或其行为偏离分子运动论太远，从而式（2.21）的物理基础就成了问题。此外，磁液的温度是有限制的，在过高的温度下，热运动剧烈，颗粒不能很好地按外磁场方向排列，这就意味着磁液的一个基本性质，即磁化能力降低。

在外磁场作用下，磁液胶体中的磁性固体颗粒将会建立一个稳定的浓度梯度场。磁性颗粒在外磁场中受到的力是保守力，它所具有的磁势能可由 $E_m = -\mu_0 V_{p1} M H_0$ 表示。其中，磁场强度 H_0 和颗粒的磁化强度 M 都是坐

标的函数,所以 E_m 也是坐标的函数,即 $E_m = E_m(q_1, q_2, \cdots, q_n)$。在直角坐标系中,广义坐标 q_i 就是 x, y, z,在 $M - B$ 分布定律 $\mathrm{d}N = \dfrac{N}{Z}\mathrm{e}^{-\frac{E}{k_0 T}}\mathrm{d}\Omega$ 中可以取相空间 $\mathrm{d}\Omega = \mathrm{d}x\mathrm{d}y\mathrm{d}z$,则 $M - B$ 分布定律就成为

$$\mathrm{d}N = \frac{N}{Z}\mathrm{e}^{\frac{\mu_0 M H_0 V_{p1}}{k_0 T}}\mathrm{d}x\mathrm{d}y\mathrm{d}z$$

设单位体积的磁液内的磁性颗粒数为 n,显然

$$n = \frac{\mathrm{d}N}{\mathrm{d}x\mathrm{d}y\mathrm{d}z}$$

在外磁场强度 $H_0 = 0$ 处,$n = n_0$,于是有 $n_0 = \dfrac{N}{Z}$,最后就得出磁液处于外磁场中,它所含的磁性颗粒的浓度分布为

$$n = n_0 \mathrm{e}^{\frac{\mu_0 M H_0 \pi d_p^3}{6 k_0 T}} \tag{2.22}$$

设磁性固体颗粒的材料密度是 ρ_{N_p},而单位体积的磁液中所包含的固体颗粒是 n,则磁液中固体颗粒的分密度

$$\rho_p = n \rho_{N_p} V_{p1} \tag{2.23}$$

式中,V_{p1} 是每个固体颗粒的体积,对于球形来讲,它就等于 $\dfrac{3}{4}\pi r^3$ 或 $\pi d_p^3 / 6$;分密度 ρ_p 常称为固体颗粒的悬浮密度。利用式(2.22)和式(2.23)可以写出

$$\rho_p = \rho_{p0} \mathrm{e}^{\frac{\mu_0 M H_0 \pi d_p^3}{6 k_0 T}} \tag{2.24}$$

2.1.5 悬浮颗粒的稳定分散条件

在磁液中,悬浮颗粒互相趋近的势能是吸引势能和范德瓦耳斯力的吸引势能。而抵抗这两种吸引势能是分散剂长链分子在颗粒表面构成的保护层的排斥势能。

图 2.4 中描绘出了典型的计算结果,横坐标是无量纲的颗粒表面间的距离,而纵坐标是无量纲势能,即势能 $k_0 T$。图中吸引能为负值,而排斥势能为正值。分散剂长链分子层的排斥势能与磁性吸引能、范德瓦耳斯力吸引势能的代数和为净势能。显然,若净势能为正值,则表明两颗粒之间是互相排斥的;若净势能为负值,则两颗粒之间是互相吸引的。

2.1.6 磁性液体稳定性测量

磁液稳定性的测量有多种方法,此处介绍两种。

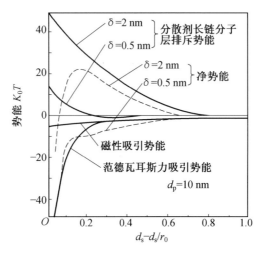

图 2.4 势能随距离的变化情况

方法 1:取一根有刻度的玻璃管,将磁液装满于此玻璃管中,然后将此玻璃管直立放于重力场及磁场浓度梯度场中,经过一段时间后从玻璃管的不同高度位置处用吸移管吸出磁液,测出磁液前后密度或饱和磁化强度的变化,就可了解其稳定性。若各个位置的值都相等(不受重力场影响),测量前后某一位置无相对变化(不受梯度场影响),则表明此磁液的浓度没有偏析,磁液是稳定的。

方法 2:用 LC 振荡线路进行测量,振荡器电路图如图 2.5 所示。LC 振荡器的振荡频率 $f = \dfrac{1}{2\pi\sqrt{LC}}$,当 C 固定时,取决于检测线圈的电感,电感的变化又取决于插入线圈中磁液材料磁化率 $\chi'(f)$ 的变化。通过测量电感的变化测其频率变化,计算磁液的磁化率,根据其磁化率的变化,表征磁液的稳定性。

在设计时,使检测线圈在无磁液样品时振荡频率 $f_0 = 1 \times 10^6$ Hz。当把磁液样品插入检测线圈时,LC 振荡器的频率会发生相对变化,其值为

$$\Delta f/f_0 = 2\pi q\chi'(f)$$

式中,$\chi'(f)$ 为与频率有关的磁化率的实部;q 为几何填充系数。

振荡容器频率变化 $\Delta f = f_0 - f$ 实质上反映了检测线圈中磁液的磁性微粒的浓度变化,这是因为磁性粒子浓度的不同导致其 $\chi'(f)$ 不同,即线圈的电感 L 随线圈中磁性微粒浓度变化而变化,从而改变 LC 振荡电路的振荡频率。所以只要测出磁液样品 $\Delta f/f_0$ 随样品位置变化的分布图,就确定了磁性微粒浓度的分布图,也就清楚地知道磁性微粒空间分布的均匀性和磁

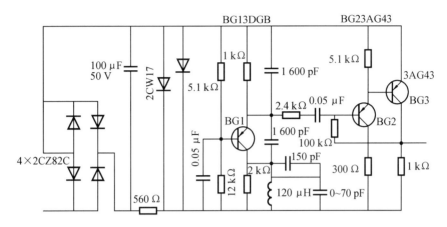

图 2.5 并联型电容三点式振荡器电路图

液的稳定性。

盛磁液的容器可用高为 7 cm(或 11 cm)、内径为 0.6 cm 的玻璃管,在壁上相距 0.5 cm 画一刻度。检测线圈即 LC 振荡器的振荡线圈高度可为 0.5 cm,其装置如图 2.6 所示。首先在无磁液样品时,调节检测线圈中的振荡频率 $f_0 \approx 1 \times 10^6$ Hz,频率稳定度优于 2×10^{-4}/h,用数字频率计测频率。它是八位数字频率计,稳定度为 10^{-8}/d。测量时检测线圈是固定的,磁液柱垂直移动,从而可以测出磁液在不同深度处的频率变化,进而得到一组 $\Delta f/f_0$ 随高度变化的数据。

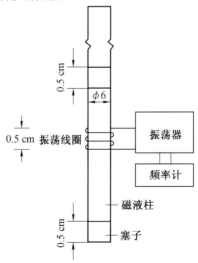

图 2.6 LC 振荡电路法稳定性测量装置简图

69

这种方法灵敏度高,测量精度优于 2×10^{-4},重复性优于 2×10^{-4},测量方法简单且速度快。

2.2 磁性液体的黏度

2.2.1 无外磁场时磁性液体的黏度

按连续流体力学的观点,流体在流动时,因其固体粒子的存在而增加其内部摩擦,也就增加了其黏度。胶体黏度因粒子含量(体积分数)的增加而增加。在低浓度时,磁液的黏度可用著名的爱因斯坦公式描述:

$$\eta = \eta_0 (1 + 2.5\varphi) \tag{2.25}$$

式中,η 与 η_0 分别是磁液和基载液的动力学黏度,而高浓度时磁液的黏度可写成

$$\eta = \eta_0 (1 - \varphi)^{-\frac{5}{2}} \tag{2.26}$$

$$\eta = \eta_0 \exp\left[(2.5\varphi + 2.7\varphi^2)/(1 - 0.609\varphi) \right] \tag{2.27}$$

式中,φ 是固体相的体积分数。式(2.27)是 Vand 在 20 世纪 40 年代考虑流体动力学的粒子 - 粒子相互作用而建立的,因此称为 Vand 公式。

除流体动力学范围的相互作用外,还存在影响粒子相对运动的粒子间磁的相互作用,磁液的黏度必然会由这种相互作用的程度来决定。在稳定的磁液中,粒子 - 粒子间的相互作用可以忽略,不存在磁相互作用,黏度与流体动力学粒子体积分数 φ 的关系必然和非磁液悬浮液的关系式相应。研究表明,在没有磁场作用时,磁液的黏度与浓度的关系可用 Vand 公式很好地描述。

最简单的模型是视其粒子为没有相互作用且彼此分开的圆球。但实际磁液与这种模型有很大差别。足够大的粒子(粒径为 30 ~ 40 nm)有沉淀,磁液中可能包含一些大粒子,它们的形状与球形的差别也较大。这些因素及其他因素都会增强粒子间的相互作用,转而又会影响磁液的黏度,特别是这种黏度与样品的历史及切变率有关。

当选择一种流体模型去描述其黏度时,必须考虑制备样品的特异性。因此,一般来讲,商业磁液中总会包含相当数量的粗粒子,导致其黏滞性及其他物理性质与浓度的关系更加复杂,让人难以捉摸。可去除一些最粗的粒子,这对密度和磁化强度改变甚微,但对黏度则有很大的变化 —— 样品黏度与其存放时间有关的性质消失了。

　　由于磁液被用于运动部件存在各种情况,而且磁液本身也在运动,因此,运动方式将对实际磁液的黏度产生影响。如果忽略流体中粒子间的相互作用,黏度则与其切变率无关。如果这种相互作用能超出了热运动能,则磁液中的某些粒子就会结合成大尺度的结构 —— 成链、成团簇或成微滴状的聚集体。大尺度结构的形成,将伴随着一些载液以雾沫状存在其中,导致有效流体动力学黏度 φ_h 增加。另外,大尺度结构也可在整个液体范围发生,而被液态体积的边界所限制。这将引起液体和这些结构之间的相对运动。这两种机制都会使磁液的黏度比由 Vand 公式所得出的黏度要大。

　　增加切变率会导致上述结构的破坏,从而降低磁液的黏度。在 $\dot{\gamma} \to \infty$ 的高切变率下,磁液的黏度可用 Vand 公式描述。在实际磁液中,这对 $\dot{\gamma} = 10^4 \sim 10^5 \text{ s}^{-1}$ 适用,与切变率 $\dot{\gamma}$ 有关。形成结构性流体的可能性表明,在小切变率($\dot{\gamma} = 10 \text{ s}^{-1}$)时,流动曲线可用"宾汉流体"模型描述,即

$$\tau = \tau_0 + \eta^* \dot{\gamma}$$

式中,τ 为剪切应力;τ_0 为初始剪切应力;η^* 为塑性黏度意义上的比例因子。

　　初始剪切应力随着温度的升高而下降,但随着磁场强度的增加而增加。这表明初始剪切应力是粒子间磁相互作用所导致的大尺度结构形成的标志。外磁场将加强这种相互作用,引起 τ_0 的增加;相反,温度的升高将破坏这种结构,从而使 τ_0 下降。

　　在 $10^2 \sim 10^3 \text{ s}^{-1}$ 范围内,高浓度磁液的流变曲线为 $\tau \sim (\dot{\gamma})^n$ 形式,其中 $n < 1$,随着切变率的增加,n 趋于 1。当 $\dot{\gamma} \geq 10^4 \text{ s}^{-1}$ 时,即使对高浓度磁液也是牛顿流体型,黏度与浓度的关系仍可用 Vand 公式描述。具有代表性和普遍意义的是典型流变曲线符合 Vand 公式,而不是典型的透平油基磁液的流变曲线(图 2.7),后者不具有普遍意义。

　　基于以下假设,在存在结构时,磁液的黏度与切变率的关系呈现一种触发性,即

$$\eta = \eta_\infty \exp\left[U/(\tau + \tau_0) \right]$$

式中,τ_0 为极限剪切应力;η_∞ 为当 $\dot{\gamma} \to \infty$ 时的磁液黏度;U 是结构的触发能密度,等于单位结构的触发能与单位体积中结构数目的乘积,而将量 $p_s = \ln(\eta/\eta_\infty)$ 作为结构参数,则可将初始的关系式写成 $\tau = U/(p_s - \tau_0)$。当以 $\tau \sqrt{p_s^{-1}}$ 为坐标而绘出流动曲线时,就可以根据曲线斜率确定其触发能。

　　图 2.8 就是将图 2.7 的流变曲线改为以 $\tau \sqrt{p_s^{-1}}$ 为坐标的情形。这些曲

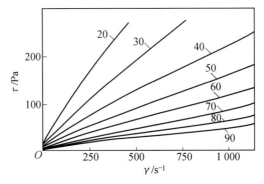

图 2.7 透平油基磁液的流变曲线

密度为 1 555 kg/m³，饱和磁化强度 M_s 为 49.5 kA/m

线的一个特点就是存在拐点 —— 当增加切变率（即可变的 p_s^{-1}）时，触发能密度首先增加，然后又下降。这与剪切应力影响与触发密度的两种机制有关：一方面随着单位体积中结构数目的增加而增加；另一方面又随着黏滞应力增加使结构触发能下降而下降。

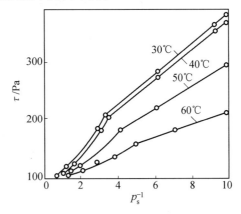

图 2.8 剪切应力（表征能发能密度）与参数 p_s^{-1} 的关系

2.2.2 磁场对磁性液体黏度的影响

即使只存在不大的粒子间偶极子 – 偶极子相互作用，即没有结构化的情况，磁液的黏度也与磁场有关。这种关系是因为磁场影响磁矩的运动，从而影响与流体有关的粒子本身。对磁矩与粒子为刚性联系的情形（刚性偶极子），Shliomis 给出了转动黏度理论（即黏度是磁场对粒子转动影响的结果）。本书仅定性地考虑这一问题。

当不存在磁场作用时,粒子以角速度 $\omega_s = \dot{\gamma}$ 在切平面内自由转动($\dot{\gamma}$ 是流动的局域切变率)。当加外磁场后,粒子受到 $m \cdot H$ 的力矩作用,从而改变粒子转动的速度,结果产生了粒子和流体间的摩擦,摩擦力矩为 $6\eta_0 V(\dot{\gamma} - \omega_s)$。如果磁场足够强,粒子的取向就被固定住,$\omega_s = 0$,转动黏度达到最大值。

对低浓度磁液(体积分数 $\varphi_h \ll 1$)的定性分析可得转动黏度的表达式:

$$\eta_r(\xi) = \frac{3}{2}\eta_0\varphi_h \frac{\xi - \tan\xi}{\xi + \tan\xi}\sin^2\alpha \tag{2.28}$$

$$\eta_{eff} = \eta(\varphi_h) + \eta_r(\varphi_h) \tag{2.29}$$

式中,α 为矢量 H 和 $\dot{\gamma}$ 的夹角。转动黏度的最大值 $\eta_r = \frac{3}{2}\eta_0\varphi_h$ 可达到悬浮液爱因斯坦黏度贡献值 $\frac{5}{2}\eta_0\varphi_h$ 的 $\frac{3}{5}$,当 $\alpha = 0$ 时,粒子磁矩沿着 $\dot{\gamma}$ 矢量取向将不会阻碍在同样方向的转动。

由式(2.28)可得,磁液的转动黏度与基载液的黏度成正比。然而磁场中最大黏度的增值 $\Delta\eta$ 明显超过 $\frac{3}{2}\eta_0\varphi_h$ 这个值。应该指出,并不能认为试验用磁液是低浓度的,$\varphi_s > 0.03$,$\varphi_h > 0.08$。由所得数据表明,这时的转动黏度并不决定于基载液的黏度,而取决于不存在磁场作用时的磁液黏度:当 $\xi \to \infty$ 时,$\eta_r \to \frac{3}{2}\eta_0\varphi_h$ 这一关系适用于体积分数 $\varphi_s < 0.2$ 的情况。

在磁场中,高浓度磁液的黏度比低浓度磁液的黏度增加得要少一些,如图2.9所示。显而易见,这是由于这种流体中粒子间相互作用的增加所致,即每个粒子都受到邻近粒子场的影响。若外场并不太大,则内场起决定性作用。当外场起支配作用时,就必须满足条件 $H > M_s/4$。对适中浓度的磁液($0.03 < \varphi_s < 0.2$),其磁场中的极限黏度可由下式决定:

$$\eta_H = \eta\left(1 + \frac{3}{2}\varphi_h\right) \tag{2.30}$$

当外场施加到没有相互作用的单畴铁磁粒子的悬浮液时,转动黏度的出现必然不会改变其流变特性。当满足式(2.28)时,转动黏度将与切变率无关,也就是说,此时的流体保持为牛顿型流体。然而,研究表明,随着磁场强度的增加,流动曲线变成非牛顿型的,粒子浓度 φ_h(体积分数)越大,黏度与切变率的关系也就越大。通过增加磁场强度,在磁液中就更容易产生结构化,因为粒子 – 粒子间的相互作用加强了,磁液就可能成为塑

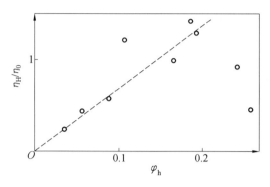

图 2.9　相对磁黏效应与固体相的体积分数的关系

η_{H} 为磁场 $H = 84\ \mathrm{kA\cdot m^{-1}}$ 时的黏度；η_0 为无外磁场时的黏度

性的,转而切变率就可能与测量单元的大小有关。因此,用平面毛细管黏度计来对煤油基的磁液进行测量时,表现出通道宽度对测量结果有影响,且结构的尺度与通道尺度相当。

仅当矢量 $\dot{\gamma}$ 的方向与 $\boldsymbol{H}$ 不一致时,才会有转动黏度及磁场对结构运动的影响。然而,事实上有许多试验表现出当 $\dot{\gamma} \approx H$ 时,磁场也对磁液的黏度有影响,磁场可以是沿流动速度的方向,也可以与之相交,尽管因结构的非球形性而得到的影响大小可能不一样。当 $\dot{\gamma}$ 方向与 $\boldsymbol{H}$ 方向平行时,未见到磁场对磁液黏度的影响。然而,有时候在 $\dot{\gamma}$ 方向与 $\boldsymbol{H}$ 方向平行时也产生磁场对磁液黏度的影响,要想说明这一点还需进一步研究。

2.2.3　磁性液体的黏度与温度的关系

磁液的黏度与温度的关系首先由基载液的性质来确定。对无结构化的低浓度的磁液(体积分数 $\varphi_s < 0.003$)的试验表明,其载液的温度关系起决定性作用。因此,Kaplun 和 Varlamor 在试验中以硅油为基载液,以氧化铁为分散相,且 $\varphi_h = 0.183$ 的磁液,表现其黏度与温度的关系为 $\eta = a\exp(b/T)$。这里的系数 b 与其基载液的系数仅相差 0.3%。

对浓缩的磁液,比如用真空油为基载液的磁液,其有效黏度对温度的依赖比对基载液黏度的依赖性要强些,如图 2.10 所示。显然磁液黏度与浓缩磁液的结构特性有关。

电导型磁液具有相反的黏度 – 温度关系。由于水银为基载液的磁液是结构化了的系统,所以它们的黏度是由结构数目以及其间相互作用的特性所决定的。Fedonenko 的数据说明,那种用铋稳定化的磁液的黏度随温度的增加而增加。其原因在于铋使得凝结结构失效,因为其间相互作用的

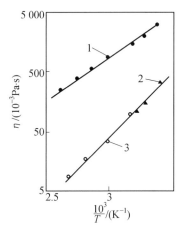

图 2.10　黏度与温度的关系

1— 真空油;2,3—饱和磁化强度;M_s = 34.4 kA · m^{-1} 的

磁性液体(2—H = 0;3—H = 127 kA · m^{-1})

增加将导致额外的能量损耗。

　　更有趣的是,以水银为基载液的磁液的黏滞性,与非导电型磁液不同,是随切变率的增加而增加的,切应力 τ 与切变率 $\dot{\gamma}$ 有关,即 $\tau = K\dot{\gamma}^n$,其中 $n > 1$,这是典型的膨胀型磁液。用油酸作为稳定剂的水银基磁液流动曲线如图2.11 所示。

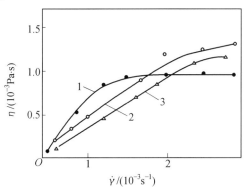

图 2.11　用油酸作为稳定剂的水银基磁液(在一平面通道

　　　　　中)流动曲线

M_s = 65 kA · m^{-1},ρ = 1 300 kg · m^{-3};1—H = 0;2,3—H = 39 kA · m^{-1}(2—$V \perp H$;3—$V /\!/ H$)

　　磁液的黏度一般服从牛顿内摩擦定律,它受许多因素的影响,通常主

要考虑以下几个因素:基载液的黏度 η_0、磁液磁化强度 M、外加磁场 H、温度 T 及切变率 γ。写成函数形式为

$$\eta = \eta(\eta_0, M, H, T, \gamma)$$

无磁场作用时,稀薄磁液的黏度可以用爱因斯坦公式表示为

$$\eta/\eta_0 = 1 + 2.5\varphi$$

式中, φ 为微粒体积分数。

这种稀薄的磁液很少采用,通常为了获得大的磁化强度可采用高浓度磁液,但是浓度不宜太高,在浓度增大时,磁液的黏度还与转速有关,显然它与牛顿液体有不同的特性。

有磁场作用时,磁液的分散性不下降,但是磁场的大小及方向对磁液的黏度均有影响,宏观效果就是在磁场作用下,黏度有所增加。图 2.12 说明了复合量 $\gamma\eta_0/MH$ 与黏度的关系,当 $\gamma\eta_0/MH > 10^{-4}$ 时,磁液的黏度是常数,并且等于无磁场作用时磁液的黏度,此时可以认为它是牛顿液体。

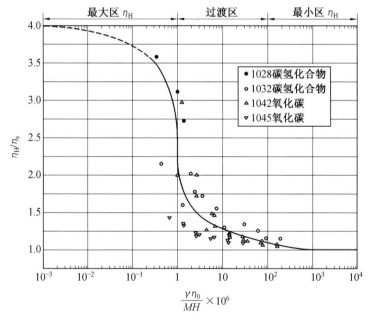

图 2.12　磁液的黏性曲线

当 $10^{-6} < \gamma\eta_0/MH < 10^{-4}$ 时,磁液的黏度变化很大;当 $10^{-6} > \gamma\eta_0/MH$ 时,磁液的黏度几乎是常数,但是比无磁场作用时的黏度大近 4 倍。

图 2.13 所示为在剪切流动时磁场方向对黏度的影响。可以看出,当磁液的方向与外加磁场方向平行时,比其与外加磁场方向垂直时黏度要

大。因为磁液在剪切流动时,其固体微粒绕与剪切流动方向垂直的轴进行旋转,当磁场存在时,微粒就沿磁场方向变化,当磁场方向与剪切流动方向平行时,即磁场方向与旋转轴垂直,磁场就阻碍了微粒回转,因而表现为粒度增加。当磁场方向与剪切流动方向垂直时,微粒回转轴与磁力线方向一致,因而磁场不妨碍微粒回转,故垂直方向的磁场对磁液的黏度影响很小。

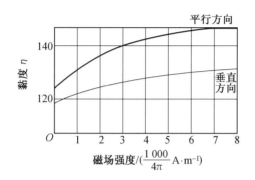

图 2.13　剪切流动时磁场方向对黏度的影响

由于磁液常用于旋转轴的密封,因此旋转轴将给予磁液剪切应力的作用,从而使磁液表现出粒度发生变化。图 2.14 所示为磁液表观黏度随剪切应力变化的情况。可以看出,随着剪切应力 γ 的逐渐增大,磁液的表观黏度逐渐减小;反之,逐渐增大。

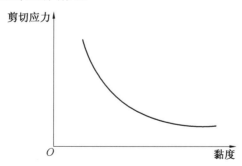

图 2.14　磁液表观黏度随剪切应力变化的情况

2.2.4　磁性液体的黏度测量

黏度是液体的重要性质之一,也是磁液的重要性质之一。如前所述,磁液的黏度也是应用中的一个重要数据。磁液的黏度主要取决于基载液的黏度和磁性粒子的质量浓度。

据文献报道,水基磁液在磁性粒子质量浓度小于0.35 g/ml时,为牛顿液体。当磁性粒子质量浓度大于0.36 g/ml,也就是大于体积分数$\varphi = 0.45$时,其流动活化能显著提高。当磁性粒子质量浓度大于0.54 g/ml($\varphi = 0.67$)时,就失去了牛顿液体的特性。此时,磁液的黏度与剪切速率有关。另据文献报道,Fe_3O_4粒子的质量浓度大于0.5 g/ml时,就失去了牛顿液体的特性。之所以当磁性粒子质量浓度高时,磁液会失去牛顿液体的特性,是因为当磁性粒子质量浓度高时,粒子间趋向于缔合成双粒子,使磁液的黏度增大。在低剪切速率下,双粒子保持原样,而在高剪切速率下,双粒子则打开,每个粒子都独立地运动,从而使黏度降低。

可采用NXS – 11型旋转黏度计(成都仪器厂)对磁液进行黏度测试。NXS – 11型旋转黏度计用一个同步电机进行驱动,采用同心圆筒上旋式结构的工作原理,外筒固定,内筒旋转,被测物体充满在两个圆筒的间隙中,针对不同的测量范围,仪器的测量部分分为 A、B、C、D、E 五个系统。

2.3　磁性液体的密度

磁液的密度是磁液的重要性质之一,它不仅是磁液应用当中的重要数据,而且可以用它来计算出磁液中磁性粒子的质量浓度,还可以用它将单位重量的饱和磁化强度(σ_s)换算成常用的单位体积的饱和磁化强度($4\pi\sigma_s$)。磁液密度的测量采用比重瓶法。

如果可以认为磁液的体积是其各组分体积之和,就可以将磁液的密度写成

$$\rho = \rho_s \varphi_s + \rho_a (\varphi_h - \varphi_s) + \rho_c (1 - \varphi_h) \qquad (2.31)$$

式中,ρ_s、ρ_a、ρ_c 分别是粒子、稳定剂和基载液的密度。

当已知粒子的流体动力学浓度时,式(2.31)就可用于确定固体相的质量浓度。对以油酸为稳定剂的碳氢化合物基和矿物油基的磁液,密度ρ_a和ρ_c很接近,约为900 kg/m³,这时式(2.31)可简化为

$$\rho = \rho_s \varphi_s + \rho_c (1 - \varphi_s) \qquad (2.32)$$

由此,仅通过测量磁液的密度就可决定固体相的体积分数,即

$$\varphi_s = (\rho - \rho_c)/(\rho_s - \rho_c) \qquad (2.33)$$

此式常用于测定φ_s。

由各组分的密度和温度的关系及其体积分数就可确定与温度有关的

胶体密度。参照式(2.31)很容易获得

$$\rho(T) = \rho^{\Theta} - \left[\varphi_s^{\Theta} \frac{\rho_s^{\Theta}}{\rho_s(T)} + (\varphi_h^{\Theta} - \varphi_s^{\Theta}) \frac{\rho_a^{\Theta}}{\rho(T)} + (1 - \varphi_h^{\Theta}) \frac{\rho_c^{\Theta}}{\rho_c(T)} \right]$$

$$(2.34)$$

此处的上标"Θ"表示在某基本温度 T_0 时的量。由于大多数流体的热膨胀系数不高,因此可假定 $\rho(T) = \rho^{\Theta}(1 - \beta\Delta T)$ 及 $\beta\Delta T \ll 1$,将式(2.34)改写成

$$\rho(T) = \rho^{\Theta}\{1 - [\varphi_s^{\Theta}\beta_s + (\varphi_h^{\Theta} - \varphi_s^{\Theta})\beta_a + (1 - \varphi_h^{\Theta})\beta_c]\Delta T\}$$

或

$$\beta_\rho = \varphi_s^{\Theta}\beta_s + (\varphi_h^{\Theta} - \varphi_s^{\Theta})\beta_a + (1 - \varphi_h^{\Theta})\beta_c \qquad (2.35)$$

式中,β_s、β_a、β_c 分别是粒子、稳定剂、基载液的热膨胀系数;β_ρ 是磁液的热膨胀系数。

对密度为 927 kg/m³、932 kg/m³、1 028 kg/m³ 的煤油基磁液与温度有关的密度进行试验研究,给出的三个样品的热膨胀系数都接近 $\beta_\rho \approx 7 \times 10^{-4}\text{K}^{-1}$,都比煤油的热膨胀系数 $\beta_c = 10^{-3}\text{K}^{-1}$ 小很多。所有样品的 β_ρ 值都接近这一点,可理解为固体相都处在很窄的组分范围内,即 $\varphi_s = 0.03 \sim 0.04$。

由磁液的密度公式,可以根据下式近似计算出磁液中磁性粒子的质量浓度:

$$\phi = \rho_s \frac{\rho - \rho_c}{\rho_s - \rho_c} \qquad (2.36)$$

式中,ϕ 为单位体积磁液中含磁性粒子的质量,g/ml。

由式(2.36)可计算出磁液中磁性粒子的质量浓度。在一定的磁场作用下,当不考虑粒子间的相互作用时,磁液的磁化可以认为是固体微粒的磁化总和。因此,如果将磁液的密度作为变量,磁液的磁化强度(这里的磁化强度是指单位质量的磁化强度)可以近似地表示为

$$\sigma_s = \rho_s \cdot \frac{\sigma}{\rho} \cdot \frac{\rho - \rho_f}{\rho_s - \rho_f} \qquad (2.37)$$

式中,σ 是磁性微粒的磁化强度。

如 Fe_3O_4 胶体的磁场强度为 0.88 T,温度 20 ℃ 磁化时,磁液的密度对磁化强度的影响很大,试验证明由式(2.37)计算所得的磁化强度和实测值吻合良好。

2.4　磁性液体的磁化强度及其测试

2.4.1　在外磁场中的磁化强度

当粒子尺寸足够小时,磁液就是稳定的,但当铁磁粒子的尺寸小于某临界值时,粒子就是单畴结构。大部分磁体的临界尺寸值为数十纳米的量级,因此,磁液中的所有粒子都可认为是单畴结构,且不考虑某些粒子磁化强度的铁磁性质。作为无相互作用粒子的总体,必然是作为顺磁性那样磁化的。顺磁体的磁化规律是用郎之万函数(Langevin)$L(\xi)$来描述的:

$$M = nm(\cot \zeta - 1/\zeta) = M_s L(\zeta), \quad \boldsymbol{M} = MH/H \qquad (2.38)$$

式中,n 为单位体积内的粒子数;m 为粒子磁矩;ζ 为单位面积上附有的长链分子数,$\zeta = \mu_0 mH/(k_0 T)$。由于某些粒子的磁矩值 m 高,因此可称为超顺磁性。

随着磁场的增加,$\zeta \to \infty$,系统的磁化强度达到其饱和值 $M_s = mn$,这时所有粒子的磁矩都沿着磁场取向,即

$$M = M_s [1 - k_0 T/(\mu_0 MH)] \qquad (2.39)$$

式中,μ_0 是真空磁导率;k_0 是玻耳兹曼常数;T 是绝对温度。

由式(2.39)可知,当 $\xi \geqslant 10$ 时,$M \approx M_s$。对磁矩 $m \approx 10^{-19}$J/T、室温下的粒子,这就相当于磁场强度 $H \geqslant 10^5$A/m。

在弱场,即当 $\xi \ll 1$ 时,流体的磁化强度随郎之万函数 ξ 自变量线性增加,即

$$M = [\mu_0 nm^2/(k_0 T)]H = \chi H \qquad (2.40)$$

比例系数 χ 称为磁液的磁化率;对应单位体积的粒子数为 $n(10^{23}\text{m}^{-3}$,相应于实际磁液的浓度)及上面所用的 m 和 $k_0 T$ 值时,其磁化率约为 1,这时的饱和磁化强度是 $M_s \approx 10^4$A/m。

式(2.38)~(2.40)是用磁化曲线分析磁液内部结构的基本关系式。通过建立以 $M(\xi)/M_s$ 和 $M(1/\xi)/M_s$ 为纵坐标的郎之万曲线(图2.15),确定两者在初始部分的斜率,就可以确定流体中的粒子尺寸,即

$$d_m^\Theta = \sqrt[3]{18\chi k_0 T/\pi\mu_0 M_s M_1}, \quad d_m^\infty = \sqrt[3]{6k_0 T/\pi\mu_0 H_0 M_1} \qquad (2.41)$$

式中,M_1 是粒子材料的磁化强度;H_0 是用 $M(1/\xi)/M_s$ 的斜率(图2.15(b))来确定的磁场强度;d_m^Θ 是用流体磁化曲线初始部分来确定的粒子直径;d_m^∞ 是用流体磁化曲线最末部分来确定的粒子直径。

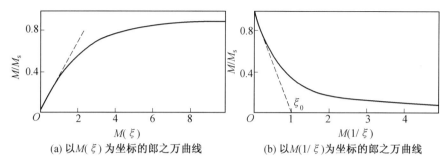

(a) 以 $M(\xi)$ 为坐标的郎之万曲线　　(b) 以 $M(1/\xi)$ 为坐标的郎之万曲线

图 2.15　磁液的郎之万曲线

实际磁液的磁化曲线并不同于郎之万曲线,其差别来自很多因素,其中最重要的是实际磁液中粒子的多分散性和在浓缩流体中粒子场之间的相互影响。粒子的非球形状也起到重要的作用。

如果已知磁液中粒子尺寸的分布函数 $f(d_m)$,则其磁化强度必然可描述为

$$M(H) = \frac{\pi}{6} M_\tau \int_0^\infty L(\xi) d_m^3 f(d_m)\,\mathrm{d}d_m \qquad (2.42)$$

这里显然没有考虑流体中粒子间的相互作用。通过试验测出 $M(H)$ 曲线并解方程(2.42),就可以计算得出流体中的粒子尺寸分布。虽然不能得到流体内部结构的详情,但却可以用几种方法去逼近实际流体的磁化曲线。要构成郎之万曲线必须先确定流体的饱和磁化强度 M_s 和粒子的尺寸 d_m,即它们的磁矩 m。M_s 的大小可由 $M(H^{-1})$ 的关系在 $H^{-1} \to 0$ 时的值明确获得,而 d_m 的值则可选 $d_m^\ominus$、d_m^∞ 或某个平均值。如图 2.16 所示,郎之万曲线可分别与实际磁化曲线的初始部分、中间部分和最终部分相符合。在胶体体系中,由于粒子的多分散性,$d_m^\ominus$ 的值也许会明显超过 d_m^∞ 的值,这就造成了以上差别。在流体中,粗粒子在弱磁场作用下首先排列,χ 很高,较小的粒子则在相应较强的磁场下才开始排列,因此,在磁场中的流体磁化曲线增加要比由建立的郎之万函数增加得慢。

考虑到粒子尺寸分布函数,仔细地测定磁化曲线,可知在浓缩的磁液中($\varphi_s \geqslant 0.05$),磁化曲线和郎之万曲线之间的差异不能仅用粒子多分散性的假设式(2.42)来解释。如果 H 值小($\xi \ll 1$),促使排列作用的外磁场即粒子的局域场就会起重要作用。这就是当不考虑粒子相互作用时,计算的 $d_m^\ominus$ 值总会超过估计值的原因:从显微镜所得的数据来看,$d_m^\ominus$ 和 d_m^∞ 的差别为 $30\% \sim 40\%$,但从 $M(H)$ 曲线的分析给出的 $d_m^\ominus$ 和 d_m^∞ 之差则在 $80\% \sim 100\%$。要计入粒子间的相互作用,可将郎之万函数自变量 H 用有效场

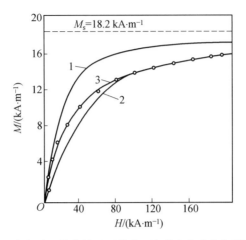

图 2.16　磁液实验磁化曲线及可能的近似值(油酸为包覆稳定剂,
涡轮基油 T_n – 22 为基载液)

1—d_m^Θ = 8.1 nm 的郎之万函数;2—d_m^Θ = 10.8 nm 的郎之万函数;

3— 由 A. N. Vislovich 给出的近似曲线

$H_{eff} = H + \lambda M$ 代替。有效场常数 λ 可借助于其他测量而由试验确定。例如,由磁化率与温度的关系 $\chi(T)$ 曲线来确定。当计入这些数据后,由 $M(H)$ 曲线所得 d_m^Θ 和 d_m^∞ 之差与粒子尺寸分布函数的直接数据相一致。

下面给出表示磁液组成总体信息的简单关系式。由于粒子材料的磁化强度 M_d 是已知的,磁性材料在流体中的体积分数可表示成比率,即

$$\varphi_m = M_s / M_d \tag{2.43}$$

这一比率应处于饱和态,所有粒子的磁矩都沿外磁场排列,饱和磁化强度仅由磁性材料的体积分数决定。

实际情况是磁液处于或运动于非均匀磁场中。为了确定流体与外磁场的相互作用,必须考虑磁化强度与外磁场的关系。如图 2.16 所示,可借助于郎之万函数对磁化曲线做近似,但只在一很窄的磁场范围适用。因此,在弱场下必须用 d_m^Θ 所得的郎之万函数。这种近似的缺点是它的复杂形式阻碍了描述磁体流动方程的分析解。

基于以上考虑,V. N. Vislovich 给出了磁化曲线的一种简单近似式

$$M = M_s H / (H_T + H) \tag{2.44}$$

其结果与试验数据的符合要好很多。这里 H_T 是磁化强度 $M(H_T) = M_s / 2$ 时的磁场值,如图 2.16 所示。关系式(2.44)比郎之万函数接近实际情况。

实际曲线的磁化强度在 $H = H_T / 8$ 处的试验值的最大偏差是 8%,当

$H > H_{\mathrm{T}}$ 时偏离小于 1% ,已在试验误差范围以内。如果只要求在有限的 H 范围内达到 $M(H)$ 的近似,则为了与实际曲线更符合,可将 M_{s} 和 H_{T} 的下列形式用于关系式(2.44),得

$$M_{\mathrm{s}} = \frac{M_1 M_2 (H_2 - H_1)}{M_1 H_2 - M_2 H_1}, \quad H_{\mathrm{T}} = \frac{H_1 H_2 (M_2 - M_1)}{M_1 H_2 - M_2 H_1} \qquad (2.45)$$

这里的 H_1 和 H_2 是接近 H 范围的起点与终点的磁化强度值,而 M_1 和 M_2 是对应 H_1 和 H_2 处的磁液磁化强度试验值。Vislovich 曾表明,在磁场范围为 $0 \sim 100 \ \mathrm{kA/m}$ 时,以式(2.45)为常数的近似式(2.44)可在误差小于 1% 的情况下描述实际磁化曲线。

2.4.2 磁化强度的温度关系

式(2.40)表明在弱磁场下磁液的磁化率可用顺磁性所遵循的居里定律描述,即

$$\chi = M/H = \mu_0 n m^2 / (3 k_0 T) = C_1 T \qquad (2.46)$$

然而,某些粒子磁化强度的铁磁性特征,事实上使磁液在某些方面表现出真正的铁磁性,特别是它具有居里点。在称为居里温度的 T_{c} 点,磁体的铁磁性消失,主体原子间的相互作用中止,磁畴结构被破坏,铁磁性转变成磁性已不明显的顺磁性,磁化率温度关系符合居里 – 外斯定律,即

$$\chi = C_{\mathrm{c}} / (T - T_{\mathrm{c}}) \qquad (2.47)$$

表 2.1 列出不同铁磁体的居里温度和饱和磁化强度。

表 2.1　不同铁磁体的居里温度和饱和磁化强度

	铁磁体								
	Co	Fe	Ni	Gd	FeCo	Fe$_3$Al	Fe$_3$C	GdCo$_2$	CdMn$_2$
$T_{\mathrm{c}}/{}^\circ\mathrm{C}$	1 331	770	358	20	970	500	213	180	30
$M_{\mathrm{s}}/(\mathrm{kA \cdot m^{-1}})$ $(T = 20\ {}^\circ\mathrm{C})$	1 424	1 717	484	—	1 910	875	987	517	215

从表 2.1 可以看出,不同磁体的居里温度可在很宽的范围内变化,因此从原则上讲,可以制备出温度接近室温的磁液。在接近居里点时,粒子的磁矩随温度的升高而按 $(T_{\mathrm{c}} - T)^{\frac{1}{2}}$ 的比例下降。由式(2.40)可知磁液的磁化强度 M 及其磁化率 χ 与 m^2 成正比,故当 $T \to T_{\mathrm{c}}$ 时,它们按 $(T_{\mathrm{c}} - T)$ 的比率下降。在较宽的温度范围内 $m(T)$ 关系可表示为

$$m = m_0 \sqrt{3(T_c - T)/T_c} \tag{2.48}$$

此处 m_0 是粒子在 $T = 0$ K 时的磁矩。因此可以看出,在居里温度附近时,$m(T)$ 关系式变化得最剧烈。但在磁液制造中广为采用的磁体(如铁或磁铁矿),其居里温度比流体的沸点要高不少。因此,实际磁液磁化强度的温度关系主要是由另外两个因素来决定的。首先是用郎之万自变量 $\xi = \mu_0 mH/(k_0 T)$ 描述的粒子无规则热运动的增强(式(2.39)和式(2.40)用简明的关系表明了这种影响)。其次是流体随温度增加而发生的体积膨胀使单位体积中的磁性粒子数 n 下降,即减小了流体 $M_s = nm$ 的磁化率。

如下式所示,$n(T)$ 由与温度有关的密度 $\rho(T)$ 决定:

$$n(T) = \rho(T)/\alpha \tag{2.49}$$

式中,$n(T)$ 由与温度有关的密度 $\rho(T)$ 来决定。

式(2.49)和式(2.48),再加上式(2.38)就在很宽范围内提供了磁液磁化强度与温度关系的完整信息。

在磁场强度和温度都较窄的范围内,可用磁场和温度对平均值 $\overline{H}$、$\overline{T}$ 偏离的一级项近似,得到近似的不可压缩磁液的磁性状态方程 $M[H,T]$,即

$$M(H,T) = \overline{M} + \left(\frac{\partial M}{\partial T}\right)_H (T - \overline{T}) + \left(\frac{\partial M}{\partial H}\right)_T (H - \overline{H}) \tag{2.50}$$

此处 $\overline{M} = M(\overline{H}, \overline{T})$,$(\partial M/\partial H)_T = \chi_r$ 称为磁液的微分磁化率。通常也采用积分磁化率 $\chi_s = M/H$。

$K = -(\partial M/\partial T)_H$ 称为磁化强度的绝对温度系数或热磁系数。有时也采用相对温度系数 $\beta_m = -(1/M)(\partial M/\partial T)_H$。

磁化强度对温度的依赖关系由三种因素决定,即郎之万自变量 ξ、粒子磁矩 m 以及流体热膨胀的 $\rho(T)$ 温度关系。因此可以写出

$$\left(\frac{\partial M}{\partial T}\right)_H = \left(\frac{\partial M}{\partial T}\right)_{H,\rho,m} + \left(\frac{\partial M}{\partial m}\right)_{H,\rho,T} \left(\frac{\partial m}{\partial T}\right)_\rho + \left(\frac{\partial M}{\partial \rho}\right)_{H,T,m} \left(\frac{\partial \rho}{\partial T}\right)_m \tag{2.51}$$

由于 $(\partial M/\partial \rho)_{H,T,m} = M/\rho$,则式(2.51)右边的最后一项可写成

$$\left(\frac{\partial M}{\partial \rho}\right)_{H,T,m} \left(\frac{\partial \rho}{\partial T}\right)_m = \frac{M}{\rho}\left(\frac{\partial \rho}{\partial T}\right)_m = -M\beta_\rho$$

式中,β_ρ 是流体的热膨胀系数,$\beta_\rho = -(1/\rho)(\partial \rho/\partial T)_m$。

式(2.51)右边的前两项可很方便地由两种极限情况来决定,即由郎之万变量 $\xi \gg 1$ 和 $\xi \ll 1$ 来决定。考虑到式(2.49)时,可由式(2.38)写出第一种 $\xi \gg 1$ 的情况:

$$M = \rho_m/\alpha, \quad \left(\frac{\partial M}{\partial m}\right)_{H,\rho,T} \left(\frac{\partial m}{\partial T}\right)_\rho = \frac{M}{m}\left(\frac{\partial m}{\partial T}\right)_\rho = -M\beta_m$$

式中,β_{m} 是单个粒子磁矩的相对温度系数,$\beta_{\mathrm{m}} = -(1/m)(\partial m / \partial T)_{\rho}$。对所考虑的强场情况($\xi \gg 1$),磁液处于磁饱和态,尽管存在布朗运动,但所有粒子的磁矩都沿外磁场排列。因此,布朗运动对磁化强度的温度关系没有贡献,式(2.51)中第一项为零。故热磁系数为

$$K = M(\beta_{\mathrm{m}} + \beta_{\rho}) \tag{2.52}$$

在远离居里温度时 β_{m} 的值很小,对磁液而言可忽略。这意味着在饱和态磁液的热磁系数仅由热膨胀系数 β_{ρ} 来决定。由于大多数磁液的 β_{ρ} 量级为 $10^{-4} \sim 10^{-3}\mathrm{K}^{-1}$,流体的磁化强度量级为 $10^4 \sim 10^5\,\mathrm{A/m}$,故 $K = M\beta_{\rho}$,值为 $1 \sim 10^2\,\mathrm{A/m}$。

对于水基磁液而言,热膨胀系数的决定作用导致热磁系数在 $0 \sim 4\ ℃$ 范围内反常。由于在这个范围内,温度上升时,水的密度增加,基载液体积减小且单位体积的粒子数增加,故流体的磁化强度也必然增加。

在居里温度附近,β_{m} 可近似为 $10^{-2}\mathrm{K}^{-1}$,其对磁液的磁化强度温度系数的贡献就成为主导因素。

对第二种 $\xi \ll 1$ 极限情形,由式(2.51)可得

$$\left(\frac{\partial M}{\partial T}\right)_{H} = -\frac{M}{T}, \quad \left(\frac{\partial M}{\partial m}\right)_{H,\rho,T}\left(\frac{\partial m}{\partial T}\right)_{\rho} = -2M\beta_{\mathrm{m}}$$

最后可写成

$$K = M\left(\frac{1}{T} + 2\beta_{\mathrm{m}} + \beta_{\rho}\right) \tag{2.53}$$

与式(2.52)相比显然多出新的一项($1/T + \beta_{\mathrm{m}}$),新项在室温下的数量级为 $3 \times 10^{-3}\mathrm{K}^{-1}$。

2.4.3 高浓度磁性液体的磁化强度

当磁性相浓度 $\varphi_{\mathrm{m}} \geqslant 0.05$ 时,和最简单的模型不一样,磁液的性质将受到粒子间相互作用的影响。因此,即使计及粒子的多分散性,流体的磁化曲线也和郎之万函数明显不同。

在弱磁场中,这种差别与每个粒子受邻近粒子所产生磁场的影响有关。此时有效场为 $H_{\mathrm{eff}} = H + \lambda M$,从而导致磁化率的温度依存性,用居里 - 外斯定律描述磁化率的温度关系为

$$\chi = C/(T - T_{\mathrm{c}}) \tag{2.54}$$

式中,$T_{\mathrm{c}} = \lambda C, C = nm^2/(3k_0)$。两种以煤油为基的磁液样品(磁性相浓度为 $\varphi_{\mathrm{m}} = 0.24$ 和 $\varphi_{\mathrm{m}} = 0.07$)的试验表明,$T_{\mathrm{c}}$ 分别为 210 K 和 150 K。

应该指出,弱场下磁化率与温度的关系式(2.54)归结于磁液中具有

有效场的粒子间的相互作用,而不像式(2.47)那样只考虑磁体本身在居里温度以上的情况。后者的流体在强场和弱场都显示顺磁性。换句话说,式(2.47)中的 T_c 是固态粒子的居里温度,而式(2.54)的 T_c 则是磁液的居里温度(在有效场近似下)。

　　高浓度磁液在强磁场下($\xi \geqslant 1$),其磁化曲线也许反映出磁液内部的结构变化,当流体中有粗粒子(直径约为 20 nm)时,表示有新相的核存在,即高浓度磁液的凝聚物。当这种凝聚物形成时,所有物理性质都有很大变化,就和其他相变的情形一样,特别是磁化曲线不再平滑,可以看到明显的弯曲(图 2.17)。另外,磁化强度不再是没有滞后(即磁化强度曲线始终保持不变),而与样品的历史有关。这些特殊性质取决于液滴凝聚物的形成和破坏的动力学。应该指出,破坏这种凝聚所需的能量很小,因此只有在静止的磁液中才能看到凝聚。当流体运动时,这种凝聚就被破坏,上述影响也就消失了。在磁液做流动运动的应用装置中,凝聚问题并不重要,仍可采用郎之万磁化定律。

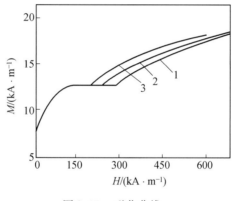

图 2.17　磁化曲线

2.4.4　磁性液体磁化动力学

　　过去人们将磁液中磁性微粒的磁化强度矢量视为平行于外磁场的平衡量,然而后来的研究表明,当磁液在磁场中运动时,或处于不稳定的磁场中时,如果不考虑磁化强度向其平衡值弛豫的过程,就不能说明所观察到的现象。以悬浮铁磁微观粒子构成的铁磁胶体,其主要的弛豫过程是非磁性的黏滞流体。

　　下面分析弛豫过程的主要机制和特征时间。先考虑控制粒子磁矩动力学的特征。磁矩与外场以及磁矩与"单易轴"型各向异性晶体颗粒的相

互作用能可由

$$U = \mu_0 \boldsymbol{m} \cdot \boldsymbol{H} - K_a V_m (\boldsymbol{m} \cdot \boldsymbol{n})^2 / m^2 \qquad (2.55)$$

确定,式中,K_a 为铁磁性粒子的各向异性常数;V_m 为粒子磁核的体积;$\boldsymbol{n}$ 是各向异性轴的单位矢量。

粒子磁矩的转动机制与式(2.55)中各项的比率有关。

如果 $\mu_0 mH \ll K_a V_m$,则磁矩与晶体结构"刚性"地相联系,即"冻结"在粒子实体中。这种粒子就称为刚性偶极子。这时,相应磁矩转动的机制就是粒子的转动。磁矩向易磁化轴方向排列产生的磁矩 Larmor 运动的衰减时间为

$$\tau_\gamma = (\beta \omega_\gamma)^{-1} \qquad (2.56)$$

式中,ω_γ 为铁磁共振的频率,$\omega_\gamma = \mu_0 \gamma H_a$,$H_a$ 为各向异性场的强度,$H_a = 2K_a / (\mu_0 M_1)$;γ 为电子的荷质比,$\gamma = 1.76 \times 10^{11} \mathrm{C} \cdot \mathrm{kg}^{-1}$;$\beta$ 为无量纲的衰减参量,其大小在 10^{-2} 数量级。

由于磁矩转动的热涨落将削弱它与粒子实体间的联系,这种机制是用各向异性能与热涨落的比率 $\sigma = K_a V_m / (k_a T)$ 这一无量纲参数来表征的。铁磁体的各向异性常数可在很宽的范围内变化:K_a 的数量级为 $(10^2 \sim 10^6) \mathrm{J} \cdot \mathrm{m}^{-3}$;而室温的 $k_0 T$ 的量级为 $10^{-21} \mathrm{J}$;一个粒子磁型芯的半径在 $2 \sim 8$ nm,这意味着参数 σ 可在 $10^{-3} \sim 10^3$ 变化,即它可以比 1 大得多,也可以比 1 小得多。

由相似粒子集合体做平均的平衡态磁矩的运动可以用两种时间来表征,即在易磁化双轴上的磁矩的弛豫时间(τ_0),以及通过由两个磁矩等价方向所确定的各向异性势垒所需的 Neel 弛豫时间(τ_N),但

$$\tau_0 = \tau_\gamma \sigma = m / (2\beta_\gamma k_0 T), \quad \tau_N = \tau_\gamma \sigma^{-3/2} \qquad (2.57)$$

τ_0 的变化仅由粒子磁矩的范围确定,对用于制造磁液的粒子而言,这个范围是相当窄的,大小仅在一个数量级内可变,特征值 $\tau_0 = 10^{-7}\mathrm{s}$,因此,在实际的所有流体动力学过程中,都可以认为在粒子磁各向异性的某确定方向上,其平均磁矩是不变的。

Neel 弛豫时间 τ_N 随 σ 的增加而指数上升,可处于很宽的范围内。因此磁液的动力学性质基本上决定了粒子中 Neel 弛豫过程的特性,即用于制造磁液的粒子类型及其大小。因此,对最常用的由铁磁矿构成的磁液而言,其 Neel 弛豫时间可从 10 nm 直径粒子的 $10^{-18}\mathrm{s}$ 变到 30 nm 的 $10^{-2}\mathrm{s}$。

仅当 $\sigma \gg 1$ 时,才可认为粒子是刚性偶极子,即热扰动的能量必须远小于磁矩与粒子实体间的束缚能。然而对时间 τ_N 而言,即使能满足上述

条件,粒子的 Neel 弛豫重磁化仍将发生。因此,要在满足 $\tau^* \ll \tau_N$ 的时间区间,才可认为 Neel 弛豫粒子是刚性偶极子。

当 $\sigma \ll 1$ 时,粒子的磁矩取向总是靠近磁场。磁矩的转动取决于磁场取向的改变。这时的弛豫时间可由式(2.56)确定,其磁共振频率可由外场强度来确定。热扰动将引起粒子磁矩绕所加磁场随机转动。这种机制的影响由郎之万自变量 $\xi = \mu_0 mH/(k_0 T)$ 来确定,因此要满足粒子的固定磁矩的近似,一个附加条件就是 $\xi \gg 1$,因为这时由热扰动引起的磁矩转动将被所加磁场抑制。

最后,磁矩与粒子实体做刚性连接时粒子在黏性流体中的转动将对磁矩弛豫发挥决定性的影响。由布朗运动扩散过程所决定的特征弛豫时间,对弱场($\xi \ll 1$)和强场($\xi \gg 1$)分别表示为

$$\tau = \tau_B (\xi \ll 1), \quad \tau = \tau_B/\xi (\xi \gg 1) \tag{2.58}$$

其中 $\tau_B = 3V_h \eta_0/(k_0 t)$,$\eta_0$ 是基载液的动态黏度,V_h 为粒子流体动力学体积;在黏度 $\eta_0 = 10^{-3} \sim 1$ Pa·s 的流体中,流体动力学直径 $d_h = 15$ nm 的粒子参量 τ_B 可从 10^{-6} 变至 10^{-3}。

显然,对外磁场与作为整体的磁性胶体的相互作用而言,粒子磁化强度向其平衡态值的弛豫就特别重要。如果磁矩并不与粒子实体相连接($\sigma \ll 1$),或者 Neel 弛豫时间较小($\tau_N \ll \tau_B$),则粒子磁矩的弛豫就不是通过整体转动而实现的。这时,无论是磁液运动时,还是外加不稳定磁场时,都不会发生由粒子向流体的动量转移。也就是说,观察不到与磁化强度弛豫有关的流体动力学行为。否则磁化强度弛豫将引起粒子自身的转动,即动量通过黏滞摩擦而转移到基载液。这种情况在旋转黏滞、流体为均匀转动场所带动等效应中会表现出来。

虽然按现有技术可以用不同的铁磁材料(如铁、钴、镍等)合成磁液,但最常用的是以磁铁矿为弥散相的流体。对磁性粒子核为 10 nm 的流体表现出的数值是 $\sigma \approx 2$,$\tau_N \approx 10^{-8}$s,$\tau_B \approx 10^{-6} \sim 10^{-3}$s(基载液的黏度在 $10^{-3} \sim 1$ Pa·s)。这说明这种流体磁矩的弛豫主要为 Neel 机制,磁性胶体磁化强度的弛豫在动力学分析中可以忽略不计,而认为是磁矩基本不发生涨落的平衡态。这就是我们主要考虑具有平衡态磁化强度的铁磁胶体与磁场相互作用的原因。

然而当试用硬磁材料或粗粒子时,σ 和 τ_N 值将比以上数值高很多,$\sigma \approx 10^3$,$\tau_N \approx 10^{-2}$s。这时就可以观测到磁化强度的弛豫对磁液动力学的明显影响。

2.4.5 磁性液体饱和磁化强度的测量原理

一块软磁材料处于不均匀的磁场中就会产生一种力,把材料吸向某一方,这个吸力的大小与磁场梯度、材料的质量及被磁化程度有关,吸力的方向与磁场梯度方向有关。用公式表示为

$$F = m \cdot \sigma \, \mathrm{d}H/\mathrm{d}x \qquad (2.59)$$

式中,F 为材料在不均匀的磁场中所受的力;m 为材料的质量;σ 为单位质量磁性材料在磁场中的磁化强度;$\mathrm{d}H/\mathrm{d}x$ 为样品所在空间在某一指定方向上的磁场梯度。

若磁场 H 足够大,磁场梯度均匀,则式(2.59)中 $\mathrm{d}H/\mathrm{d}x$ 为常数,且 σ 值趋于饱和值 σ_s,式(2.59)可以写成

$$F = m \cdot \sigma_s \cdot \frac{\mathrm{d}H}{\mathrm{d}x} \qquad (2.60)$$

此时只要测出 F 即可确定出 σ_s 的值。

试验中可采用比较的方法,用已知 σ_s 值的 $N_i(\sigma_s = 54.6 \, \mathrm{Gs})$ 作为标准样品,对于标准样品有

$$F_标 = m_标 \cdot \sigma_{s标} \cdot \mathrm{d}H/\mathrm{d}x = I_标 \cdot \alpha \qquad (2.61)$$

对于被测样品有

$$F_x = m_x \cdot \sigma_{sx} \cdot \frac{\mathrm{d}H}{\mathrm{d}x} = I_x \cdot \alpha \qquad (2.62)$$

式中,$I_标$、I_x 分别表示标准样品和被测样品在测量仪表中的读数;α 表示仪表的读数单位。

由式(2.61)和式(2.62)可得

$$m_标 \cdot \sigma_{s标} / I_标 = m_x \cdot \sigma_{sx}/I_x \qquad (2.63)$$

所以

$$\sigma_{sx} = (m_标/m_x) \cdot (I_x / I_标) \cdot (\sigma_{s标}) \qquad (2.64)$$

将 σ_s 换算成常用的 $4\pi M_s$ 得

$$4\pi M_s = 4\pi \rho \cdot \sigma_s$$

式中,ρ 为样品的密度。

2.5 磁性粒子的平均直径的测量

前面已提及,磁液中磁性粒子的大小是影响磁液稳定性和磁性的主要因素之一。因此,磁性粒子的大小是磁液的主要性质之一。

磁液中磁性粒子的大小可以用不同的方法来测定,但最简单、最直接的方法是利用电子显微镜观测。样品的制备是关键,制备样品时不能把难挥发的油类带入电镜,以免污染样品,需要用低沸点的溶剂将磁液稀释。要选好合适的溶剂。如果溶剂选择不当,将会引起磁性粒子的凝聚,在电镜上也就分辨不出分散的单个粒子。对于溶剂的要求:

① 磁液要易于分散其中。

② 饱和蒸气压要高,使其易于挥发。

2.6 磁性液体的热导和热容

包含单一类型磁液的胶体的热导率可用已知的麦克斯韦公式描述为

$$\lambda = \lambda_c \left[1 + \frac{3(\lambda_c - \lambda_m)\varphi_s}{2\lambda_c + \lambda_m + \varphi_s(\lambda_c - \lambda_m)} \right] \qquad (2.65)$$

式中,λ_c 是基载液 – 稳定剂溶液的热导;λ_m 是磁铁矿的热导;φ_s 为固体体积分数。由于这些值可能差别较大(磁铁矿热导 $\lambda_m \approx 6$ W/(m·K),而对 BM – 1 真空油 $\lambda_c \approx 0.13$ W/(m·K)),因此磁铁矿的体积分数必然会明显影响磁液的热导率。

浓度(体积分数)与热导率关系的测定试验表明:在 $0 < \varphi_s < 0.15$ 的范围内,式(2.65)与磁液的性能符合得相当好,如图 2.18 所示。

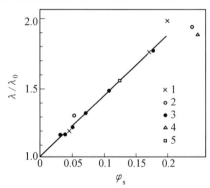

图 2.18 煤油基磁液热导率与固体相体积分数的关系(直线为式(2.65)的关系;1 ~ 5 为不同作者的试验点)

研究数据表明,磁性材料的热导率要比基载液的热导率大一些。因此,如果 $\varphi_s \approx 0.1$ 的磁液在室温下的热导率比基载液的高出 30% 左右,则当 $T = 363$ K 时,这一差别量仅为 17% 左右。

实际的低浓度磁液的热导率与外场无关。然而对一些浓缩的商用磁液(φ_s的量级为0.2),当外场平行于热通量时,可发现热导将增加10% ~ 15%,这种热导随磁场的变化关系近于线性,其原因是在强外场作用下,高浓度磁液中形成了链状结构。在这种结构中,用于稳定剂包裹的粒子互相接触的热阻必然随外场强度的增加而下降,因而当稳定剂变形后,粒子间相互吸引将使粒子间的接触面积增加。

垂直于热流的磁场并不对热导率产生影响,研究结果证实了这一点。热线法测量以真空油、变压器油、煤油和水为基载液的各种磁液的热导,有趣的是在所有情况下直至$\varphi_s = 0.18$,热导率都随浓度φ_m线性增加,试验数据可用

$$\lambda = \lambda_f(1 + 4.5\varphi_m) \tag{2.66}$$

拟合,但有误差,误差高至5%。当$\lambda_c \ll \lambda_m$时,式(2.66)与式(2.65)一致。当$\varphi_s \ll 1$时,考虑到磁性粒子体积分数$\varphi_m = P_m\varphi_s \approx 2\varphi_s/3$,$P_m$为磁性粒子占固体粒子的百分数,则遵循

$$\lambda = \lambda_c(1 + 3\varphi_s) \tag{2.67}$$

磁液的另一个重要特性是热容,由于磁液组成中分子相互作用能量比粒子与粒子的相互作用能高得多,很自然地可认为比热容和密度应遵守混合定律

$$c = c_m\varphi_m + c_a\varphi_a + c_c\varphi_c \tag{2.68}$$

式中,c_m、c_a、c_c是磁性体、稳定剂和基载液的比热容;φ_m、φ_a、φ_c是相应的质量浓度。试验证明了这个关系式的合理性。

2.7　磁性液体的声学特性

磁液的微结构明显地影响其声学性能,即声速、声吸收系数、色散及其与温度的关系。同时,声学方法也对磁液的性能提供一种快速、精确的测量,如压缩率、黏度、热容等。磁液声学特性的表现已导致它们在超声被裂纹检测以及电磁能 – 声能转换器等方面的应用。

磁液的主要声学特性之一是声速在悬浮液中的精确计算困难,特别是在自由粒子、液体和稳定剂组成的悬浮液中更是如此,因此采用不同的唯象方法。Polunin V. M. 在研究中用了一附加的模型,按此模型,在一分散系统中的绝热压缩系数可由各绝热组分之和来求得。绝热声速

$$c_a = c_c\sqrt{\frac{\rho_c}{\rho}\frac{1}{1 - (1 + \varepsilon)\varphi_s}} \tag{2.69}$$

式中,下角标"c"表示仍对应流体特性;$\varepsilon = (1 - \gamma)(P_h - 1, P_h$ 为分散相在固体中的分数$)$,γ 是稳定剂和基载液的绝热压缩系数比,$(\rho_h - 1)$ 决定了磁液中稳定剂和粒子的体积比,当 γ 由 2 变至 1 时,表达式 $(1 + \varepsilon)\varphi_s$ 分别由分散相体积分数 φ_h 变到 φ_s(因为 $P_h\varphi_s = \varphi_h$,P_h 为分数相在固体中的分数)。因此,稳定基层的压缩率明显影响磁液中的声速。

在胶体尺度粒子的悬浮液中,分散介质对其周围介质间的热传递也影响声速。虽然一般声波的传播是绝热过程,但由于粒子尺寸很小,在微观水平上这是等温过程。早在 1948 年 Isakovich M. A. 就表明,在某临界频率下,粒子和液体的温度就会平衡,而此频率可由比值 $v_k = 4\lambda_s / \pi\rho c_{ps}d_s^2$ 来决定(λ_s 为粒子热导率,c_{ps} 为其比定压热容)。对磁铁矿,$\lambda_s \approx 6 \text{ W}/(\text{m} \cdot \text{K})$,$c_{ps} \approx 0.66 \text{ W}/(\text{m} \cdot \text{K})$,故在 $\rho = 10^3 \text{ kg/m}^3$ 和 $d_s = 10 \text{ nm}$ 时,临界频率为 $v_k \approx 10^{11} \text{ Hz}$,因此直至超声范围,声波的传播都可视为微观上的等温行为,粒子和其周围流体的温度是一样的。

参照 Isakovich M. A. 的试验结果和式(2.69),表明在允许有热传递的情况下,悬浮液的声速由

$$c_T = c_\alpha \left[1 - \frac{AT\varphi_s}{1 - (1 + \varepsilon)\varphi_s} \right] \tag{2.70}$$

确定。式中,$A = \frac{1}{2}c_c^2\rho_t\varphi_s c_{ps}\left(\dfrac{\beta_\rho^s}{\rho_s c_{ps}} - \dfrac{\beta_\rho^c}{\rho_c c_{pc}}\right)$,$\beta_\rho$ 是热膨胀系数;ε 为包覆层压缩系数;T 为绝对温度。对低浓度情况,由式(2.69)和式(2.70)可得

$$c_T = c_c \sqrt{\frac{\rho_c}{\rho}}(1 + B\varphi_s) \tag{2.71}$$

式中,$B = (1 + \varepsilon)/2 - AT$。对比式(2.71)与试验数据,至少对于煤油基的磁液,当 $B = 0.875$ 时符合得很好。可以用 B 和组分的性质来计算 A 值并确定 ε,即包覆层的压缩系数。对煤油基的磁液,可得到 $\gamma = 0.3$(在 $P_h = 2.75$ 时,相应于忽略偶极子–偶极子相互作用的稳定磁液)。对于煤油和油酸,$\rho_c c_c^2 / \rho_a c_a^2$ 值近似等于 0.76,这表明与固体粒子相联系的稳定剂壳层增加了分散粒子的弹性。

评估下述三种因素下胶体声速的变化,即介质密度的增加、高压缩率组分体积分数的下降、内部的热传递。对低浓度($\varphi_s \ll 1$),式(2.70)可表示成

$$c_T = c_T^\Theta + \Delta c_\rho + \Delta c_\gamma + \Delta c_T$$

此时 $c_T^\Theta = c_c$,其他项可表示为

$$\Delta c_\rho = -\frac{c_c}{2}\left[\frac{\rho_s}{\rho_f} - 1\right]\varphi_s, \quad \Delta c_\gamma = \frac{c_c}{2}(1 + \varepsilon)\varphi_s, \quad \Delta c_T = -c_c A T \varphi_s$$

对 $\varphi_s = 0.05, P_h = 2.75, c_c = 1\ 318\ \text{m} \cdot \text{s}(\text{煤油})$,可估计得:$\Delta c_\rho = -18\ \text{m} \cdot \text{s}$, $\Delta c_\gamma = 75\ \text{m} \cdot \text{s}, \Delta c_T = 17\ \text{m} \cdot \text{s}$。

声速与温度的关系可由这三种因素的温度关系及基载液声速 $c_c(T)$ 来确定,后者是决定性的。因为热膨胀系数的不同比率 ρ_c/ρ 与温度有关,且式(2.71)中的 B 也一样有变化,所以 $c(T)$ 与 $c_c(T)$ 的差别以水基磁液最明显。由图 2.19 可以看出,水中最大声速的温度值将随粒子浓度的增加而向低温移动,由纯水的 74 ℃ 变到 $\varphi_s = 0.08$ 的磁液的53 ℃。

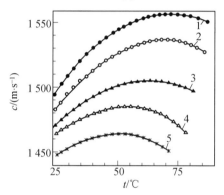

图 2.19 水基磁性液体的超声速与温度的关系

1—水;2—$\varphi_s = 0.033$;3—$\varphi_s = 0.05$;

4—$\varphi_s = 0.067$;5—$\varphi_s = 0.08$

声速与外磁场的关系有点不太明确,不同的试验可得到不同的 $\Delta c_H/c$ 值,从外场中声速没有变化,一直到 $\Delta c_H/c = 0.5$。从理论上也考虑过磁场影响的不同因素,如浓度的变化、有限的弛豫时间等。基于粒子间偶极子 — 偶极子相互作用不重要所做的估计,可给出稳定磁液的数量级为 10^{-6} ~ 10^{-5}。试验值可用两种理论来说明:

① 在含有大粒子的磁液中,当存在磁场时就可能出现结构化,结构的尺寸和形状都与磁场有关,在这种情况下,10^{-2} 数量级明显相对于声速的变化是可能的。

② 与 Elsler W 文献中数据的不正确解释有关,其采用了声速测量的位相法,它造成了过高地估计 $\Delta c/c$ 值,从而不能与实际情况相一致。

2.8 磁性液体的光学性质

磁铁矿基的磁液为黑色,实际上是不透光的,然而当置于磁场中时,其薄层仍表现出磁场对各向同性光学性质吸光性、消光性、各向异性光学性质(双折射、二向色性)的影响。对于高浓度磁液($\varphi_s = 0.1$),寻常光和非寻常光的折射率之差可达 5×10^{-3},二向色性的量达到 4×10^{-3},说明这些磁液在外场中表现出明显的光单轴晶体的性质。

外加点阵型电场将使单轴晶体变成双轴。磁液中的 Kerr 效应大小比分散介质相应的值要高出 6 ~ 7 个数量级,这与磁性粒子的椭球形率及在外场中形成的拉长的聚集有关。

2.9 小 结

本章主要介绍纳米磁液的各种物理性能。对于纳米磁液来说,物理性能是其具有广泛应用的主要依据。本章讨论了纳米磁液的稳定性、黏度、密度、磁化强度、热导热容、声学性质、光学性质以及纳米颗粒的分散性质等,这些性能都会影响到纳米磁液的使用性能;还讨论了各种物理参数对制备工艺及产品性能的影响。至于其化学性质,一般来讲,纳米磁液在化学上还是比较稳定的,因此本书未做过多阐述。

第3章 纳米磁性液体的制备理论

3.1 纳米磁性液体的制备方法概述[11-13,125,265,266]

纳米磁液制备的一般方法是采取各种措施使铁磁性颗粒在基载液中弥散开来。为了使其能够长期悬浮而不聚结,往往加入表面活性剂对磁性粒子进行包覆。但是,要获得高磁化强度、高颗粒浓度、高稳定性的磁液,还需精制以消除大的颗粒。

在纳米磁液的研究过程中,通常表面活性剂和基载液是根据需要选定的,可选择数种表面活性剂进行试验比较,而主要的制备工作是纳米磁性粒子的合成与制备。为了适应特种需要而必须合成新型表面活性剂和新型基载液时,表面活性剂和基载液的制备也将变得十分重要。本章主要讨论纳米磁液的制备。按物质的原始状态,相应的制备方法可分为固相法、液相法和气相法;按研究超微粒子的学科,可将其分为物理方法、化学方法和物理化学方法;按制备技术,可分为机械粉碎法、气体蒸发法、溶液法、激光合成法、等离子体合成法、射线辐照合成法、溶胶-凝胶法等。有时是几种方法结合在一起使用。

3.1.1 物理方法

物理方法主要涉及蒸发、熔融、凝固、形变、粒径变化等物理变化过程。物理方法主要包括:

①粉碎法或称 up-down 法,即以大块物质为原料,将块状物质粉碎、细化,从而得到不同粒径范围的超微颗粒。粉碎法可采用不同的超微粉碎设备。

②构筑法或称 bottom-up 法,即由小极限原子或分子的集合体人工合成超微颗粒。构筑法包括蒸发-凝聚法、离子溅射法、冷冻干燥法、真空蒸发法及火花放电法等。

1. 粉碎法

粉碎法起源于美国,是将分散质和表面活性剂与溶媒放在一起,在球磨机上进行长时间的研磨,然后通过过滤或离心分离来去除粗粒子而制得磁液。S. S. Papell 在 1966 年申请的美国专利中介绍了该方法,并用该方法成功制备了由庚烷、油酸和粉状磁铁矿组成的磁液以及其他磁液火箭材料。但是该法的研磨时间很长,成本过高,因而并没得到推广。后来国外又出现新的研磨技术。例如,采用磁液研磨,先将非磁性颗粒磨到胶体尺寸,将它分散到载体溶液中,当其完全稳定悬浮时即可将其转换成铁磁液。该法所用时间可减少到常规方法的百分之几,工艺简单,但耗电量大,费时,成本高。

近年来国内有学者在超声波作用下利用高速剪切研磨的方法制备纳米磁液,提高了效率,并取得了良好的效果。传统粉碎法利用的是纯机械力,属于长程力,对常规粉碎效率高,但对于微粉碎效率低;超声波粉碎利用的是短程作用力,常规粉碎虽不太起作用,但对微粉碎恰恰效率高。传统的粉碎法之所以费时费力,主要是由于颗粒在粉碎到一定尺度时,表面产生的微裂纹非常容易自行愈合,使其不能进一步扩展而达到进一步粉碎的目的,造成粉碎效率低,相应地带来耗电量大、成本高、纯度低等缺点。加入表面活性剂研磨时,可在一定程度上阻止微裂纹的愈合,但作用有限。机械粉碎与超声波粉碎结合后,二者相互弥补,延缓微裂纹愈合,并且在超声波作用下表面活性剂更易渗入到微裂纹中,进一步阻止裂纹愈合并起到楔子作用,从而大大提高磁液的研磨效率。

机械粉碎法主要包括球磨、振动球磨、振动磨、搅拌磨、胶体磨、超微气流粉碎等。在粉碎过程中可能产生机械化学反应。机械粉碎法的主要缺点是:易混入杂质;机械化学作用可能引起化学组成发生变化;表面结构和性质发生变化;颗粒易团聚;存在粉碎极限,很难获得纳米级粒子;所需粉碎时间特别长(500 ~ 1 000 h),能耗大;某些材料在粉碎过程中有燃烧、爆炸的危险;存在块体材料的品种、性能限制等。

2. 蒸发-凝聚法

蒸发-凝聚法是将原料加热、蒸发使之成为原子或分子,再使许多原子或分子凝聚生成极微细的超微颗粒。常用的方法有金属烟粒子结晶法,流动油面上真空蒸发沉积法以及等离子体加热蒸发法、激光加热蒸发法、电子束加热蒸发法、电弧放电加热蒸发法、高频感应加热蒸发法、太阳炉加热蒸发法等。

3. 离子溅射法

将两块金属极板(阳极和阴极靶材)平行放置在氩气中(低压环境,压力为 40 ~ 250 Pa),在两极间加上数百伏的直流电压,使其产生辉光放电,两极板间辉光放电中的离子撞击在阳极上,靶材中的原子就会由其表面蒸发出来。调节放电电流、电压及气体压力,可实现对超微颗粒生成各因素的控制。

4.冷冻干燥法

先使待干燥的溶液喷雾在冷冻剂中冷冻,然后在低温低压下真空干燥,将溶剂升华除去,即可得到相应物质的超微颗粒。

5.真空蒸发法

日本学者中谷首先研究了利用真空蒸发法制备磁液。中谷在图3.1所示的旋转真空圆筒中(抽成真空的钟罩),把金属蒸发,形成超微粒子,进而制备磁液。其过程是:含表面活性剂的溶媒滞留于旋转的圆筒容器底部,随圆筒容器的旋转;在混合溶液在圆筒内面形成膜而上升,并布满整个圆筒内面;位于圆筒中心的金属物质被热蒸发飞起,在圆筒内面液膜处被捕获、凝固,形成金属超微粒子,被导往下方的混合溶液中,形成磁液。

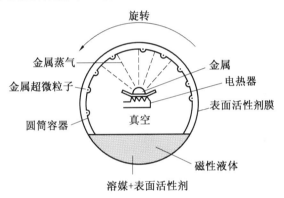

图3.1 真空蒸发法的装置

6.其他方法

其他方法包括火花放电法、爆炸烧结法、活化氢-熔融金属反应法等。

1983年,美国学者Berkowitz和Walter在第三届国际磁液会议上首次介绍火花电蚀法。其原理为:把金属电极插入液体,在液体中放电,使电极金属以胶体粒子形态注入液体中。即火花放电使电极金属蒸发,在液体中急冷,成为超微粒子,以此制成磁液。

3.1.2 化学方法

在化学反应中,物质的原子必然进行重新组排,这种过程决定着物质的存在形态。

1. 气相化学反应法

利用挥发性的金属化合物的蒸气,通过化学反应生成所需要的化合物,在保护气体环境下快速冷凝,从而制备各类物质的超微颗粒。气相化学反应法按体系反应类型分为气相分解法和气相合成法;按反应前原料物态分为气-气反应法、气-固反应法和气-液反应法。一般用加热和射线幅照方式活化反应物中的分子,常用的有电阻炉加热、化学火焰加热、等离子体加热、激光诱导、γ-射线辐射等多种方式。

2. 沉淀法

在溶液状态下将不同化学成分的物质混合,在混合溶液中加入适当的沉淀剂制备超微颗粒的前驱体沉淀物,进行洗涤、分离,再将此沉淀物进行干燥或煅烧,从而制得相应的超微颗粒。沉淀法主要分为直接沉淀法、共沉淀法、均相沉淀法、化合物沉淀法、水解沉淀法等。

3. 水热合成法

水热合成法一般是在 $100 \sim 350 \ ^{\circ}\text{C}$ 下和高压环境下使无机或有机化合物与水化合,通过对加速渗析反应和物理过程的控制,得到改进的无机物,再进行过滤、洗涤、干燥,从而得到高纯、超细的各类超微颗粒。

4. 喷雾热解法

将含所需正离子的某种金属盐溶液喷成雾状,送入加热设定的反应室内,通过化学反应生成微细的粉末颗粒。一般情况下,金属盐的溶剂中应加可燃性溶剂,利用其燃烧热分解金属盐。根据喷雾液滴热处理的方式不同,可分为喷雾干燥、喷雾焙烧、喷雾燃烧和喷雾水解四类。

5. 阴离子交换树脂法

把含铁和亚铁盐的水溶液以摩尔比为$(3:1) \sim (1:1)$混合,用阴离子交换树脂法可制取稳定的 γ-氧化铁水溶胶。在离子交换时控制 pH 为 $7.5 \sim 9.5$,迅速降低 pH 至 $1 \sim 3$,使溶胶稳定,水溶胶可渗析形成凝胶,凝胶在有机液体中与亲液性的阴离子转换剂接触,以形成稳定的 γ-氧化铁的有机溶胶。定型的阴离子转换剂是长链脂肪酸氨盐,如油酸铵。制成的氧化铁粒子的粒径平均为 $3 \sim 12 \ \text{nm}$。X 射线衍射表明,溶胶粒子是具有磁铁矿和 γ-氧化铁两种特点的尖晶石结构。

6. 氢还原法

氢还原法是生产金属粉末的传统方法。此法常用于在冶金过程中,但大都为气-固还原。英国学者 S. R. Hoon 等人在第三届磁性液体国际会议上介绍了在溶液中的氢还原,并报道了由二-η^5戊基镍颗粒制得的磁液。产物的颗粒直径在 $8 \ \text{nm}$ 以下,其颗粒主要是面心立方晶格的镍。具体方法是将摩尔浓度为 5.2 mmol·l^{-1}、0.98 g 的双 η^5 戊基镍(11)(η^5-(C_5H_5)$_2$Ni)悬浮在 manoxo 2 OT(0.34 g,0.76 mmol·l^{-1})甲苯(5 ml)溶液中,系统保持在氮气氛中,使氢气泡通过混合物。为便于反应,混合物用油预加热,温度保持在 140~160 ℃,使甲苯回流,约 12 h,在器皿的表面覆盖一层金属镜面,所产生的黑色磁液由红外光谱检查表明,磁液较为纯正。除此之外,在压力容器中,在 80 ℃、氢气压力为 60 atm(1 atm=101 325 Pa)时,也能得到还原反应。

7.溶胶-凝胶法(湿化学共沉法)

用液体化学试剂配制金属无机盐或金属醇盐前驱物。前驱物溶于溶剂中形成均匀的溶液,溶质与溶剂产生水解或醇解反应,生成物经聚集后,一般生成 1 nm 左右的粒子并形成溶胶。经长时间放置或干燥处理,溶胶转化为凝胶。借助萃取或蒸发除去凝胶中的大量液体介质,并在远低于传统的烧结温度下进行热处理,最后形成相应物质的化合物微粒。

铁盐和亚铁盐在水中反应,会形成磁性 Fe_3O_4 粒子,化学反应式为

$$Fe^{2+}+2Fe^{3+}+8OH^- \longrightarrow Fe_3O_4+4H_2O$$

氯化铁和氯化亚铁在氢氧化钠水溶液中反应得到 Fe_3O_4,化学反应式为

$$FeCl_2+2FeCl_3+8NaOH \longrightarrow Fe_3O_4+8NaCl+4H_2O$$

也可以用硫酸铁和硫酸亚铁生成磁性 Fe_3O_4。如此形成的 Fe_3O_4 超微粒子由油酸等表面活性剂包覆,经水洗脱水,分散于二甲苯等溶媒中,即可制得磁液。

具体步骤如下:将溶于水的 $FeCl_2 \cdot 4H_2O$ 和 $FeCl_3 \cdot 6H_2O$ 在 70 ℃ 的条件下混合,加入过量的 NaOH,然后连续搅拌,为了获得高度分散的共沉液,高速搅拌以限制粒子的增长是非常必要的。通常用 NH_4OH 代替 NaOH 更能提供 $FeO \cdot Fe_2O_3$ 生成的条件,否则 $mFeO \cdot nFe_2O_3(m \neq n)$ 可以使其组成的磁性能变坏。为了确保分散剂和 Fe_3O_4 粒子发生牢固吸附,必须用水多次清洗反应物,以去掉氯离子和盐的离子;为了确保共沉淀反应更彻底,碱的数量要过量,反应温度在 25~40 ℃。

用这种方法制备的 Fe_3O_4 粒子的直径范围为 2~20 nm,其平均直径为 7 nm,粒子的表面吸附能力好。

与其他制备 Fe_3O_4 粒子的方法相比,这种方法具备生产效率高、反应迅速,可以实现自动化、机械化、易被工业生产所采纳等优点。

3.1.3　综合方法

通常在制备过程中要伴随一些化学反应,同时又涉及颗粒的物态变化,甚至在制备过程中要施加一定的物理手段来保证化学反应的顺利进行。显然,它既涉及物理理论、方法及手段,也涉及化学基本反应过程。

1. 激光诱导气相化学反应法

激光诱导气相化学反应法利用大功率激光器的激光束照射反应气体,反应气体通过对入射激光光子的强吸收,气体分子或原子在瞬间得到加热、活化,在极短的时间内反应气体的分子或原子获得化学反应所需要的温度后,迅速完成反应、成核、凝聚、生长等过程,从而制得相应物质的超微颗粒。

2. 等离子体加强气相化学反应法

等离子体加强气相化学反应法是等离子体在高温焰流中的活性原子、分子、光子或电子在其以高速度射到多种金属或化合物原料表面时,就会大量溶入原料中,使原料瞬间熔融,并伴随原料蒸发。蒸发的原料与等离子体或反应性气体发生相应的化学反应,生成各类化合物的核粒子,核粒子脱离等离子体反应区后,就会形成相应化合物的超微颗粒。

3. 紫外线分解法

紫外线分解法以高能量光(紫外线)取代热分解法分解有机金属,制备金属超微粒子,形成磁液。这是一种制备含镍磁液的方法。将浓度为 $116\ mmol \cdot l^{-1}$、$15\ ml$ 碳基镍($Ni(CO)_4$)在氮气氛下转移到 SiO_2 反应器皿的密闭系统中,加入摩尔浓度为 $2.33\ mmol \cdot l^{-1}$ manoxo 1 OT 1.03 g 及 15 ml 甲苯组成的溶液。反应器皿装有机械搅拌装置及凝结器,放置在距离高压汞灯约 3 cm 处,并通以冷气流。温度保持在 40 ℃ 左右,溶液经过 8 h 辐照,使有毒的羰基全部分解。用低速氮气流将 CO 带走,加快搅拌速度,使反应器皿的表面产生流体薄膜,并增加透光性。为了预防剩余 $Ni(CO)_4$ 产生,还需将最终的磁液放在真空中处理,真空是由不断抽取少量甲苯而产生的。

4. 热分解法

将化学上不安定的有机金属进行热分解,析出金属单体,此时,析出的金属超微粒子分散于溶媒中,形成磁液。

利用 Kilner 方法制备铁胶体粒子磁液。把 $Fe_2(CO)_5$ 连同表面活性剂(Duomeen-TDO)溶入甲苯中,在氮气氛中加热至 130 ℃,$Fe_2(CO)_5$ 分解析出铁超微粒子,铁超微粒子被共存于甲苯溶液中的表面活性剂包覆,使胶体粒子稳定地分散于甲苯中,形成磁液。

利用 Thomas 方法制备 Co 胶体粒子磁液。把 $CO_2(CO)_8$ 溶于含甲基丙烯酸–乙烯基焦聚物(methyl methacrylate–vinyl pyrolyton)聚合物的甲苯溶液中加热,于是 $CO_2(CO)_8$ 热分解,Co 单体以超微粒子形态析出,将其分散于甲苯中,制得 Co 胶体粒子磁液。

5. 电解法

如图 3.2 所示,把以水银为阴极的电极装入 $FeSO_4$ 水溶液中,通入电流而发生电解,于是 Fe^{2+} 形成铁单体并在水银电极上析出。此时,若预先搅拌水银,析出的铁成为超微粒子并分散于水银中,但在此状态下水银中的铁超微粒子会凝集成大块。若预先使锡溶于水银中,锡会在铁超微粒子表面析出,阻止铁超微粒子团聚,形成稳定的水银溶媒胶体粒子磁液。

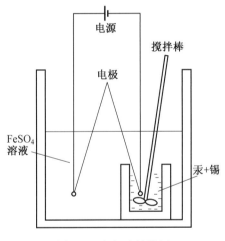

图 3.2 电解法的装置

6. 其他综合法

其他综合法包括 γ–射线辐照法(γ 射线–水热结晶联合法)、电子辐照法、相转移法等。

3.2 工艺研究方法、原材料及仪器设备

3.2.1 工艺研究的内容

以 Fe_3O_4 磁液的制备为例。

（1）$FeCl_3$溶液和 $FeCl_2$ 溶液胶体体系的研究。

（2）表面活性剂的研究。

（3）纳米 Fe_3O_4 磁液的制备。

（4）纳米 Fe_3O_4 磁液的检测和表征。

3.2.2　一般研究方法与技术路线[1,2,8,11,12,16,28,156,264]

（1）胶体体系研究。

分别将多种铁盐和亚铁盐配成溶液,利用多种方法研究胶体粒子的生成规律及其性能。

（2）纳米粒子制备。

可采用物理法（机械粉碎法）、化学法和蒸发-冷凝法制备纳米粒子。比较简便常用的是湿化学共沉淀法。其基本化学反应为

$$2Fe^{3+}+Fe^{2+}+8OH^- \longrightarrow Fe_3O_4+4H_2O$$

优点是制备所需设施简单,制得的粒子细小均匀、纯度较高,制备成本较低等。

（3）表面活性剂选择与研究。

根据纳米磁性粒子的性质,结合基载液的选择情况,对数种表面活性剂的性能及包覆作用情况进行研究,选择合适的表面活性剂用于最终产品的制备。另外,根据研究的需要,合成新的表面活性剂。

（4）基载液选择。

主要考虑使用要求,配合磁性粒子和表面活性剂的使用情况,选择合适的基载液。

（5）纳米磁液制备。

利用溶胶-凝胶法（湿化学共沉淀法）的基本原理,通过胶体体系中的溶液反应直接合成纳米胶体粒子,并以表面活性剂包覆。制备时,可改变制备过程中各种参数和表面活性剂的种类和用量,对具体制备工艺和操作程序及顺序进行深入探讨,制备出包覆良好的纳米磁性粒子;选择合适基载液进行基载液转移,制备出性能良好的纳米磁液;遴选出最佳配方和工艺,最后对系列配方所制得的各种磁液进行检测和表征。

（6）磁液性能检测。

主要测试饱和磁化强度、稳定性、悬浮性、密度、凝点及倾点等。

（7）结构表征。

包括 X-射线衍射、扫描电镜（SEM）、透射电镜（TEM）、高分辨电镜（HREM）、电子衍射、红外光谱、拉曼光谱、穆斯堡尔谱、原子力显微镜等。

(8)密封结构设计或其他应用研究。

根据磁液动力学和磁液性能、磁源性能,计算密封结构参数,进行磁路计算,设计密封结构,加工制作密封部件,充以所制得的磁液进行密封性能试验。

3.2.3 原材料

下面以化学制备法中的溶胶–凝胶法为例进行介绍。

主要原材料为:氨水,分析纯,用作碱源;油酸,分析纯,用作表面活性剂;油酸钠,分析纯,用于配制表面活性剂;MN 表面活性剂;SD–03 表面活性剂;$FeCl_3 \cdot 6H_2O$,分析纯,用于配制反应前驱体溶液;$FeCl_2 \cdot 4H_2O$,分析纯,用于配制反应前驱体溶液;稀盐酸,用于调整溶液的 pH;去离子水,用于配制反应液、纳米磁性粒子洗涤等;各种牌号的柴油,用作基载液;煤油,用作基载液;NaOH,分析纯,用于配制碱源;$AgNO_3$,分析纯,用于配制检测氯离子的指示液;$Fe_2(SO_3)_4$,分析纯,用于配制反应前驱体溶液;$FeSO_4$,分析纯,用于配制反应前驱体溶液;$Fe(NO_3)_3$,分析纯,用于配制反应前驱体溶液;无水乙醇,分析纯,用于清洗、洗涤等;滤纸,用于清洗过滤等;永久磁铁,用于磁场洗涤、磁液的磁性定性测定等;钕铁硼永磁源,用于制作密封结构元件。

3.2.4 仪器设备

1. 磁液制备仪器设备

CJJ–843 型大功率搅拌器,江苏金坛市金城国胜试验设备厂;LG10–2.4A高速离心机,北京医用离心机厂;KQ218 超声波清洗器,昆山市超声仪器有限公司;WT11001 型电子天平,常州市万得天平仪器厂;80–2 Table Toplow Speed Centrifuge,金坛市医疗仪器厂;CX–500 型超声波清洗机,北京市医疗设备二厂;668 真空干燥箱,大连第四仪表厂;101–1 型电热鼓风箱,上海市上海县第二五金厂;FA2004 上皿电子(阻尼)天平,上海精科天平仪器公司;PHS–25 型酸度计,上海理达仪器厂;NDJ–1A 旋转黏度计,上海安德仪器设备有限公司;DYY–8B 型电泳仪,北京六一仪器厂;JJ–1 型定时电动机械搅拌器,江苏金坛大中仪器厂;丁达尔仪,自制;反应滴定装置,自制;温度计、烧杯、试管、量筒、环形磁铁、滴管等。

2. 磁液表征仪器设备

LC 振荡电路频率测试仪;振动样品磁强计;数码相机(拍摄磁液在磁场下的形貌);密度计;黏度计;电泳仪;X–射线衍射仪;扫描电镜;透射电

镜;高分辨电镜;红外光谱仪;拉曼光谱仪。

3.2.5　工艺制备过程中需要解决的关键问题

(1)超细均匀(小于 10 nm,Fe_3O_4超顺磁性临界尺寸以下)纳米磁性粒子的制备。

(2)表面活性剂的选择及对纳米磁性粒子的良好包覆。

(3)分散及分散机理研究,分散工艺研究,工艺参数及过程、操作顺序研究等。

(4)对所制得的磁液进行系统表征及分析。

3.3　全损耗系统机油基系列磁性液体的制备

3.3.1　载液及分散剂的选择

在实际应用中,人们往往根据不同的需要选用黏度不同的磁液。例如,在研究磁液往复直线运动密封时,为了验证黏度对磁液携带量的影响,常需要黏度不同且差别很大的磁液。只有这样,试验效果才明显。为此选用下列全损耗系统用机油为基载液:

L–AN5:(40 ℃,1.2 ~ 2.0 cst)

L–AN10:(40 ℃,9.0 ~ 11.0 cst)

L–AN32:(40 ℃,28.8 ~ 35.2 cst)

L–AN46:(40 ℃,41.4 ~ 50.6 cst)

采用如图 3.3 所示的制备工艺过程,制得系列磁液。

试验表明,单独以一种物质作为分散剂,用上述方法不能制备出全损耗系统用机油基系列稳定的磁液,其中 L–AN5 机油基磁液在其底部总是有一些沉淀的磁性粒子。L–AN10 机油基磁液、L–AN32 机油基磁液、L–AN46机油基磁液,如果采用与 L–AN5 机油基磁液完全相同的工艺,当磁液从烘箱取出冷却后,置于磁铁上无销钉现象,底部有磁性离子下降,且体系黏稠。

为此,在磁液的制备过程中,除了分散剂以外,还加入一些分散助剂来帮助磁性粒子分散。对于用 LDC1 做分散剂的分散助剂进行了筛选,最终选出一种分散效果最显著的分散助剂 LDC2,从烘箱中取出的全损耗系统用机油基系列产物中,加入这种分散助剂再继续加热即可制得稳定的磁

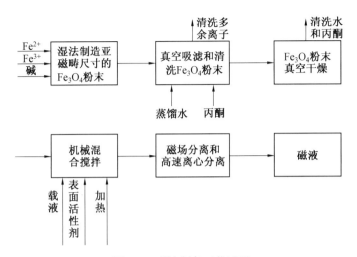

图 3.3   磁液制备工艺过程

液,在室温下也能分散稳定,置于磁铁上销钉现象明显。

根据磁液的稳定性理论,所选用的分散剂必须与基载液有良好的相容性,这是制备稳定磁液的前提,为此要首先考察 LDC1 与 L-AN10、L-AN32、L-AN46 的相容性。分别量取 L-AN10、L-AN32、L-AN46 各 5 ml 滴入试管中,然后分别各加入 2 ml LDC1,振荡,观察 LDC1 与上述各种基油的互溶情况。试验表明,LDC1 与 L-AN10、L-AN32、L-AN46 有良好的相容性。

考查试验过程中分散助剂的用量,发现其不仅随磁性粒子和 LDC1 浓度的增大而增大,而且随着基载液黏度的增大而增大。

下面对分散助剂作用机理进行探讨。在机油基系列磁液的制备中,分散剂 LDC1 的用量为过量的,由于 LDC1 在 Fe_3O_4 上的吸附过程是在水中进行的,这就导致了 LDC1 在 Fe_3O_4 上的吸附最初为双层吸附,内层为化学吸附,外层为物理吸附。作为化学吸附的内层,吸附比较牢固,LDC1 的排列也较紧密,而作为物理吸附的外层,则难免出现或多或少的缺陷,如图 3.4 所示。

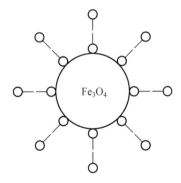

图 3.4   LDC1 在 Fe_3O_4 上的双层吸附

由图 3.4 可以看到,LDC1 在 Fe_3O_4 上的双层吸附、外吸附层的极性头

（—COOH）朝外，为了使其分散于非极性的基油中而制得机油基磁液，根据相似相容原理，必须除掉第二吸附层，使内吸附层的非极性基裸露出来。

当基载液黏度较低时，其分子活动迁移性好，能够依靠本身的作用，通过外吸附层的缺陷渗入两吸附层之间，将大部分磁性粒子的外吸附层剥掉，这就解释了不加入分散剂即可制得 L-AN5 机油基磁液的原因。对于一些较完整的外吸附层，单靠基载液本身不能将其破坏掉，这也解释了不加分散助剂即可制备 L-AN5 机油基磁液产生一些磁性粒子沉降的原因。

随着基载液中环状烃类的增多，基载液的黏度变大，活动迁移性变差。靠基载液本身的作用，破坏外吸附层的作用越来越小，使得未加分散剂时，所制备的产物随着油号的增大，磁性粒子沉淀增多，体系黏度增大。

当加入分散助剂 LDC2 后，由于外吸附层的极性基（—COOH）朝外，它与分散助剂发生化学反应，使参与反应的 LDC1 分子脱离外吸附层，增大了外吸附层的缺陷，更有利于基载液分子的渗入，从而制备出稳定的磁液。

应该指出，由于分散助剂与 LDC1 反应是定量进行的，因此使用中对分散助剂的用量有一定要求。用量太少，达不到目的；用量过多，由于过量的分散助剂不溶于基油，它所制得的磁液底部会出现一黏度很大的薄膜，可能是过量的分散助剂沉积的结果（分散助剂的黏度很大）。

分散助剂的用量随基载液黏度的增大而增大，其原因可能是基载液黏度越大，剥离外吸附层时，借助于分散助剂的程度就越高，因而所需分散助剂的量也就越大。

3.3.2　全损耗系统用机油基磁液的性能测试

（1）初步观察。

机油基系列磁液为表观均匀的棕红色液体。

机油基系列磁液在施加磁场后立即磁化，能沿器壁上升。移去磁场后，立即退磁，无剩磁和顽磁现象。

当机油基系列磁液施加垂直于其表面的磁场时，显示出磁液所特有的脉冲销钉现象。

机油基系列磁液以 4 000 r/min 离心处理 1.5 h 后，未出现磁性粒子的沉降。

机油基系列磁液的黏度随基载液黏度的增大而明显增大（其黏度主要取决于基载液）。

经过初步观察，机油基系列磁液具有一定的稳定性，在磁场中具有较大的宏观的磁性反应。

（2）磁性粒子的平均直径测定。

对 L-AN5 机油基、L-AN10 机油基、L-AN32 机油基、L-AN46 机油基磁液分别进行扫描电镜表征,观察和测量粒子分布和颗粒大小,如图 3.5~3.8 所示。由图可以看出,各种机油基磁液的电镜形貌基本相同。通过电镜表征,机油基系列磁液中磁性粒子的大小与基载液的种类无关,在所使用的几种基载液中都能分散良好,颗粒大小比较均匀,平均直径都在 10 nm 以下,满足磁液稳定的要求。由此可得出结论:在机油基系列磁液中,磁性粒子的大小主要决定于向 Fe^{3+} 和 Fe^{2+} 离子的混合溶液中加入 $NH_3 \cdot H_2O$ 生成 Fe_3O_4 沉淀和吸附分散剂(LDC1)的两个步骤。因为这两个步骤均相同,所制备的磁液中磁性粒子的大小无明显变化。

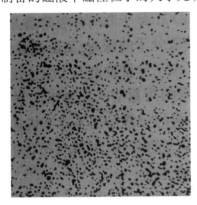 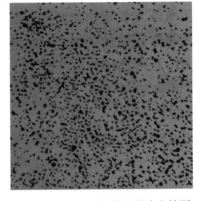

图 3.5　L-AN5 机油基磁液电镜图　　图 3.6　L-AN10 机油基磁液电镜图

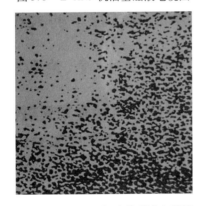

图 3.7　L-AN32 机油基磁液电镜图　　图 3.8　L-AN46 机油基磁液电镜图

（3）机油基系列磁液的密度、饱和磁化强度的测定。

全损耗系统用机油基系列磁液的密度、磁性粒子质量浓度和饱和磁化强度见表 3.1。

表3.1　全损耗系统用机油基系列磁液的密度、磁性粒子质量浓度和饱和磁化强度

性能指标	L–AN5	L–AN10	L–AN32	L–AN46
基载液的密度/(g·ml^{-1})	0.80	0.85	1.32	1.31
磁液的密度/(g·ml^{-1})	1.21	1.31	1.33	1.34
Fe$_3$O$_4$粒子的质量浓度/(g·ml^{-1})	0.51	0.54	0.54	0.52
σ_s/G_s	34.10	34.50	33.20	32.30
$4\pi M_s/G_s$(试验值)	527.00	559.00	550.00	531.00

（4）机油基系列磁液的黏度测定。

由黏度测定数据可以看出，机油基系列磁液的黏度随基载液黏度增大而明显增大（图3.9～3.12）。

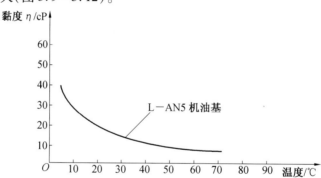

图3.9　L–AN5 机油基磁液黏度-温度曲线（1 P＝0.1 Pa·s）

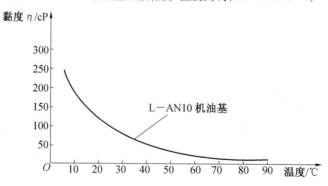

图3.10　L–AN10 机油基磁液黏度-温度曲线

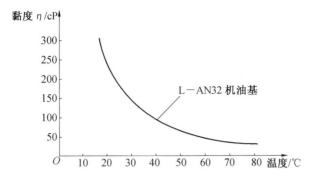

图 3.11　L-AN32 机油基磁液黏度-温度曲线

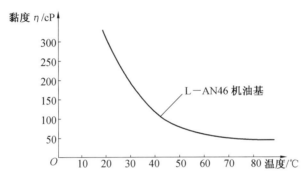

图 3.12　L-AN46 机油基磁液黏度-温度曲线

3.4　煤油基磁性液体的制备方法

3.4.1　煤油基磁性液体的制备主法

（1）将一定量的 $FeCl_2$ 和一定量的 $FeCl_3$ 溶于 200 ml 去离子水中，搅拌加速溶解。再把这种含有 Fe^{2+} 离子和 Fe^{3+} 离子的水溶液放入 100 ml 烧杯中，另取 60 ml $NH_3 \cdot H_2O$，边迅速搅拌边加入溶液中，直至加完，并完全析出 Fe_3O_4 微粒子为止。

（2）将析出的 $Fe_3O_4 \cdot xH_2O$ 水溶液加入沉降剂，等待 Fe_3O_4 固相与水相明显分离，将水倒出，然后将这部分含水的 Fe_3O_4 沉淀物捞起，备用。

（3）将含有一定表面活性剂的 40 ml 煤油加入 400 ml 烧杯中，然后放在电炉上加热至 110 ℃，在 110 ℃以下分批加入 Fe_3O_4 水溶液（湿沉淀），搅拌，等待 Fe_3O_4 水溶液全部加完，冷却到室温。

　　(4)把这部分两相液体放在永久磁铁(磁场强度为 2 000 Oe,1 000 A/m=
4π Oe)上,磁液便吸到烧杯底部;倒出水相,剩余的便是磁液。

　　(5)将所得到的磁液重新放在电炉上,加热并保持在 110 ℃,排除残余
水分,即可得到所需的煤油基磁液。

3.4.2　工艺特点

　　(1)若采取自然沉降倒出水相,一般需 60 min 以上,在步骤(2)中,当
Fe_3O_4 微粒吸出后,加入沉降剂只需 3～5 min,粒子就沉降完毕。

　　(2)碱源氨水过量,其化学平衡有利于向 Fe_3O_4 粒子形成方向进行,可
以增加 Fe_3O_4 的质量分数,提高磁化率。因此,这一改进不仅极大地缩短了
制备时间,而且有利于提高磁性能。

　　(3)制备方法(4)中用磁铁分离水和磁液时,普通方法是采用吸液器
一次一次地将水吸出(或采用导管吸出),但都不如用磁铁倾倒方便。这
不仅分离快,操作简单,还避免了水与粒子相互交混在一起,难以吸净水的
问题。当然,本工艺中要求磁铁的磁能积要大些。图 3.13 为煤油基磁液
的磁化强度与密度的关系。

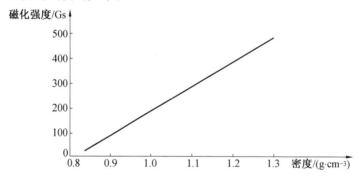

图 3.13　煤油基磁液的磁化强度与密度的关系($4\pi m=5\,000$ Gs)

3.5　水基磁性液体的制备方法及其电镜表征

　　稀释稳定的水基磁液的制备方法为:

　　(1)称量一定量的 $FeCl_2 \cdot 4H_2O$ 和一定量的 $FeCl_3 \cdot 6H_2O$,分别溶解
在 50 ml 水中,然后一起倒入 600 ml 烧杯中,并加入质量分数为 26%(密
度为 0.9 g/cm³)的 $NH_3 \cdot H_2O$ 水溶液 50 ml,此时发生沉淀。

　　(2)将含有沉淀的烧杯置于永磁体上以加速沉降,放置 5 min,倾出澄

清的盐溶液,沉淀物接着用混合液清洗,混合液含 $NH_3 \cdot H_2O$ 5 ml、水 95 ml,在倾出澄清液之前,混合液也放在永磁体上面 5 min。

(3)向沉淀物加入 4 g 表面活性剂,搅拌混合物,同时加热到 90 ℃,保温 4 min,用 750 W 试验室加热板调整到满输出以加热此化合物。

(4)然后混合物调到 50 ml,所得磁液的饱和磁化强度为 200 Gs($4\pi M = 5\ 000$ Gs),此种磁液即使以 25 倍水稀释,也不凝聚,并且是稳定的。

水基磁液的电镜照片如图 3.14 所示。

图 3.14　水基磁液的电镜照片

3.6　双酯基磁性液体的制备方法及其性能测试

3.6.1　双酯基磁性液体制备方法

(1)磁粉的制备。

根据 $FeCl_2 \cdot 4H_2O$ 的氧化程度,确定 $FeCl_3 \cdot 6H_2O$ 与 $FeCl_2 \cdot 4H_2O$ 的摩尔比,将其溶于水中并过滤混合,然后快速倒入氨水中,通过加入 HCl 调解溶液的 pH,并搅拌加入第一种表面活性剂,直至分层,过滤冲洗得到 Fe_3O_4 粉。

(2)磁粉的分散。

取一定量的磁粉投入到基载液中,在一定温度下搅拌,再加入第二种表面活性剂,经过升温、搅拌、超声波分散、静置离心,除掉大颗粒,从而得到稳定的磁液。

3.6.2 双酯基磁性液体的性能及主要技术指标

（1）磁饱和强度。

磁饱和强度采用振动样品磁强计在 8 000 Oe 场中测得，MFZ 磁液（以二酯为基载液的磁液）的磁化曲线如图 3.15 所示，其比磁化强度为 $\sigma_s =$ 19.7（A·m²）/kg，按式 $B_s = 4\pi\sigma_s d$ 计算，磁饱和强度为 346 Gs。从图 3.15 中可知，矫顽磁即剩磁基本为 0。

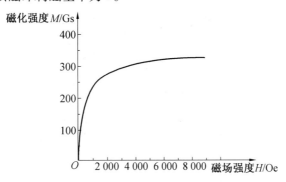

图 3.15 MFZ 磁液的磁化曲线（4πm＝500 Gs）

（2）黏度。

使用旋转黏度计测量一种二酯基磁液的黏度–温度曲线，如图 3.16 所示。

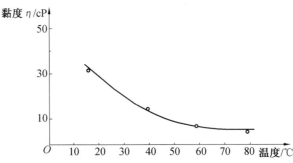

图 3.16 MFZ 磁液黏度随温度变化曲线

（3）密度。

采用密度瓶法于 25 ℃测定，磁饱和强度与密度的关系如图 3.17 所示。

（4）粒子尺寸。

MFZ 磁液的粒子尺寸由电子显微镜法测得，如图 3.18 所示。本工艺制备的 MFZ 磁液的平均粒子尺寸为 10 nm。

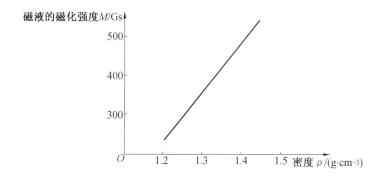

图 3.17 磁液的饱和磁化强度与密度的关系(4π M=5 000 Gs)

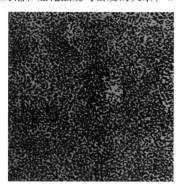

图 3.18 磁液电镜图

3.7 纳米磁性液体制备基本问题综述

3.7.1 基载液的选择

将磁性粒子包覆一层表面活性剂后,分散到相应的基载液中,就构成了磁液。磁液的基载液应满足以下条件:低蒸发速率,低黏度和高化学稳定性,具有耐高温和抗辐射等特性。由于这些要求在很大程度上往往是相互矛盾的,因此,为满足某一特定条件去选择适宜的基载液,经常会遇到种种不易克服的难题,有时欲获得完全符合上述要求的液体甚至是不可能的。

基载液可分为非极性液体和极性液体。根据有机化学的基本原理,分子的极性对物质的熔点和沸点都有很大影响,同时,也对物质的物理和化学特性有重要影响。因此,不同液体为基载液的磁液的饱和磁化强度所达

113

到的值也存在着差异:极性液体为 300 ~ 700 Gs,非极性液体则可达 700 ~
1 000 Gs。

3.7.2　分散剂的选择

分散剂可使两种互不相溶的固、液相呈稳定乳状液。在研究双酯基磁液时,开始用复合型表面活性剂作为分散剂,以此制成的磁液无论从外观颜色还是磁性方面都较好。但是,经过耐老化试验,120 ℃连续烘烤 4 ~ 5天磁液失去流动性,呈干涸状态,因此影响磁液的使用。对耐老化性差的磁液,在不改变分散剂的前提下,添加阻聚剂、防老化剂等,用来提高磁液的耐老化性,但均没有效果,为此,应重新选择分散剂。经过多次试验,找到了 LDC3 分散剂,这种分散剂使磁液的稳定性、耐老化性有较大的改进,基本上解决了稳定性和耐老化问题。

国内外有关单位制备的磁液性能见表 3.2 ~ 3.4。

表 3.2　日本大和株式会社磁液品种、特性和用途

材料牌号		W35	Hc–50	DEA–40	DES–40	LS–35	PX–10
表观颜色		黑液	黑棕液	黑液	黑液	黑液	黑棕液
磁化强度 (8 kOe 时)/Gs		360	420	400	400	350	100
密度(25 ℃) /(g · cm^{-3})		1.35	1.28	1.39	1.39	1.27	1.24
黏度 /cP	0 ℃	55	—	560	1 040	—	—
	20 ℃	34	42	150	300	1 010	1 100
	50 ℃	21	18	55	85	270	200
	100 ℃	17		60	25		
倾点/℃		0	−27.5	−72.5	−62	−10	−10
沸点/℃		100 760 mmHg	180 ~ 212 760 mmHg	205 ~ 218 4 mmHg	222 ~ 245 3 mmHg	—	240 ~ 260 2 mmHg
闪点/℃		—	65	192	215	225	240
可用温度 范围/℃		5 ~ 90	−20 ~ 150	−20 ~ 250	−15 ~ 250	−10 ~ 150	−10 ~ 150
蒸发量 /(g · (cm^2 · h)$^{-1}$)		—	—	1.2×10^{-5}	8.5×10^{-6}	5.4×10^{-6}	6.5×10^{-6}

续表 3.2

材料牌号	W35	Hc-50	DEA-40	DES-40	LS-35	PX-10
蒸气压 /Torr	—	—	2.5 200 ℃	1.6×10^{-5} 60 ℃	2.5×10^{-7} 60 ℃	7×10^{-2} 200 ℃
基载液	水	碳氢化合物	合成油	合成油	合成油	合成油
应用	沉浮分离,磁墨水	沉浮分离,传感器显示	润滑,垃圾处理,扬声器,液封	液封,扬声器,润滑	液封,垃圾处理,传感器	垃圾处理

注:1 Torr＝1.332 2×10² Pa;1 mmHg＝0.133 kPa

表 3.3　美国磁液公司磁液的品种、特性和用途(除指出外均为 25 ℃)

材料(基载液)	碳氢化合物		水	二酯		
饱和磁化强度/Gs*	200	400	200	100	100	100
密度/(g·cm⁻³)	1.05	1.25	1.18	1.19	1.19	1.19
黏度(27 ℃)/cP	3~10	5~25	1~10	100	500	1 000
流点(100 000 cP)/℃	4	7	0	-40	-35	-29
指定外压时的沸点 101 325 Pa 133.322 Pa	77 —	77 —	— 100	138 324	138 324	138 324
起始磁导率/(m·H⁻¹)	0.4	0.8	0.6	0.25	0.25	0.25
表面张力/(N·cm⁻¹)	28×10⁵	28×10⁵	26×10⁵	32×10⁵	32×10⁵	32×10⁵
热传导率/[×10⁵W·(℃·cm)⁻¹]	146	146	586			
比热容/(cal·g⁻¹·℃⁻¹)	0.43	0.43	1.0			
表示体积膨胀系数的值为 9.0×10⁻⁴cm³/(cm³样品·℃)**	9.0	8.6	5.2			

*4π M＝500 Gs

**从 25~90 ℃范围的平均值;1 cal＝4.2 J

表 3.4　北京交通大学磁液研究室生产的磁液及其性能

型号	MFW	MFK	MF01	MF02	MF03	MF04	MFZ
基载液	水	煤油	机油	机油	机油	机油	二酯
颜色	黑色	黑色	黑色	黑色	黑色	黑色	黑褐色
饱和磁化强度 (H≥650 kA/m)	200±20	450±10	450±50	450±50	450±50	450±50	400±20

续表 3.4

型号	MFW	MFK	MF01	MF02	MF03	MF04	MFZ
密度/(kg·m⁻³)	1.18×10^{-3}	1.48×10^{-3}	1.23×10^{-3}	1.30×10^{-3}	1.32×10^{-3}	1.31×10^{-3}	1.27×10^{-3}
黏度(25 ℃)/(Pa·s)	31.4	28	20	100	200	260	160
基载液饱和蒸气压(20 ℃)/Pa	2.3×10^{3}						$4\times10^{-2}\sim 10^{2}$
蒸发量(80 ℃)/(g·cm⁻²·h⁻¹)							5.1×10^{-6}

3.7.3　磁性液体的蒸发问题

真空应用对磁液提出了苛刻的要求,也就是说,在使用的真空条件下,要求磁液本身基本上不蒸发,不污染真空环境。但是,磁液同任何其他液体一样,存在蒸发问题,而且磁液密封的使用寿命也决定于磁液的基载液和分散剂的真空蒸发率。为此真空永磁型液体必须选用饱和蒸气压极低的基载液和分散剂。如基载液选用五环聚苯醚、甲苯硅油(C705)和某二酯等饱和蒸气压很低的材料,这些材料的饱和蒸气压数据见表 3.5。

表 3.5　几种基载液的蒸气压数据

基载液种类	达到下列蒸气压的温度/℃					饱和蒸气压(25 ℃)/Torr	极限真空度/Torr
	10^{-6} Torr	10^{-5} Torr	10^{-3} Torr	10^{-2} Torr	100 Torr		
某二酯	50	74	116	141	205	9×10^{-9}	10^{-9}
DC705 硅油	81	(101)	151	(180)	253	3.2×10^{-10}	10^{-10}
五环聚苯醚	(72)	(96)	152	(188)279		5×10^{-14}	10^{-10}

由表 3.5 看出,在 50 ℃ 以下的环境中使用,其蒸气压均可达到 10^{-6} Torr 以下的要求。

液体蒸发与其饱和蒸气压、相对分子质量和绝对温度有关,其关系式为

$$W=0.058p(M/T)^{1/2}$$

式中,W 为蒸发率,g/(cm²·s);p 为温度 T 时的蒸气压,Torr;M 为液体的相对分子质量;T 为绝对温度。

例如,50 ℃ 时,则 $T=323$ K,某二酯的相对分子质量为 426,则其蒸发率为

$$W = 0.058 \times 1 \times 10^{-6} \times (426/323)^{1/2} = 6.7 \times 10^{-8} \text{ g/}(\text{cm}^2 \cdot \text{s})$$

例如连续工作一个月,蒸发量为 0.172 g/cm²,当温度为 40 ℃时,某二酯 $p = 9.7 \times 10^{-8}$(Torr),它的蒸发率为 7×10^{-9} g/(cm² · s),连续一个月的蒸发量为 0.017 g/cm²,连续一年的蒸发量为 0.2 g/cm²,这是完全允许的。在环境温度为室温的前提条件下,如 25 ℃时,某二酯的饱和蒸气压为 9×10^{-9}(Torr),那么它的蒸发率为 6.2×10^{-10} g/(cm² · s),连续一个月的蒸发量为 0.001 6 g/cm²,连续一年的蒸发量为 0.019 g/ cm²,可以保证不污染真空,运行寿命可达数年。

磁液是由表面活性剂包裹的单畴磁性粒子均匀地分散在基载液中构成的胶态悬浮体。磁液既有磁性,又有流动性,这种奇特的性能使它可以充满被磁场覆盖的材料空隙中,显示出特殊的物理效应。这一事实不仅得到试验工作者的偏爱,也颇为理论界所关注。至今,对于这种新材料的物理效应已进行了详细的研究;同时解释所观测到的现象,提出了许多新理论,但就磁液本身来说,显得关注不够。

3.7.4　超微磁性粒子的稳定性

在人们所知道的大量磁性材料中,可供选择用于制备磁液的只有少数几种,如 $\gamma\text{-Fe}_2\text{O}_3$、$\text{MeFe}_2\text{O}_4$($\text{Me} = \text{Co, Mn, Ni}$ 等)、Fe_3O_4、Ni、Co、Fe、FeO 和 NiFe 合金等。它们的饱和磁化强度按上述次序递增;但是,这些磁性材料的稳定性,即在空气中的抗氧化性却正相反,即按以上次序递减。这是由它们的吉布斯自由能依次降低的趋势决定的,而且,随着粒子尺寸的减少,它们对氧化过程的这种变化趋势将更加显著。由此看来,只有 $\gamma\text{-Fe}_2\text{O}_3$ 和一些 MeFe_2O_4 是稳定的,Fe_3O_4 极易被空气氧化。人们发现,当 Fe_3O_4 超微粉末暴露于空气中时,甚至会自燃。即使在有表面活性剂包覆的水基磁液中,我们经常观测到颜色逐渐由黑色(Fe_3O_4)转变成褐色(Fe_2O_3)。Fe_3O_4 进一步氧化为 $\gamma\text{-Fe}_2\text{O}_3$,其磁化强度也明显降低。FeO 和 NiFe 等合金也同样发生类似的氧化作用。

人们自然会想到,在某些特定条件下,若干金属表面生成氧化膜可以防止底层进一步氧化,如 Co 和 Ni 等金属氧化膜。但也不尽然,Fe 可以形成厚达 3 ~ 7 nm 的致密氧化膜,然而,只要有微量水存在,Fe 的氧化膜就会被破坏掉。应当指出,作为磁性粒子用的是超微粒子,根本不可能提供如此厚度的"防护层"。即使像 Co 和 Ni 的氧化层是稳定的,但是,当粒子的直径还不到 10 nm 时,最小厚度约为 1.5 nm 的氧化膜已占去了颗粒的绝大部分体积,因此,金属所固有的磁性优势绝大部分也随之消失。又由于微小颗粒的饱和磁化强度低于块状材料,所损失的饱和磁化强度值更大,因此,如何防止氧化发生就成为人们所关注的重要问题。有人试图用 Pt 等稳定性高的贵金属包覆在 Fe、Co、Ni 金属表面,若要达到有效厚度也必须有几纳米才行,至于这种做法是否有价值,还是个问题。

3.7.5　表面活性剂的适应性

磁性超微粒子能否均匀地分散在某种基载液中并构成长期稳定的磁液,其决定因素是选择适宜的表面活性剂。根据磁液的形成原理,一种类型的基载液必须用与其性质相适应的表面活性剂包覆磁性超微粒子,才能与基载液相适应,从而构成稳定的磁性胶态悬浮体。若用特种性能的介质作为基载液,则要求表面活性剂有与其相适应的特性。以全氟聚醚为基载液时,因其性能奇特,极难找到相适应的表面活性剂,因为表面活性剂的羟基尾端必须是和基载液相容的。

不言而喻,在所应用的环境条件下,表面活性剂是在化学性质上稳定的物质。但是,一些常用的表面活性剂往往满足不了上述要求。我们知道,为了将金属氧化物分散到烃类介质中,油酸是最熟悉的表面活性剂之一。在空气环境中,油酸会因氧化作用而聚合。这一反应甚至被金属离子所催化,特别是 Co 离子。当然,除油酸及其盐外,油酸还可以衍生出各类表面活性剂。

客观上要求表面活性剂的链对磁性粒子界面应具有永久性的钉扎效应,并且应有着非常强的亲和力(化学吸附)。但是,将磁液应用到不同领域时,实际上总是离不开来自周围环境存在的一些化合物的影响:或者可能取代表面活性剂(如水),或者是可能由基载液的分解产物所取代(如醚水解后产生的酸),有时也可能是表面活性剂本身降解(如在辐照和高温环境中)。所有这些都会削弱甚至消除表面活性剂对磁性粒子的钉扎效应,使其丧失稳定性。

另外,非常重要的一点就是,应用环境对基载液和磁性粒子的要求固然是很重要的,但在某些情况下,表面活性剂也不能与应用环境相冲突。例如,纳米磁液用于靶向药物时,必须考虑磁液的生物相容性。所用的表面活性剂既不能对机体产生有害的作用,又要与机体良好相容,同时还不能被机体分化、吸收、溶解。

3.8　小　　结

　　本章主要介绍纳米磁液的制备方法和制备理论,讨论了所需的原材料、基本制备设备设施、性能表征设备和方法。纳米磁液的粒径非常细小,在制备过程中对外界因素特别敏感,因此对制备过程中的关键问题进行了阐述。本章结合国内外纳米磁液的研究情况,介绍了几种典型品种的纳米磁液的制备方法。但由于制备工艺的敏感性和复杂性以及操作习惯等方面的系统误差,本章给出的制备方法需要结合实际情况灵活运用并做适当调整,最终确定出适合各自具体情况的纳米磁液制备工艺。

第4章　Fe₃O₄纳米磁性液体的制备研究

本章重点研究超细均匀纳米 Fe_3O_4 磁液的制备。自然界没有纯的块状或粉状 Fe_3O_4 物质,故无法用机械粉碎法得到 Fe_3O_4 纳米磁性粒子,其他物理法也受到一定限制。经综合分析比较,用化学法中的共沉淀法(即湿化学共沉淀法)制备纳米 Fe_3O_4 磁性粒子可以满足纳米 Fe_3O_4 磁液制备的要求。该方法制得的纳米磁性粒子细而均匀、纯净、粒度可控,设备较简单、成本低,便于工业应用和产业化推广。

4.1　FeCl₃水溶液系统和FeCl₂水溶液系统的研究

通过直接水解法、沸水中水解凝聚法、加热水解法、沉淀胶溶法(pH法)等,研究了利用 $FeCl_3$ 和 $FeCl_2$ 水解法制备 $Fe(OH)_3$ 和 $Fe(OH)_2$ 溶胶的方法,详细了解 $FeCl_3$ 和 $FeCl_2$ 水溶液胶体体系的性质,为制备纳米 Fe_3O_4 磁液做充分准备。乳光试验、扫描电镜(SEM)观测等证明了胶体溶液的存在,通过详细的试验观察和周密的分析,对多元弱碱盐的复杂的水解过程、沉淀成分、溶液组成、液体物理化学性质的变化及影响水解过程的因素等进行了探讨,得出了一些有意义的结论。

$Fe(OH)_3$ 溶胶和 $Fe(OH)_2$ 溶胶,尤其是前者,是经典的胶体溶液体系,它们在化学化工中有着广泛的应用。近年来,这两种胶体在 FeO、Fe_2O_3、Fe_3O_4 纳米粉的制备、纳米铁氧体材料的制备、纳米磁液材料的制备等高新技术领域中获得了重要应用,受到人们越来越多的关注,同时也给这一古老的胶体系统注入了新的活力。[4,41-45,47-50,56]

一般多采用 $FeCl_3 \cdot 6H_2O$ 和 $FeCl_2 \cdot 4H_2O$ (均为分析纯)水解法制备 $Fe(OH)_3$ 和 $Fe(OH)_2$ 胶体溶液。多元弱碱盐的水解过程是复杂的,特别是沉淀组成的确定。经研究,$FeCl_3$ 电离为 Fe^+ 和 Cl^-,其中 Fe^+ 迅速水化以水合离子 $[Fe(H_2O)_6]^{3+}$ 的形式存在,$FeCl_3$ 的水解反应为[41-46,56]

$$[Fe(H_2O)_6]^{3+} + H_2O \rightleftharpoons [Fe(H_2O)_5(OH)]^{2+} + H_3O^+ \quad (4.1)$$

$$[Fe(H_2O)_5(OH)]^{2+} + H_2O \rightleftharpoons [Fe(H_2O)_4(OH)_2]^+ + H_3O^+ \quad (4.2)$$

$$[Fe(H_2O)_4(OH)]^+ + H_2O \rightleftharpoons [Fe(H_2O)_3(OH)_3] + H_3O^+ \quad (4.3)$$

通常情况下，多元弱碱盐的水解以第一步为主，由于第一步水解产生的 H_3O^+ 的同离子效应（主要原因），使第二步、第三步水解较困难，因此水解产生的酸性主要来自第一步（低价水合离子电场强度低也是第二步、第三步水解困难的原因）。但在一定条件下，此水解过程中还将产生下列反应：

$$2[Fe(H_2O)_4(OH)_2]^+ \rightleftharpoons [Fe(H_2O)_4(OH)_2Fe(H_2O)_4]^{4+}+2OH^-$$

$$(4.4)$$

结合反应（4.1）、（4.2）和（4.4），总水解反应为

$$2[Fe(H_2O)_6]^{3+} \rightleftharpoons [Fe(H_2O)_4(OH)_2Fe(H_2O)_4]^{4+}+2H_3O^+ \quad (4.5)$$

所以沉淀是二聚体。一般来讲，溶液中的离子都是以水合离子形式存在的，且离子电荷越高，水合度越大，但为了简化，可用简单离子书写。

在一定条件下，$FeCl_3$ 和胶体 $FeCl_2$ 水解可生成 $Fe(OH)_3$ 胶体和 $Fe(OH)_2$ 胶体。

4.1.1　FeCl₃和FeCl₂溶液的制备(直接水解法)及其液相组成

准确称量 $FeCl_3 \cdot 6H_2O$ 54.06 g、$FeCl_2 \cdot 4H_2O$ 37.76 g，分别溶于适量去离子水中，然后过滤，加 H_2O 至 500 ml，制得 0.4 $mol \cdot l^{-1}$ $FeCl_3$ 溶液和 $FeCl_2$ 溶液备用。二价铁离子极易氧化，因此常在 $FeCl_2$ 溶液中加入铁钉以防止其氧化，或滴入盐酸使溶液呈酸性以保持其稳定，但更好的方法是采用新配制的溶液。$FeCl_3$ 在水溶液中的水解过程如上述式(4.1) ~ (4.3)，$FeCl_2$ 水解过程分为两步，即

$$Fe^{2+}+H_2O \rightleftharpoons Fe(OH)^+ +H^+ \quad (4.6)$$

$$Fe(OH)^+ +H_2O \rightleftharpoons Fe(OH)_2 +H^+ \quad (4.7)$$

由于氧化还原电位，白色 $Fe(OH)_2$ 沉淀最不稳定，迅速被空气中的氧（或溶解于溶液中的氧）氧化成红棕色的 $Fe(OH)_3$，因此要使 $Fe(OH)_2$ 隔绝空气。

对上述水解溶液进行乳光试验(丁达尔效应)，结果见表4.1。

表 4.1　水解溶液乳光试验(丁达尔效应)

溶液	直接水解法		沸水中滴定水解 FeCl₃ 凝聚 Fe(OH)₃/(mol·l⁻¹)				加热水解法		沉淀胶溶法 (pH法)		铁的硫酸盐	
	FeCl₃	FeCl₂	0.04	0.01	0.004	0.002	FeCl₃	FeCl₂	FeCl₃	FeCl₂	Fe₂(SO₄)₃	FeSO₄
乳光	无	明显	不可见	明显	明显	有	有	有	有	有	无	有

　　$FeCl_3$水解完全时得到$Fe(OH)_3$,但三级水解常数太小,难以水解出足够的$Fe(OH)_3$,因此观察不到乳光现象;$FeCl_2$水解完全时形成$Fe(OH)_2$,因其二级水解常数仍较大,较易水解形成胶体,因此乳光现象明显。$Fe(OH)_2$为白色沉淀,但溶胶中尚有未水解的蓝色Fe^{2+},使溶液呈翠绿色,长时间静置后则氧化为黄色或黄红色。水解为吸热反应,提高温度有利于水解,故$FeCl_2$水解溶液冬季颜色鲜艳,夏季颜色较浅。为了比较实验现象,对类似方法制备的$Fe_2(SO_4)_3$和$FeSO_4$溶液也进行了乳光试验,发现前者无乳光现象,而后者有强烈的乳光现象(见表 4.1),进一步说明多元弱酸盐完全水解的困难性和复杂性,这一现象是普遍的。

　　$FeCl_3$溶液基本为均相真溶液,不存在或很少存在胶体纳米粒子,对$FeCl_2$溶液等进行扫描电镜(SEM)检测,结果如图 4.1(a)所示。电镜分析表明,$FeCl_2$溶液中存在大量的纳米粒子,粒子尺寸为 30~60 nm。

　　上述理论分析、乳光试验和电镜观察结果三种情况是吻合的,进一步说明了试验结果的正确性。

(a) $FeCl_2$溶液直接水解法

(b) 沸水中滴定$FeCl_3$溶液水解凝聚法

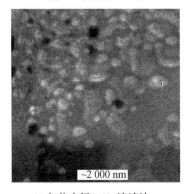

(c) 加热水解$FeCl_3$溶液法

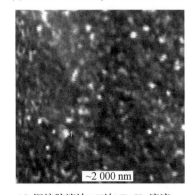

(d) 沉淀胶溶法(pH法)($FeCl_3$溶液)

(e) 沉淀胶溶法(pH法)(FeCl₂溶液)

图 4.1 扫描电镜图像

4.1.2 沸水中滴定水解凝聚法

因水解是吸热过程,因此在沸水中滴加 $FeCl_3$ 溶液或直接加热 $FeCl_3$ 溶液均有利于水解。4 个烧杯中分别加入 250 ml 去离子水,加热至沸腾,分别滴入 $0.4 \text{ mol} \cdot \text{l}^{-1}$ $FeCl_3$ 溶液 25 ml、6.25 ml、2.5 ml、1.25 ml,溶液颜色由无色逐步变为黄色、红色至棕红,见表 4.2。溶液冷却后补充水至 250 ml,分别形成 $0.04 \text{ mol} \cdot \text{l}^{-1}$、$0.01 \text{ mol} \cdot \text{l}^{-1}$、$0.004 \text{ mol} \cdot \text{l}^{-1}$、$0.002 \text{ mol} \cdot \text{l}^{-1}$ $Fe(OH)_3$ 胶体溶液。

表 4.2 沸水中滴定水解凝聚法制备 $Fe(OH)_3$ 胶体溶液的性状

液体	$FeCl_3$母液 $0.4 \text{ mol} \cdot \text{l}^{-1}$	母液直 接加热	$0.02 \text{ mol} \cdot \text{l}^{-1}$ $FeCl_3$直接加热	0.04 $\text{mol} \cdot \text{l}^{-1}$	0.01 $\text{mol} \cdot \text{l}^{-1}$	0.004 $\text{mol} \cdot \text{l}^{-1}$	0.002 $\text{mol} \cdot \text{l}^{-1}$	$0.4 \text{ mol} \cdot \text{l}^{-1}$ $FeCl_2$直接加热
性状	棕红透明	胶状混浊	橘红胶状不透明	暗红不透明	暗红半透明	深红透明	亮红透明	黄绿胶状混油

乳光试验结果见表 4.1(沸水中水解 $FeCl_3$ 凝聚 $Fe(OH)_3$)。

试验发现,煮沸时间对溶胶的颜色和透明度几乎无影响,即在保持浓度不变时不会使浓度低的透明溶液变混浊。升高温度,有利于水解向左进行,接近完全水解时(水解平衡),继续升高温度或延长加热时间,不会引起粒子进一步聚结,因为此时温度的升高,一方面,增加粒子碰撞概率,易引起聚结;另一方面,提高布朗运动速度,增加胶体动力稳定性。除非溶液特别浓,一般来讲,温度对动力稳定性的促进比对聚结倾向的影响要大,因此升温不会影响溶胶的稳定性。当加入的 $FeCl_3$ 量较大时,如形成的胶体浓度为 $0.04 \text{ mol} \cdot \text{l}^{-1}$,由于胶粒浓度大,使溶液变得不透明,相应地乳光现象不可见;浓度适当时,溶胶颜色透明,乳光现象明显;浓度太低时(小于

$0.002\ \text{mol} \cdot \text{l}^{-1}$),溶胶颜色较浅,乳光现象也变得越来越不明显。

此法制备的溶胶的扫描电镜图像如图 4.1(b)所示,可看到较多均匀的胶体粒子,直径约为 80 nm,并且所得纳米粒子呈非常规则的球形,因此,此法是一种非常理想的制备 $Fe(OH)_3$ 胶体粒子的试验方法,可以实现纳米粒子的单分散,对材料性能的提高十分有利。

沸水中滴加 $FeCl_2$ 溶液时,基本上看不到颜色变化($Fe(OH)_2$胶体粒子为白色),沸腾时间较长时,$Fe(OH)_2$易氧化成红色沉淀。

4.1.3　加热水解法

如前所述,加热也能促进水解反应。分别将 $0.4\ \text{mol} \cdot \text{l}^{-1}$ 50 ml $FeCl_3$ 溶液和 $0.4\ \text{mol} \cdot \text{l}^{-1}$ 50 ml $FeCl_2$ 溶液加热至沸,溶液皆变为混浊胶状,分别得 $Fe(OH)_3$ 和 $Fe(OH)_2$ 胶体溶液,见表 4.2。长时间静置后,皆为底部少量沉淀上部胶体透明。$0.4\ \text{mol} \cdot \text{l}^{-1}$ $FeCl_2$ 溶液形成的溶胶显浅黄色,是由于浓度较大、部分沉淀氧化所致。将 10 ml $0.4\ \text{mol} \cdot \text{l}^{-1}$ $FeCl_3$ 溶液稀释至 200 ml(浓度为 $0.02\ \text{mol} \cdot \text{l}^{-1}$),加热至沸,溶液颜色由黄变红,最后变为橘红,胶状不透明,进一步稀释则变为透明,但颜色又比沸水中滴定水解凝聚法得到的同浓度胶体溶液颜色浅,且稍显混浊。其原因是加热时温度不均匀,胶粒形成不均匀并伴随着部分胶粒长大。大颗粒不均匀胶粒的存在使胶体透明度降低,稀释后由于粒子数目少,因此颜色反而更浅。

乳光试验结果见表 4.1(加热水解法)。此法制备的溶胶的扫描电镜图像如图 4.1(c)所示,可看到较多的胶体粒子,直径约为 $50 \sim 200$ nm,由于加热过程温度不均匀,造成粒子不均匀长大。

4.1.4　沉淀胶溶法(pH 法)

Fe^{3+} 及 Fe^{2+} 水解产生 H^+,$FeCl_3$ 和 $FeCl_2$ 溶液皆呈酸性,提高 pH 有利于水解进行并产生沉淀。由于 $Fe(OH)_3$ 和 $Fe(OH)_2$ 的化学位和溶度积不同,其沉淀形成时的 pH 也不一样。对于 $0.1\ \text{mol} \cdot \text{l}^{-1}$ 的 $FeCl_3$ 溶液,溶液开始沉淀出 $Fe(OH)_3$ 的 pH 为 2.3,完全沉淀的 pH 为 3.86;$0.4\ \text{mol} \cdot \text{l}^{-1}$ $FeCl_2$ 溶液开始沉淀的 pH 为 7.6,完全沉淀的 pH 为 9.6。因为 Fe^{3+} 一级水解形成的 H^+ 已使溶液 pH 在 1 附近,因此常温常规下不形成 $Fe(OH)_3$ 溶胶。正是由于这个原因,常将 $FeCl_3$ 溶于适量稀酸中以防止其水解。Fe^{3+} 的迁移能力小于 Fe^{2+},是因为 Fe^{3+} 与水反应的趋势大于 Fe^{2+},这在地质成矿的分析中得到应用,当 pH = $3 \sim 4$ 时,就会形成 $Fe(OH)_3$ 沉淀并富集起来,而 Fe^{2+}只有当 pH 在 6～7 时才会形成沉淀,若 pH ＜ 6,Fe^{2+}就会不断地迁移被搬运到远处。

分别在 0.08 mol·l^{-1} FeCl$_3$溶液和 0.08 mol·l^{-1} FeCl$_2$溶液中逐滴滴加6.0 mol·l^{-1} NaOH 溶液并不断搅拌,随时测定其 pH 变化情况,观察颜色变化和沉淀情况,结果见表 4.3 和表 4.4。

表 4.3　NaOH(6.0 mol·l^{-1})溶液滴定 FeCl$_3$溶液(0.08 mol·l^{-1},50 ml)

NaOH 溶液加入量/ml	0	0.5	1.0	1.5	2.0	2.5
pH	1.5	1.5	1.5	2	5	9
溶液颜色	黄	深黄	浅红	红	棕红	棕

表 4.4　NaOH(6.0 mol·l^{-1})溶液滴定 FeCl$_2$溶液(0.08 mol·l^{-1},50 ml)

NaOH 溶液加入量/ml	0	0.1	0.2	0.3	0.4	0.5	0.6	0.7	0.8	0.9	1.0	1.1	1.2	1.3	1.4
pH	4	4	4	4	4	4	4	5	5	5	5.5	6	7	10	14
溶液颜色	无色	无色	略带浅蓝色	绿	深绿	浅蓝	蓝	深蓝	深蓝	深蓝	蓝黑	蓝黑	蓝黑	黑	黑

随着 NaOH 溶液滴定量的增加,水解不断深入,同时出现沉淀,至滴定终了,完全沉淀,静置片刻后,沉淀与水立刻分离,上层为无色透明的溶液,说明沉淀颗粒处于等电状态,ζ-电位为零。该体系稍加振动,沉淀立刻泛起,稍微搅动即可与溶液均匀混合,形成不透明悬浮液,说明体系中的颗粒较细小而均匀。分别对所得沉淀进行磁性测量,棕色沉淀不具备磁性的为 Fe(OH)$_3$颗粒,黑色沉淀具有磁性的为 FeO 颗粒(原溶液中已形成 Fe(OH)$_2$胶体粒子,Fe(OH)$_2$极不稳定,加 NaOH 后脱水形成 FeO)。

FeCl$_3$和 FeCl$_2$溶液在滴定过程中都出现了 pH 几乎不变的阶段,原因为:随着水解的进行,产生部分 H$^+$,与加入的 OH$^-$中和(类似于同离子效应的结果,与缓冲溶液原理同),虽然 pH 不变,但溶液颜色变化,说明水解还是在不断深入。最后接近完全沉淀时,已不能再产生更多的 H$^+$,继续加入 OH$^-$,pH 出现突升。

将所得沉淀洗涤,然后分别加入少量的 FeCl$_3$和 FeCl$_2$电解质,使其表面吸附带电离子,形成双电层,重新分散形成胶体。

乳光试验结果见表 4.1(沉淀胶溶法(pH 法))。

此法制备的溶胶的扫描电镜图像如图 4.1(d)和(e)所示,可看到较多均匀的胶体粒子,直径为 50 ~ 80 nm。由于在制备过程中存在搅拌不均匀以及分离、沉淀、洗涤等操作,粒子均匀度不如图 4.1(b)理想,并有部分团聚。

4.1.5　Fe(OH)₃胶团结构

由 $FeCl_3$ 水解而形成 $Fe(OH)_3$ 溶胶($FeCl_3+3H_2O \rightleftharpoons Fe(OH)_3+3HCl$),溶液中一部分 $Fe(OH)_3$ 与 HCl 反应(酸碱中和)($Fe(OH)_3+HCl \rightleftharpoons FeOCl+2H_2O$),FeOCl 再电离($FeOCl \rightleftharpoons FeO^++Cl^-$),总反应为 $Fe(OH)_3+H^+ \rightleftharpoons FeO^++2H_2O$,类似于在 H^+ 存在下 $Fe(OH)_3$ 脱水(不是真正的脱水反应)。由于 FeO^+ 与 $Fe(OH)_3$ 有类似的组成,所以将被 $Fe(OH)_3$ 胶核优先吸附,胶粒带电形成双电层,使溶胶得以稳定。$Fe(OH)_3$ 的胶团结构如图 4.2 所示。

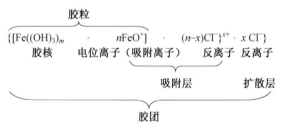

图 4.2　Fe(OH)₃ 的胶团结构

另外,溶液中尚存有一定量的 H^+ 和 Cl^-,当加入 NaOH 溶液时,一方面,OH^- 与溶液中的 H^+ 结合,使水解作用进一步进行,同时产生更多的 Cl^-;另一方面,Cl^- 浓度的增加,使扩散双电层受到压缩,ζ-电位降低,最终导致沉淀。

$Fe(OH)_2$ 胶体粒子有类似的结构,不再赘述。

4.1.6　FeCl₃和 FeCl₂水解胶体体系小结

利用不同方法对 $FeCl_3$ 和 $FeCl_2$ 进行水解,均能产生 $Fe(OH)_3$ 和 $Fe(OH)_2$ 胶体粒子,乳光试验和扫描电镜(SEM)观测等测试手段均证明形成了良好的胶体体系。比较各种胶体粒子的制备方法,可知沸水中滴定水解凝聚法所得的纳米粒子理想而均匀。温度、pH、电解质离子、各级水解常数大小、加热方式等都对水解过程及最终产物有重要影响,在制备过程中应加以充分考虑。

4.2 水基纳米 Fe_3O_4 磁性液体的制备研究

4.2.1 概述[1,2,9,11,16,33,34,42,44,77,267]

在相当长的一段时期内,人们一直认为 Fe_3O_4 是 FeO 和 Fe_2O_3 的机械混合物,但 Fe_3O_4 与 FeO 和 Fe_2O_3 有着截然不同的性质,后来人们根据 X 射线衍射等证明了 Fe_3O_4 实际上是一种酸式铁酸亚铁盐,其分子结构为 $Fe^{II}(Fe^{III}O_2)_2$,在水溶液中微弱电离,反应方程式为

$$Fe^{II}(Fe^{III}O_2)_2 + 2H_2O \Longrightarrow Fe^{II}(OH)_2\downarrow + 2H^+ + 2(Fe^{III}O_2)^-$$

电离溶液呈微酸性,因此 Fe_3O_4 在酸性环境下稳定。由于电离出部分 $Fe^{II}(OH)_2$ 沉淀,故 Fe_3O_4 放置在空气中也易被氧化,但其氧化速度比 $Fe^{II}O$ 要小得多。Fe_3O_4 内部结构的揭示可解释 Fe_3O_4 呈现的一些宏观性质,也为 Fe_3O_4 磁性粒子的研究和制备提供了重要基础。

Fe_3O_4 晶体呈面心立方结构。

我们研究了用湿化学共沉淀法制备 Fe_3O_4 纳米磁液的工艺过程,对所制得的系列磁液进行了检测和表征。通过详细的试验研究,总结分析了磁液制备过程中的诸多影响因素,探索了一条简便易行的磁液制备工艺路线,为磁液的产业化和进一步扩大应用奠定了基础。其基本化学反应方程式为

$$2Fe^{3+} + Fe^{2+} + 8OH^- \longrightarrow Fe_3O_4 + 4H_2O$$

4.2.2 工艺流程

磁液制备工艺流程框图如图 4.3 所示。

试验步骤说明如下:精确称量一定量的 $FeCl_3 \cdot 6H_2O$ 和 $FeCl_2 \cdot 4H_2O$,分别配制成 0.4 mol·l^{-1} 的溶液,将两种溶液按一定比例($FeCl_2 \cdot 4H_2O$ 溶液稍过量)混合搅拌,在密闭条件下滴加质量分数为 25% 的 NH_4OH 溶液,同时配合滴加表面活性剂,NH_4OH 稍过量以保证反应完全。反应完毕后充分搅拌 0.5 h,然后清洗沉淀 3~5 次,洗去过多的 Cl^-。先用加热水浴法排除多余的 NH_3,再用稀盐酸调整 pH 为酸性,接着进行超声波分散 1 h,制得稳定悬浮的磁液。试验过程中随时对制得的样品进行磁性检测,逐步调整工艺和参数。

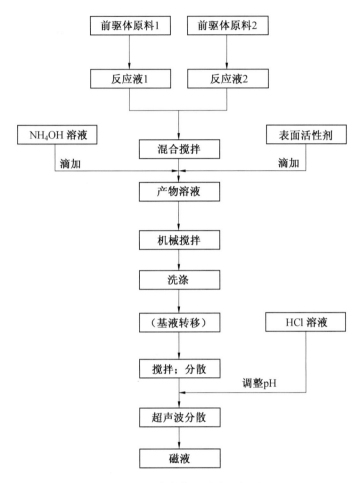

图 4.3　磁液制备工艺流程框图

4.2.3　试验过程和方法

我们对水基纳米磁液的制备进行了大量试验,探索各种可能性,并不断调整工艺参数,以期获得最佳的制备工艺。本书主要进行了以下制备方法与过程的探讨。

方法 1:表面活性剂在 NH_4OH 溶液滴定后加入,分为两种情况进行探讨。

(1)油酸做表面活性剂的探讨。

①油酸最佳用量的探讨。

②浓度的影响及相应的油酸用量的探讨。

③离心分离对沉淀团聚影响的探讨。

（2）采用其他表面活性剂的探讨。

油酸包覆情况复杂，不易掌握，因此再分别用 MN 表面活性剂、SD-03 表面活性剂、油酸钠表面活性剂等进行重复实验，取得了较好的效果。

方法 2：表面活性剂与 NH_4OH 同时加入。也分为两种情况进行探讨。

（1）采用油酸做表面活性剂的探讨。

（2）采用其他表面活性剂的探讨。

①表面活性剂最佳用量的探讨；②水浴温度对团聚影响的探讨；③NH_4OH 最佳用量的探讨；④溶液浓度对悬浮稳定性影响的探讨；⑤滴加 NH_4OH 溶液的液滴大小及滴加均匀性对反应影响的探讨；⑥搅拌方式对反应过程影响的探讨；⑦氧化作用对反应影响的探讨。

4.2.4 试验结果

利用 MN 表面活性剂、SD-03 表面活性剂、油酸表面活性剂、油酸钠表面活性剂分别制得了水基磁液，对它们分别进行磁性能、稳定性、黏度、蒸气压和悬浮性检测，并对磁液结构进行 X-射线衍射、扫描电镜、透射电镜、高分辨电镜、微区电子衍射、红外光谱、拉曼光谱等表征（详见第 6 章）。

4.2.5 水基磁性液体制备小结

水基磁液制备是化学共沉法制备各种类型磁液的基础，是异常复杂但非常重要的。我们探讨了水基磁液制备方法的各种可能性，对各类参数进行反复调整，详细研究了磁液制备过程中复杂多变的影响因素（详见第 5 章），确定了简便合理的磁液制备工艺，对所制得的水基磁液进行了性能检测和表征，效果良好。

4.3 柴油基纳米 Fe_3O_4 磁性液体的制备研究[12,74,134,182,189,268-271]

磁液具有广泛的应用，其中磁液密封是其应用的重要方面。该方面的研究中水基磁液的成果相对较多，这类磁液可有效地用于气体密封，但用它进行液体密封则较困难。对液体介质的动密封，以油基及酯基磁液较好，但文献中对有机基载液型磁液的介绍较少，且仅限于煤油和二酯等几个品种。以柴油为基载液制备纳米磁液的研究尚未见介绍。从性能和指标上来看，柴油的种类和标号更多，用其制作纳米磁液可得到更多的品种，因而应用更广泛,更适合于液体介质的密封。我们研究了利用柴油为基载液制备磁液的工艺,对制得的磁液进行了性能检测和扫描电子显微镜等表征,对试验过程进行了分析和讨论,探讨了制备过程中应注意的几个问题。

　　研究过程中对所制得的柴油基磁液与所制得的煤油基磁液进行了比较。

4.3.1　研究方案和技术路线

　　试验的基本思路和设计方案为:仍然以湿化学共沉法的基本原理为基础,通过基载液置换法制备柴油基纳米磁液,检测其各项性能并以 SEM 对其显微结构进行表征。

　　方案 1:首先制备出被表面活性剂包覆良好的纳米磁性粒子,再将此种粒子均匀地分散在柴油中,制得稳定性良好的柴油基纳米磁液。

　　方案 2:首先制备初级纳米磁性粒子,将此粒子洗涤净化,然后再将其在溶有表面活性剂的柴油中进行分散和包覆,制得稳定性良好的柴油基纳米磁液。

　　采用的技术路线如下:

　　技术路线 1:原材料准备→制备反应前驱体溶液→纳米磁性微粒制备→纳米微粒包覆→磁性微粒洗涤→磁性微粒分离→在柴油中分散→调整柴油基磁液性能→磁液检测和表征。

　　技术路线 2:原材料准备→制备反应前驱体溶液→纳米磁性微粒制备→磁性微粒洗涤→磁性微粒分离→在溶有表面活性剂的柴油中分散→纳米微粒包覆→柴油基磁液→磁液检测和表征。

4.3.2　试验过程

　　方法 1:分别配制 $0.4\ mol \cdot l^{-1}$ 50 ml $FeCl_3$ 和 $0.4\ mol \cdot l^{-1}$ 30 ml $FeCl_2$ 水溶液,将两种溶液混合搅拌,然后在封闭环境下边充分搅拌边滴加质量分数为 25% NH_4OH 溶液 $7.5 \sim 8$ ml,与此同时,当溶液出现棕色混浊时开始滴加 $0.2 \sim 0.5$ ml 油酸表面活性剂,掌握油酸滴定速度在 NH_4OH 溶液滴至 $6 \sim 6.5$ ml 时正好滴完,然后继续滴加 NH_4OH 溶液至滴定终了,继续充分搅拌 30 min,超声波分散 1 h,静置,溶液中的粒子在过量 NH_4OH 溶液作用下沉淀,倾出上层清液,并用去离子水洗涤沉淀 $3 \sim 5$ 次,最后在湿沉淀中注入 80 ml 柴油,充分搅拌 30 min,超声波分散 1 h。混合液体静置沉降,上层液体即为包覆有油酸表面活性剂的柴油基纳米磁液。

方法 2:按方法 1 试验步骤进行至洗涤完毕,然后在湿沉淀中注入 100 ml 去离子水,搅拌 30 min,调整 pH 为酸性,超声波分散 1 h,静置,上层液体即为包覆良好的水基纳米磁液。将此水基纳米磁液在真空干燥器中烘干,将烘干后的颗粒研碎,加入 100 ml 柴油,充分搅拌 30 min,超声波分散 1 h,静置,上层液体即为包覆有油酸表面活性剂的柴油基纳米磁液。

方法 3:分别配制 0.4 mol·l^{-1} 50 ml FeCl$_3$ 和 0.4 mol·l^{-1} 30 ml FeCl$_2$ 水溶液,将两种溶液混合搅拌,然后在封闭环境下边充分搅拌边滴加质量分数为 25% 的 NH$_4$OH 溶液 7.5~8 ml,继续充分搅拌 30 min,静置,溶液中的粒子在过量的 NH$_4$OH 溶液作用下沉淀,倾出上层清液,并用去离子水洗涤沉淀 3~5 次,最后在湿沉淀中注入溶有 0.5 ml 油酸表面活性剂的 80 ml 柴油,充分搅拌 30 min,超声波分散 1 h。混合液体静置沉降,上层液体即为包覆有油酸表面活性剂的柴油基纳米磁液。

方法 4:按方法 1 实验步骤进行操作,洗涤过程中最后一次采用乙醇洗涤,其他步骤相同。

利用 MN 表面活性剂、SD-03 表面活性剂、油酸钠表面活性剂(主要用于磁性粒子干粉转移法)等分别进行试验,均取得了较好的效果。

对系列柴油基磁液进行了研究,主要有以 -20$^\#$、-10$^\#$、0$^\#$ 号柴油为基载液制备特征性能连续变化的磁液,均取得了较好的效果。

4.3.3 试验结果及其分析

(1)试验结果。

对上述方法制得的纳米磁液进行磁性能、悬浮性和稳定性检测,用扫描电子显微镜(SEM)对其结构形态进行表征。(参见第 6 章)

(2)分析讨论。

上述试验过程实际上分为两大阶段:第一阶段为纳米磁性粒子的制备或水基纳米磁液的制备;第二阶段为将第一阶段制得的纳米磁性粒子向柴油基载液中转移。由于纳米磁性粒子的合成一般要通过无机盐的溶液反应获得,而无机盐可溶于水但不溶于油,因此不能直接通过无机盐在油液体中反应合成纳米磁性粒子,若选择有机盐作为反应的前驱体,则可进行此种试验的尝试。无机盐 FeCl$_3$·6H$_2$O 和 FeCl$_2$·4H$_2$O 虽可溶于乙醇,但试验发现 FeCl$_2$ 在乙醇中极易发生氧化作用,因此不能用乙醇代替水为溶剂来合成 Fe$_3$O$_4$ 纳米磁性粒子。

关于试验过程的第一阶段已有一些文献介绍。研究者对该阶段的制备过程进行了研究,其影响因素很多,主要有表面活性剂种类、表面活性剂用量、反应前驱体溶液的浓度、NH_4OH 溶液的用量、NH_4OH 溶液与表面活性剂滴加顺序、NH_4OH 的滴加速度和均匀性、搅拌方式和速度、沉淀的洗涤和洗涤方式、沉淀的老化作用、反应过程中的氧化作用、溶液酸碱度及温度对反应的影响等。对于这些影响因素的作用，在第 5 章中专门论述，此处仅就第二阶段进行分析。

方法 1 中，将 Fe_3O_4 纳米磁性粒子从湿沉淀中直接向柴油基载液中转移，其理论依据是化学位概念。在湿沉淀相中，Fe_3O_4 粒子浓度很高，而柴油中 Fe_3O_4 粒子浓度为零，因此可认为 Fe_3O_4 在湿沉淀相中的化学位高于在柴油相中的化学位，Fe_3O_4 粒子由湿沉淀相（水）向油中的扩散是化学位降低的过程，从热力学上是可以实现的，充分搅拌和超声波分散是为了从动力学上加速扩散过程。由于向油中扩散的 Fe_3O_4 粒子为包覆有表面活性剂的纳米粒子，因而所用表面活性剂最好是油溶性的，本试验中采用溶于柴油的油酸和性质与油酸相近并可在酸性环境下水解为油酸的油酸钠作为表面活性剂，包覆后的纳米磁性粒子与油介质有较好的亲和力，利于向油中扩散。

制得高浓度强磁性和稳定性好的磁液，关键是使制得的磁性粒子高度分散和良好包覆。由于油酸不溶于水，所以制备过程中 Fe_3O_4 粒子包覆比较困难，试验中采用在洗涤前进行超声波分散包覆并延长搅拌包覆时间的办法，避免 Fe_3O_4 纳米磁性粒子（团聚体）在未被油酸表面活性剂充分包覆前，在洗涤过程中将游离的油酸带走。

该方法必然存在一个扩散平衡，最终得到的柴油基磁液的浓度低于同样条件下水基磁液的浓度，但尚可满足使用性能。若要进一步提高柴油基磁液的浓度和性能，一方面应尽量使湿沉淀沉淀完全（水分尽量少），另一方面可采取对制得的柴油基磁液蒸发浓缩或蒸馏的办法。

对于亲油性表面活性剂（如油酸、油酸钠等），由于它们对油的亲和力比对水的亲和力大，因此充分搅拌和分散转移后，几乎可将全部包覆有表面活性剂的纳米粒子转移到油中。

方法 2 是将干燥好的包覆有表面活性剂的纳米磁性微粒直接分散于柴油基载液中，所制得的磁液浓度更高且可调，性能更好。由于不涉及两液相之间的扩散传递，因此具有两亲性的表面活性剂均可使用，而对油溶性和水溶性无特殊要求。该方法中表面活性剂包覆层有可能在烘干和研磨过程中被破坏，干粉末团聚体也不易分散，制备过程中应充分考虑。

方法 3 中，油酸不溶于水而溶于柴油，当表面活性剂包覆与水溶液中的反应同时进行时，对包覆条件要求较严格，实现良好包覆难度较大，因此将油酸预先溶解于柴油中,使纳米粒子在柴油中吸附表面活性剂进行包覆,此时应注意将湿沉淀和柴油混合物充分搅拌和分散。该方法中,由于纳米粒子要从油基载液中"夺取"表面活性剂(或油基载液中的表面活性剂吸引纳米粒子),在制备过程中肯定会有一定量油酸仍然以溶质形式存在于油基载液中,因此预先溶解在油中的油酸用量应比包覆粒子所需用量多一些,但用量过多时,也会造成聚沉。该种方法制得的磁液中的磁性粒子包覆较均匀而完全,因此可制得质量很高的磁液,制备工艺参数合适时,可实现最佳包覆,水中的纳米粒子可全部转移到油中,形成明显的油水分离。

方法4中,最后一次洗涤用乙醇置换湿沉淀中的水,主要考虑在湿沉淀向柴油中转移的同时,可使乙醇挥发,至乙醇挥发完毕,包覆好的纳米磁性粒子可全部扩散到柴油中。该方法的要点是在最后一次水洗涤时尽量减少湿沉淀中的水分,以便尽量提高乙醇洗涤后乙醇湿沉淀中乙醇的浓度。

所制得柴油基磁液与煤油基磁液的性能比较见表4.5。

表4.5 柴油基磁液与煤油基磁液的性能比较

基载液	表面活性剂	挥发性	密度/(g·ml^{-1})	使用温度/℃	饱和磁化强度/Gs	悬浮性(沉降量/%,10 d)	稳定性(无沉降)	黏度(20 ℃)/(mPa·s)
柴油	油酸	较小	1.08	−40 ~ 80	502	0.001	18 个月	2.5 ~ 13.1
煤油	油酸	较大	1.06	−20 ~ 50	502	0.001	18 个月	6.2 ~ 7.1

注:$4\pi M = 5\ 000$ Gs

4.3.4　柴油基磁性液体制备小结

利用沉淀转移法制备出了稳定的柴油基纳米磁液,并试验总结了柴油基纳米磁液制备的一般规律。经测试表征,所制得的磁液性能良好。用柴油为基载液制备纳米磁液,可制得更多的品种和标号,成本低廉,应用范围更广。

4.4　制备方法讨论

磁液的制备方法在很大程度上取决于纳米磁性粒子的制备方法(自制表面活性剂或基载液时还要考虑表面活性剂和基载液的合成问题等),纳米磁性粒子制备方法是复杂多样的(参见4.1节)。机械粉碎法虽然简单,但不能保证质量和性能,且用时较长。物理方法中的离子溅射法、冷冻干燥法、火花放电法、爆炸烧结法及活化氢-熔融金属反应法,化学法中的水热合成法、喷雾热解法等都是较好的制备方法,但所要求的技术条件较复杂。物理法中的蒸发-凝聚法、化学法中的气相反应法,比较适合制备超微磁性粒子,并且易于与强磁性粒子的表面包覆改性及其在基载液中的分散相结合,其难点是高温加热源的选择和使用,设备较昂贵,某些设备需要自制。另外,还可考虑购买微米级强磁性微粒,再进行超声波粉碎(或用其他高能粉碎方式),这主要需研究提高其粉碎效率和增大产率问题,且设备较复杂庞大,更适宜于产业化生产。将溶胶-凝胶法与喷雾热解法等结合,可以相互补充,具有较大优越性,也不失为一种简便易行的制备方法,其难点也是设备庞大。综合方法对设备要求较高,难度较大,故在试验初期不宜采用此类方法。[8,125,266]

化学方法中的共沉淀法虽然影响因素多,液相体系内反应复杂,但它简便易行,成本低廉,故本章的研究中首选了此种制备方法。

磁液的类型可按磁性粒子种类不同分类或按基载液不同分类。按超微磁粒类型主要可分为:

①铁酸盐系,如 Fe_3O_4、$\gamma-Fe_2O_3$、$MeFeO_4$($Me=Co$、Ni)等。

②金属系,如 Ni、Co、Fe 等金属微粒及其合金(如 $Fe-Co$、$Ni-Fe$)。

③氮化铁系。

按基载液种类主要可分为:

①水。

②有机溶剂(庚烷、二甲苯、甲苯、丁酮)。

③碳氢化合物(合成剂、石油)。

④合成酯。

⑤聚二醇。

⑥聚苯醚。

⑦氟聚醚。

⑧硅碳氢化物。

⑨卤化烃。

⑩苯乙烯。[3-7]

选择 Fe_3O_4 磁性粒子是因为它应用普遍,成本低廉,在自然界中分布广泛,是最普通的磁性材料,且与生物磁学有很大的相容性(生物磁学纳入磁液研究中具有重大意义)。选择柴油为基载液进行研究,主要理由是前人未曾用过,在研究和应用过程中可能会有一些新的发现;再者,柴油标号较

多,为它的广泛适应性和广泛应用奠定了基础。[44,54,55]

制备方法中的具体工艺问题与纳米磁性粒子、种类和性能,纳米磁性粒子的制备方法,表面活性剂的种类及性能,基载液的种类及性能等有关,研究试验中给予了充分考虑和研究。例如,对水基磁液,可不必先制粉,而是直接原位合成磁液;对油基磁液,则可采取多种制备途径;对于洗涤前包覆的磁性粒子,应给予足够的搅拌时间;对于洗涤后包覆的磁性粒子,重点进行粒子分散;在水基磁液中应充分洗涤以除去不必要的甚至有害的电解质粒子;而在油基磁液中电解质离子的作用退居次要地位;对于离子强度特别敏感的 SD-03 表面活性剂[272],洗涤一定要尽量完全(以 $AgNO_3$ 检测);而对于离子强度不特别敏感的 MN 表面活性剂,则洗涤进行到一定程度即可,以增加产率(另外,有时尚需加酸调整溶液 pH,洗涤太完全也无必要);各类表面活性剂都有各自最佳的 pH 作用范围等。

4.5　小　　结

在大多数情况下,纳米磁液的制备取决于纳米强磁性粒子的制备,而纳米强磁性粒子的制备方法很多,各有特点。我们选择 Fe_3O_4 为强磁性材料,选择简便易行的湿化学共沉淀法为纳米 Fe_3O_4 磁液的基本制备方法,其基本化学反应方程式为

$$2Fe^{3+} + Fe^{2+} + 8OH^- \longrightarrow Fe_3O_4 + 4H_2O$$

本章主要研究了以下问题:

(1)$FeCl_3$ 水溶液系统和 $FeCl_2$ 水溶液系统的研究。该两系统是制备 Fe_3O_4 磁性粒子的前驱水溶液系统,对纳米 Fe_3O_4 磁液的研究十分重要。多元弱碱盐的水解过程十分复杂,前人对此进行过一些研究,但比较零散,也不全面。本书首次系统地研究了该两水溶液系统,从定性和定量角度研究了该两水溶液系统水解反应的规律,并对系列水解产物进行了扫描电镜表征,展示了前人研究工作中未曾发现的一些现象,得出了一些有意义的结论。

(2)水基磁液的研究。利用数种表面活性剂,分别制备了多种水基 Fe_3O_4 纳米磁液,经过反复试验,遴选了最佳工艺参数,调整了工艺过程,确立了简便合理的磁液制备工艺。

(3)柴油基磁液的研究。首次采用柴油为基载液制备出了纳米 Fe_3O_4 磁液,从规格和性能上来讲,柴油的标号更多,适用范围更广,应用潜力更大。本章探讨了几种制备柴油基磁液的方法,并对试验中的具体工艺问题进行了详细讨论,总结出了一套成熟的柴油基磁液制备工艺。

第 5 章　纳米 Fe_3O_4 磁性液体制备过程中的影响因素

5.1　引　言

在溶液中,分子可以很容易地离解为原子、离子,原子、离子、分子也可以水化。溶液中存在静电力、范德瓦耳斯力、氢键等多种相互作用,因此溶液一般是组元很多的复杂体系,溶液中的各种组元可以不受束缚而自由运动和碰撞,因此溶液中各组元之间反应的概率非常高。多元体系以及各组元之间可自由碰撞,使得液相体系变得异常复杂和敏感;外界条件的变化以及操作条件甚至操作顺序等的改变,都会对液相体系的反应产生较大影响,这也是液相反应的一大特点。综合考虑液相反应中的各种影响因素,对于磁液的制备理论研究以及提高磁液的性能质量等起着至关重要的作用。

5.2　反应前驱体溶液浓度对磁性液体性能的影响

反应前驱溶液($FeCl_3$ 和 $FeCl_2$ 溶液)的浓度直接影响反应速度和反应产物颗粒的大小。当前驱溶液浓度较大时反应较快,产物粒径较大。产物浓度较高,更易造成颗粒长大和团聚,不利于磁液性能的提高。反之,当前驱溶液浓度较小时,产物粒径较小,磁性微粒更易悬浮稳定。洗涤后定容时或制粉后进行基载液转移时,可通过控制基载液和磁性粒子的比例得到较高浓度的磁液,此时单位体积内磁粒数量较多(粒径小、悬浮性好、单位质量强磁性物质中颗粒数目多)。但浓度过小时,往往不易分离制粉。实际上磁液的磁性能除与磁性粒子的种类有关外,还与磁性粒子的数量和在磁液中的固含量有关。由于粒径大小不一(受反应物浓度等因素影响),磁液中磁粒数量一定时,固含量可能不同;固含量一定时,磁粒数量也可能不同。减小磁粒粒径和增加固含量都能提高磁液性能。不考虑其他影响因素时,反应前驱溶液浓度对减小磁粒粒径(非磁粒数量)和增加固含量的作用方向是相反的,因而对磁液性能的影响有一最大值,见表5.1。当然,对磁液性能的影响还有许多其他因素,试验时应综合考虑。调整制备工艺和参数,既要提高磁液中的固含量,又要增加磁液中磁粒数目(即减小粒径),这样才能得到磁性能最佳的磁液。通过某种方式对固含量低但粒径小的磁液进行浓缩可提高磁性能。或者,首先制得粒径小的粒子,然后以尽量高的固含量分散于某种基载液中,可得到较高磁性能的磁液。

表 5.1 反应物浓度对磁液性能的影响(原位生成法)

反应物浓度 /($mol \cdot l^{-1}$)	0.8	0.6	0.4	0.2	0.1	0.05
磁液性能	较强	强	很强	强	弱	无

5.3 表面活性剂种类对磁性液体性能的影响

表面活性剂的类型直接关系到与强磁性粒子和基载液的相容性,因而影响磁液的悬浮性和稳定性[51-53,214,272,301,302]。不同的表面活性剂与纳米磁性 Fe_3O_4 粒子的亲和性不同,在水溶液中的溶解性也不同,造成粒子包覆情况的差异,直接影响磁液的性能。研究者分别采用油酸、油酸钠、MN、SD-03 等做表面活性剂,皆能制得具有一定磁性能的水基磁液和油基磁液。其中尤以 SD-03 表面活性剂用作水基磁液为佳,油酸表面活性剂用作油基磁液为佳。MN 和油酸钠都可较好地溶于水基载液中,同时与 Fe_3O_4 有较强的结合力。表面活性剂优先吸附在颗粒表面,形成具有定向排列层的微球,可很好地分散在水基载液中。SD-03 在弱碱性环境(pH = 9)和低离子强度条件下,与 Fe_3O_4 颗粒有极强的亲和力,且与水有较好的相容性,因而既可在 Fe_3O_4 表面形成良好的球状弹性外壳,又能稳定地悬浮于水基载液之中,故能制得性能较高的磁液。油酸为非极性表面活性剂,不溶于水,但与 Fe_3O_4 有较好的亲和力。然而由于其憎水性,当颗粒吸附的油酸表面活性剂不是正好为单分子层膜时,则颗粒在表面活性剂作用下易絮凝;由于许多试验条件和环境因素都对纳米颗粒尺寸和数量有影响,影响到磁性微粒的表面积和比表面积,所需的表面活性剂最佳用量会发生变化,很难做精确控制,因此要得到性能最佳的以油酸为表面活性剂的水基磁液必须十分仔细。但油酸在油基载液中显示了其独特的优越性。油酸溶于柴油,又能在 Fe_3O_4 表面上良好吸附,因此可以制得性能很高的柴油基磁液。

不同的表面活性剂适于不同的磁液,它不仅与磁性粒子和基载液的种类有关,而且与制备工艺有关。制备过程中应充分考虑制备工艺、操作条件、操作顺序、控制参数、表面活性剂用量等多方面的影响。

5.4　表面活性剂用量对磁性液体性能的影响

　　试验得出的各种表面活性剂的最佳用量见表 5.2。表面活性剂用量过少时,颗粒表面不能形成完整的单分子吸附层(图 5.1)(有时需要形成双分子吸附层,如图 5.2 所示),不能形成完整的表面活性剂球状弹性外壳,颗粒在吸附有表面活性剂的一侧或表面活性剂较多的一侧发生黏连、絮凝,不能形成稳定磁液。反之,表面活性剂用量过多时,则过厚的表面活性剂包覆层之间会发生黏连,引起絮凝,同样不能形成稳定磁液。只有表面活性剂用量正好为颗粒表面单分子吸附层用量时(某些情况下为双分子层吸附用量),由于表面活性剂的定向作用,颗粒表面形成同极性表面活性剂球状外壳,球状外壳之间相互排斥,使包覆后的纳米磁性颗粒稳定地悬浮在基载液中[51-53]。试验研究中,对水基载液,表面活性剂的用量为每80 ml 0.4 mol·l^{-1}前驱体反应溶液 0.2 ml(油酸钠浓度为 0.4 mol·l^{-1},其相应用量为 1.6 ml)。

表 5.2　表面活性剂最佳用量

表面活性剂种类	油酸	油酸钠	SD-03#	MN	SD-05#
基载液	柴油	水	水	水	水
包覆次序	后	先	同时	先	后
最佳用量(每80 ml 反应液)/ml	0.6	0.2	0.6	0.4	0.5

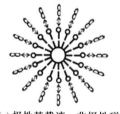

(a) 极性基载液、非极性磁粒　　　　(b) 非极性基载液、极性磁粒

图 5.1　两亲性表面活性剂单分子吸附层

　　表面活性剂在颗粒表面形成双分子吸附层的情况:当磁性颗粒和基载液都为极性分子时(或基载液与磁性颗粒同为非极性分子),若以具有两

(a) 基载液与磁粒同为极性分子　　　　(b) 基载液与磁粒同为非极性分子

⊛—极性颗粒；　　⊙—非极性颗粒；　　φ—两亲性表面活性剂分子；

⧙—极性溶剂分子；　　◐—非极性溶剂分子；　　↕—相互吸引

图 5.2　两亲性表面活性剂双分子吸附层

亲作用的极性高分子作为表面活性剂,则当表面活性剂吸附在颗粒表面时,极性端与颗粒表面结合,非极性端向外。由于此种情况下基载液是极性的,因此非极性端外壳与基载液不能相容,此时第一层的非极性端外壳有优先吸附第二层表面活性剂的倾向,第二层表面活性剂非极性端向内与第一层向外的非极性端外壳良好结合,如此在第二层吸附层向外的一端形成极性端外壳,这就能很好地与极性基载液相容。颗粒与基载液同为非极性分子的情况与此类似,只是过程相反。

若表面活性剂不具备两亲结构(不解离),则情况更复杂,根据具体条件(表面活性剂用量、与磁粒和基载液的亲和力及相互作用等),或者形成单分子吸附层,或者形成双分子吸附层。

表面活性剂的用量除与表面活性剂种类、磁性粒子大小和性能、基载液性质及制备工艺有关外,还与操作顺序和控制参数的选择密切相关。例如,对于颗粒洗涤后进行包覆的过程,应严格控制表面活性剂的加入量,而对于先包覆后洗涤的过程,表面活性剂的用量应适当增加,这是因为稍过量的表面活性剂有利于加速包覆,包覆完成后多余的表面活性剂可在洗涤过程中洗去;而对于先洗涤后包覆的过程,过多的表面活性剂将影响磁液的稳定性。另外,表面活性剂的用量还与搅拌操作、超声波分散作用的强度、频次、顺序等情况有关。研究者在试验中选用了多种表面活性剂。结合制备工艺、操作条件、操作顺序、控制参数、表面活性剂用量等的调整,最终选择 SD-03[#] 为最佳的水基磁液表面活性剂,油酸为最佳的柴油基磁液表面活性剂。在本书试验工艺条件下若采用先洗涤后包覆,SD-03[#] 最佳用量为 0.4 ml/80 ml 反应液,油酸最佳用量为 0.1 ml/80 ml 反应液。

5.5 表面活性剂带电符号对磁性液体 ζ-电位 即磁性液体动电稳定性的影响

值得注意的是,表面活性剂不仅增加磁性粒子的空间位阻和弹性位阻[41,47-50,56],而且对粒子的动电稳定性(ζ-电位)有重要影响。一方面,表面活性剂吸附在粒子表面要占据一定空间,可能要置换(挤走)部分电位离子,使 ζ-电位发生变化;另一方面,离子型表面活性剂本身吸附在粒子表面,使粒子带电状况发生改变。前一种情况主要与原有电位离子大小、电荷、吸附情况及表面活性剂分子大小、电荷、与粒子作用情况和吸附类型有关;而后一种情况对溶液 ζ-电位影响更大。离子型表面活性剂一般都能电离而带电,若电荷符号与磁性粒子所形成的胶体溶液带电符号相同,则可增加 ζ-电位,促进磁液动电稳定性;反之,若所带电荷符号相反,则可能削弱动电稳定性。当相反电荷的表面活性剂吸附到一定量时,也可使粒子带电反号,甚至是在反方向上得到提高(比原有 ζ-电位绝对值更高),这时反而增加了磁液动电稳定性,例如,SD-03# 表面活性剂的情况就是如此(参见第 7 章)。大多数离子型表面活性剂为阴离子型,少数为两性表面活性剂,还有一些为阳离子型。对于两性表面活性剂,其对磁液 ζ-电位和稳定性的影响主要取决于溶液所处的环境条件,如溶液 pH 等。对于 Fe_3O_4 磁性粒子,一般吸附具有类似成分和结构的 FeO^+ 离子为电位离子,使胶体溶液带正电。当吸附一层阴离子表面活性剂时,ζ-电位降低而削弱了磁液的动电稳定性(当然增加了磁液的弹性稳定作用和空间位阻稳定作用),若基载液是非极性的,则单分子吸附层是稳定的;若基载液是极性的,则双分子吸附层更稳定,双分子吸附层最容易使粒子 ζ-电位反号,从而有可能使被削弱的动电稳定性重新得到增强,如图 5.3 所示。离子型表面活性剂对磁液稳定性悬浮性的影响(方向)取决于表面活性剂对 ζ-电位改变的贡献与增加弹性位阻和空间位阻的贡献的相对大小。一般大分子表面活性剂的弹性位阻和空间位阻贡献大于对 ζ-电位的影响,因此大分子表面活性剂总是增加磁液的稳定性和悬浮性。对于小分子表面活性剂,因其不能提供足够大的(大于对 ζ-电位影响)弹性位阻和空间位阻,因而对磁液稳定性的贡献不大。这也是磁液制备中必须使用长链分子作为表面活性剂的原因之一。另外,为了给磁性粒子原有 ζ-电位的存在提供一定条件(吸附后 ζ-电位反号的情况除外),对磁性粒子的洗涤并不是越彻底越好,相反,有时人为地加入某种离子(或调 pH),使之有利于悬浮。

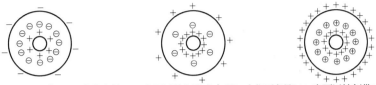

(a) 表面活性剂带负电(ζ−电位变号)(b) 表面活性剂带负电(ζ−电位不变号)(c) 表面活性剂带正电

图 5.3　表面活性剂带电符号对磁液 ζ−电位的影响(正溶胶粒子为例)

5.6　NH₄OH 溶液滴加量对磁性液体性能的影响

磁液制备中一般要用 NaOH 或 NH₄OH 等碱液滴定,称为碱源。碱源滴加量对磁液性能的影响见表 5.3。

表 5.3　碱源滴加量对磁液性能的影响(每 80 ml 反应液)

NaOH(6 mol·l⁻¹) 溶液滴加量/ml	14	15	15.5	16	16.5	17	17.5	18
磁性	无	微弱	弱	稍强	较强	强	很强	很强
NH₄OH(质量 分数为 25%) 溶液滴加量/ml	4	5	5.5	6	6.5	7	7.5	8
磁性	无	无	微弱	弱	稍强	较强	强	很强

通过湿化学共沉淀法制备纳米 Fe_3O_4 磁性粒子,一般要在 Fe^{3+} 盐和 Fe^{2+} 盐混合溶液中加入碱源。一般所用的碱源主要为 NaOH 溶液或 NH₄OH溶液,NaOH 溶液反应效率高(可制成较高浓度),浓度稳定,更宜于定量滴定,但具有较强的腐蚀性,且过量离子不易清洗完全;NH₄OH 溶液是一种弱碱,有刺鼻的氨味,但腐蚀性较小,且残余 NH₄OH 可通过时效挥发的办法脱水除去。二者各有优缺点。研究者先后选用 NaOH 溶液(6 mol·l⁻¹)和 NH₄OH 溶液(质量分数为 25%)进行试验研究,均取得了较好的效果。由于二者作用机理相同,故仅以 NH₄OH 溶液为例进行讨论。

按反应基本方程,$FeCl_3$、$FeCl_2$、NH₄OH 的摩尔比为 2∶1∶8,若 $FeCl_3$ 为 0.4 mol·l⁻¹、50 ml,$FeCl_2$ 为 0.4 mol·l⁻¹、25 ml,则溶液质量分数为 25% 的 NH₄OH 溶液反应所需理论滴加量应为 5.45 ml。该液相体系中的反应十分复杂,反应过程中可能形成部分的 NH_4^+ 络合离子,反应过程要受到动力学和热力学机制的限制,同时,NH_4OH 可能部分挥发,为了使铁离子尽量反应完全,应使 NH_4OH 过量,反应结束后过量的 NH_4OH 可通过挥发、蒸发、洗涤等办法除去。试验得出 NH_4OH 过量 20%,效果较好。注意,若 NH_4OH 量严重不足,由于液体 pH 环境等条件的限制,可能根本不能形成磁性 Fe_3O_4 纳米粒子,所得胶体溶液磁性很弱或根本无磁性。

5.7 NH_4OH 溶液滴加速度对磁性液体性能的影响

滴加速度是影响反应速度的主要因素之一[41-45,56],速度快,反应就快,生成的微粒来不及分散包覆,可能会长大聚结,使磁性能降低。如果搅拌速度足够快,或液体体积大或碱源浓度小等,也可能不聚结。因此为得到细小均匀包覆良好的磁性粒子应放慢滴加速度。但速度慢时会影响产率,而且过慢也无必要,因此要根据具体情况和其他试验条件掌握 NH_4OH 溶液的滴加速度。滴加速度还与反应的环境温度、搅拌程度、反应物浓度等有关,由于要控制产物粒度,而扩散是影响产物粒度的主要因素,因此加快扩散速度就能控制产物粒度,从而可以加快滴定速度,也可以讲,在保证产物细小均匀的前提下,扩散成了决定反应速度的主要因素。一般温度高、搅拌慢、浓度大时滴加速度可慢一些,因为此时反应快,造成局部产物浓度较大而来不及扩散;反之,温度低、搅拌快、浓度小时,此时虽然局部反应速度不如前一种情况快,但因能及时将产物扩散出去而防止长大,滴加速度可适当加快,以提高反应效率,这样,总的反应速度(滴加速度)可能更快。

滴定反应中控制 NH_4OH 溶液滴加速度对于制得细而均匀的纳米粒子非常重要,这里所说的滴加速度还包括液滴的大小和滴加均匀性。试验研究中采用微孔针式滴定法,液滴通过自制装置中的微针孔滴出,配合搅拌速度的调整,调节每分钟的液滴数,尤其是在反应到达等当点之前,溶液中有较激烈的化学反应,液相黏度会有较大变化,此时更应放慢滴定速度。滴定过量的氨水时,滴加速度可快些。Na_4OH 滴加速度对磁液性能的影响,见表 5.4。

表 5.4 NH_4OH 溶液滴加速度的影响(水基载液,SD-03 表面活性剂,定容 80 ml 磁液)

滴加速度 /(滴·min^{-1})	60	30	20	10	8	6	4	3
磁性	较弱	稍强	较强	强	强	很强	很强	很强
悬浮性	差	稍强	较强	强	强	很强	很强	很强

5.8 表面活性剂和 NH_4OH 溶液滴加顺序对磁性液体性能的影响

表面活性剂的加入,可以在 NH_4OH 溶液滴定之前提前加入到混合溶液中,也可以与 NH_4OH 溶液同时滴加,或者在滴加 NH_4OH 溶液至混合溶液出现棕色混浊时再滴表面活性剂,还可以在反应结束后滴加,甚至在洗涤操作后滴加。表面活性剂滴加顺序对磁液性能有重要影响,适当的滴加时机与表面活性剂、磁性粒子、基载液三者相互间的作用有关,要视具体情况通过试验而定。

试验表明,表面活性剂应适时加入才能得到包覆良好的纳米磁性粒子。在一定条件下,Fe_3O_4 磁性粒子是由 $Fe(OH)_3$ 和 $Fe(OH)_2$ 脱水而得,对于表面活性剂和 NH_4OH 溶液同时加入的工艺,一方面,若表面活性剂加入过早,则过早吸附在氢氧化物颗粒上,在某些情况下会对氢氧化物的脱水产生阻碍作用,使其不能及时脱水形成磁性粒子,另一方面,过多的表面活性剂(相对于反应初期产物 Fe_3O_4 磁性粒子量)会优先附着在搅拌棒上导致颗粒在棒上逐渐富集沉积;若表面活性剂加入过晚,则生成的纳米颗粒由于得不到及时包覆将聚结长大,同时会与液体中溶解的氧气发生作用而失去磁性(故有条件时可采用脱氧去离子水在绝对保护环境下进行试验)。笔者在研究中,当滴加 NH_4OH 至液体出现棕色混浊时,开始滴加表面活性剂,并随反应进行均匀滴加,至反应完全时将适量表面活性剂滴加完毕,效果较好。

在表面活性剂与基载液有良好相容性,或在基载液中搅拌条件下不聚结成大块的情况下,可将表面活性剂预先加入反应液中,这样可使分散在基载液中的表面活性剂更有效地对产物粒子进行包覆。对于需要基载液转移或通过某种措施可使未包覆的磁性粒子得以短时内不聚结(或聚结体可在短时期内重新被分散)的情况,也可考虑在洗涤操作后将表面活性剂加入到需要被转移的基载液中,通过充分的搅拌和超声分散,实现后期的分散、包覆、悬浮及稳定过程。

5.9 搅拌方式对磁性液体性能的影响

搅拌方式对磁液性能的影响包括搅拌仪器类型和搅拌速度。试验中分别采用电动机械搅拌机和电磁磁力搅拌机。前者搅拌速度稳定并可准确调节,但搅拌叶片与液体接触面较大,且因搅拌杆的刚度限制产生偏心振动,溶液中易卷入空气引起泡沫,增大颗粒氧化机会,且液体量少时叶片暴露于空气中,易使表面活性剂和生成颗粒附着其上,造成颗粒聚集,影响磁液性能,因此机械搅拌不宜用于液体量少时的反应搅拌,但可用于以延长包覆时间为目的的搅拌和以打开较大软团聚为目的的搅拌。电磁磁力搅拌机运转较平稳,速度较快,较易实现密封操作,但其受电流和磁场稳定性影响,搅拌速度不易精确控制。试验总结出试样体积较大时用前者,体积较小时用后者。加快搅拌速度有利于反应进行和产物扩散,但搅拌速度过快时同样会将空气摄入液体引起泡沫增大氧化机会。

搅拌速度的选择还与环境温度和反应溶液浓度有关,温度高、浓度大时,反应速度快,应适当加快搅拌速度以促进产物扩散。另外,试验发现,反应进行到一定阶段,溶液黏度会出现突然增大的现象,这主要是由于产物颗粒浓度增大和达到一定条件时水化作用突然加剧引起的,此时为保证反应继续正常进行,应适当调整搅拌速度。

5.10　沉淀的洗涤和洗涤方式对磁性液体性能的影响

为了增强磁液的动电稳定性(ζ-电位)和更好地发挥表面活性剂的空间位阻作用,需对反应物颗粒进行洗涤,以除去过多的不必要的电解质离子和多余的表面活性剂。洗涤的主要目的是洗去磁液中不必要的电解质离子。某些表面活性剂对离子强度相当敏感,离子强度高时不能形成良好的包覆,此时更应加强洗涤。试验中用 $AgNO_3$溶液检测溶液中 Cl^-的办法,检测残余电解质离子。一般认为,反应液中若洗去了全部 Cl^-,则其他离子也已基本洗去。开始洗涤时,由于电解质对双电层的压缩作用,ζ-电位较低,颗粒沉淀快,易于洗涤;随着溶液中电解质离子的减少,ζ-电位升高,颗粒越来越难于沉淀,洗涤也越来越困难。此时溶液中仍可能存在少量有害离子,但其影响已不是很大,因此没有必要洗涤完全。试验中视具体情况一般洗涤 3~5 次为宜。当然对于对离子强度相当敏感的表面活性剂如 SD-03#等,则应尽量洗涤完全。另外,可采用离心分离的方法加速沉淀过程,但由于吸附的表面活性剂可能过量以及因时间等因素使包覆层不稳定,离心过程可能造成微粒聚结和包覆层破坏,而且离心沉淀后颗粒再分散时(或再洗涤时)操作较复杂。虽然如此,控制适当时离心分离仍不失为一种有效的洗涤手段。必要时,可在磁场下洗涤,以加速颗粒沉淀过程。在最终形成稳定悬浮的磁液之前,磁场虽有可能促使团聚,但此时的聚集体是软团聚,较易重新分散,再者由于粒子细小,若不用磁场洗涤,可能沉降很慢甚至无法自然洗涤。试验证明,与长时间静置沉降洗涤的时效作用相比,磁场洗涤不仅效率高,而且可避免因时效作用引起团聚体的硬化或老化。磁场下洗涤时,最好不用超强磁场,因为超强磁场会使未最终稳定分散的磁性粒子形成永久团聚。另外,值得注意的是,洗涤前一定要留有足够的时间使表面活性剂在磁性微粒表面良好吸附,否则将过多地洗去表面活性剂,使最终用于包覆的表面活性剂用量不足,影响磁液稳定性。

试验研究中,离心分离除用于沉淀洗涤外,还可用于磁液的稳定化处理及一定尺寸磁性颗粒的分选。在一定转速下除去较大颗粒,使磁液不再沉降,可得到悬浮性和稳定性较好的磁液。在某些情况下,要得到单分散(即粒径均一或在某一较窄尺度范围内的粒子)的磁液或磁性微粒,往往也采用离心分离方法,即分别在不同转速下分离磁液,其中间过程得到的磁性粒子即为粒径分布在较窄范围内的粒子(或单分散粒子)。

5.11　沉淀老化对磁性液体性能的影响

在溶液反应过程及搅拌、沉淀、洗涤过程中,若生成颗粒不能(或还未来得及)很好地包覆,可能会发生团聚并老化,以致超声分散也不能将团聚体打开。因此磁液在制备过程中各步骤应连续进行,并尽量缩短每个步骤的时间,尤其在良好分散之前不可静置时间过长,在后期洗涤过程中,若液体中颗粒很难沉降,则应终止自然沉降的洗涤过程,或采取其他洗涤方式。离心分离或超强磁场下洗涤将加速沉淀的聚结老化,试验时应仔细控制。

对于已经聚结成团的颗粒,应先进行充分激烈的机械搅拌,将大团聚体打成细小团聚体,然后再用超声波强力分散小的团聚体;对于已老化的沉淀,更应加强机械搅拌和超声分散操作。磁性微粒在干燥过程中也易造成老化,再分散时应先进行研磨,然后再在基载液中分散。防止颗粒团聚老化的最好方法就是在颗粒表面包覆一层完整的表面活性剂外壳,这种过程比较复杂,且受多种因素的影响,制备纳米磁性粒子时应综合考虑各种因素。

5.12　磁性液体的分散和超声分散对磁性液体性能的影响

分散作用主要指机械搅拌分散和超声分散两种作用。机械搅拌是一种长程力分散,适于均匀混合和打开较大的团聚体,超声分散是一种短程力分散,适于打开较小的团聚体(纳微米级),试验中二者穿插进行。分散的时机和分散的顺序非常重要,要适时对液相体系进行多次分散,以免临时形成的团聚体变为硬团聚。适时分散还极有利于每次分散后的后续操作。反应过程中的搅拌和反应结束后的继续搅拌是为了保证反应均匀和完全,防止产生大颗粒;包覆过程应在机械搅拌下进行,以免因沉降作用造成粒子与表面活性剂的相对分离;洗涤后的机械搅拌是为了打开洗涤过程中形成的较大团聚体;反应结束后、洗涤前、洗涤后多次适时进行超声分散,是为了使反应产物粒子更好地分散开以利包覆完全并最终稳定存在。试验证明,采用多次适时分散、机械分散和超声分散穿插进行,取得了良好的效果。

超声分散需要有一定的强度和时间,同时要适时分散。有时在同一制备过程中要进行几次超声分散,例如,除形成最终产品之前的超声分散外,有时在反应完成后或沉淀洗涤结束后都要进行超声分散,以便适时打开试验过程中形成的软团聚以利于后续操作的进行,同时适时进行超声分散也避免了软团聚变为硬团聚。超声分散时,不仅要控制时间,更要掌握效率,使盛装被分散液体的容器位于超声振子振动的中心位置,并根据振荡介质情况(水量、水深、水温等)和磁液情况(黏度、体积等)调整容器高度,以使磁液和超声波源达到最大共振,以达到最佳分散效果。

5.13　离子强度对磁性液体性能的影响

离子强度对磁液性能的影响[41-46,56,272]主要表现在两方面:一方面,离子强度影响胶体溶液 ζ-电位,从而降低动电稳定性;另一方面,某些表面活性剂在离子强度较高时不能发挥理想的作用,甚至不能被磁性粒子吸附(产生脱附等),因此控制最终溶液的离子强度非常重要。

一般来讲,希望磁液的离子强度要低些,以使磁液中 Fe_3O_4 粒子有较厚的扩散层增加静电稳定性,但某些表面活性剂适于在弱酸性或弱碱性条件下发挥作用,因此有时在磁液中要人为地滴加酸或碱,这时滴加少量酸或碱使离子强度增加的效应与形成酸性或碱性环境对促进表面活性剂吸附作用相比是微不足道的。但要严格控制加入量：一方面，不使离子强度过高，降低ζ-电位；另一方面，磁液过高的酸性或碱性将会影响其实际应用。同时，更为重要的是，酸性或碱性较强时，同样会严重影响表面活性剂的吸附作用和良好球状弹性外壳的形成。

对于某些对离子强度不是特别敏感的表面活性剂，如油酸等，洗涤至离子强度降低到一定值时即可，以便简化操作工艺，缩短制备时间，提高产率。但对另一些对离子强度相当敏感的表面活性剂如 SD-03# 等，则应尽量采取各种措施，将离子强度降低到最低（用 $AgNO_3$ 检测）。磁液的离子温度要在制备的最后阶段通过加入电解质调整到最佳值，见表 5.5。

表 5.5　对应各种表面活性剂的最佳电解质加入量（水基载液，80 ml 反应液）

表面活性剂	油酸	油酸钠	SD-03#	MN	SD-05#
HCl（质量分数为 3.6%）	6 ml	5 ml		7 ml	0 ml
NaOH（浓度为 6 mol·l^{-1}）			0.4 ml		
悬浮稳定性	良好	良好	良好	良好	良好

5.14　表面活性剂包覆时间对磁性液体性能的影响

表面活性剂的包覆需要一定时间，能稳定地吸附在磁粒表面则更需要一定时间。一般来讲，理论上 Fe_3O_4 磁性粒子对表面活性剂的吸附应该是比较快而牢固的，但试验发现，若反应完成后包覆时间较短就进行洗涤，则会造成由于磁性微粒包覆的表面活性剂用量不足而引起絮凝，主要原因是 Fe_3O_4 粒子生成后表面能极高，立刻在表面形成溶剂化层并吸附溶液中的其他离子，表面活性剂需要克服溶剂化层和其他吸附离子的作用才能在粒子表面包覆，这实际上是一个表面活性剂分子通过溶剂化层和离子吸附层的扩散、渗透、取代、吸附、牢固结合的过程。需要一定的时间才能形成牢固的表面活性剂包覆层。我们在研究中充分考虑了这一点，在对磁性粒子洗涤前通过长时间的搅拌包覆，以保证表面活性剂的良好吸附。有文献[1,154,156]认为可通过静置陈化的方法促使表面活性剂吸附，我们对此进行了研究探讨，发现静置陈化不能达到良好的包覆效果。分析原因，静置陈化时，磁性颗粒沉于下方，而表面活性剂分散在整个液相中，造成了表面活性剂与磁性粒子的相对分离，故不能良好吸附和有效包覆；另外，长时间静置陈化有可能引起颗粒聚结和老化,造成软团聚变为硬团聚,使分散操作变得困难。搅拌和包覆时间的影响见表5.6。

表5.6 搅拌和包覆时间的影响(先包覆)

搅拌和包覆时间/h	0.5	1	3	6	12
磁性	无(易氧化)	弱	较强	强	强
悬浮性	差	较差	较强	强	很强

5.15 氧化作用对磁性液体性能的影响

试验各个阶段都可能发生氧化作用,使得 Fe^{2+} 氧化成 Fe^{3+} 而不能生成 Fe_3O_4 磁性颗粒,将导致制得的磁液性能变差。例如,$FeCl_2$ 溶液很容易氧化,因此用于反应的 $FeCl_2$ 溶液最好是新配制的,反应应在隔绝空气的条件下进行,同时为防止 Fe^{2+} 因氧化而量不足,$FeCl_2$ 溶液可稍过量;反应过程中生成的 $Fe(OH)_2$ 及相应的 FeO 很容易氧化,因而除尽量使之隔绝空气外,应适时包覆;生成的 Fe_3O_4 若包覆不好有时也容易氧化。因此应尽量使产物良好包覆,并在包覆层与粒子稳定结合之前,避免暴露于过氧环境中。

试验研究中,溶液反应是在密闭条件下进行的,碱源和表面活性剂通过针孔滴入。由于反应时液面上有较浓的 NH_4OH 蒸气,因此反应液上部处于微正压状态,可防止氧气的可能渗入。搅拌包覆(边搅拌边包覆)和分散操作也尽量在密闭条件下进行,在搅拌过程中尽量不使液体打起泡沫,减少氧气的溶入,减少粒子氧化的机会。当然有条件时可用脱氧去离子水作为反应物的溶剂,相应的各操作步骤和各步骤的衔接也都必须在密闭的或保护气氛下进行。如进行规模化开发或要进一步提高磁液性能,可采取此种严格的工艺条件。

5.16 pH 对磁性液体性能的影响

试验发现,溶液在强碱性环境下(过量氨水)才能够反应完全,得到黑而亮的磁液。若碱量不足,溶液中就存在一些非 Fe_3O_4 物质,使洗涤操作变得困难,并且降低磁液性能。高 pH 条件下溶液反应完全后,须进行洗涤操作,主要是为了洗去多余的电解质离子(碱、盐等),以降低离子强度,增加扩散层厚度来提高磁液静电稳定性。同时,对于在滴定过程中同时包覆的产品,应通过洗涤除去多余的表面活性剂。

溶液在反应过程中需处于碱性环境才能生成 Fe_3O_4 磁性微粒,所以在反应到达等当点之前,溶液颜色一直是棕色的,无磁性,溶液中的粒子是氢氧化物而不是 Fe_3O_4 晶粒;等当点之后,溶液突然变黑,生成 Fe_3O_4,随 Fe_3O_4 生成量的增多,液体磁性逐渐增强。但由于氧化还原电位的原因,碱性环境易发生氧化,故反应时应减少液相体系与氧气的接触。生成的 Fe_3O_4 微粒由于吸附 FeO^+ 而成为正溶胶,在酸性环境下生成较高的 ζ-电位,增加其动电稳定性。因此为得到稳定悬浮的磁液,必须用 HCl 等将其调整至酸性并随之进行超声分散。需要注意的是,在滴加 HCl 之前必须确保粒子包覆完好,否则 H^+ 将与 Fe_3O_4 发生作用,并引起沉降。酸性条件同时也为磁液提供了抗氧化的环境。用 HCl 调整磁液酸碱性时,必然增加溶液中的 Cl^-,会对 ζ-电位产生一定的副作用,但其影响比减少 OH^- 而产生的促进作用要小得多。为减少调整酸碱性的 HCl 等的用量,降低 Cl^- 等阴离子的影响,应尽量使溶液中的 NH_4OH 洗涤挥发完全。

以上讨论的是包覆后的 Fe_3O_4 粒子为正溶胶的情况及表面活性剂在酸性环境下发生作用的情况。对于表面活性剂在非酸性情况下发挥作用的情况(中性或碱性),制备过程则不能使溶液处于酸性状态。对于某些表面活性剂,为了与基载液相适应等原因,可能要形成双分子吸附层,由于大多数表面活性剂为阴离子型,形成双分子层后极有可能使正溶胶变号为负溶胶(某些情况单分子层时也能使 ζ-电位变号),此时胶体溶液带负电,故也是碱性环境对提高动电稳定性有利。

在形成最终产品的阶段,应根据表面活性剂情况,调整磁液的 pH,对于 SD-01#、SD-02#、SD-04#、SD-05# 表面活性剂,在酸性环境下作用良好,而 SD-03# 表面活性剂在碱性环境下作用良好,但碱含量不能过高,因为 SD-03# 表面活性剂对离子强度比较敏感,碱含量过高会增加溶液中的离子强度,使表面活性剂脱附,降低磁液的稳定性,pH 对包覆效果的影响——悬浮性(水基)见表 5.7。

表 5.7　pH 对包覆效果的影响——悬浮性(水基)

	pH	1	1.5	2	2.5	3	7	8	9	10
悬浮性	SD-03# 表面活性剂	差	差	差	差	差	较差	较好	很好	较好
	MN 表面活性剂	很好	良好	较好	较差	差	差	差	差	差

5.17　制备过程中温度对磁性液体性能的影响

温度的影响贯穿于制备过程的各个阶段。温度升高时,反应速度、氧化速度、NH_4OH 的挥发速度都加快。针对温度对反应速度和氧化速度的影响,可如上所述采取相应措施。温度较高时(如在夏季)NH_4OH 挥发快,可能造成参与实际反应的 NH_4OH 溶液用量不足,因此应适当增加反应中 NH_4OH 溶液的用量。

在反应过程中尤其在包覆过程中,应适当提高温度,例如,控制温度在 $60 \sim 80$ ℃ 为宜,以便提高反应和包覆效率。若需要排除多余的 NH_4OH,一般要进行水浴加热;相反,在洗涤过程中,温度过高反而不利于沉淀洗涤,一般在室温下操作即可。超声分散时,由于对液体分子的振动,液体介质吸收能量会自然发热,一般不需要附加热源。温度过高时对表面活性剂的吸附也会产生不利影响,因此超声分散时应及时更换过热的水。制备温度对碱源用量及磁液性能的影响见表 5.8。

表 5.8 制备温度对碱源用量及磁液性能的影响

温度/℃	0	20	30	40	60	80	90
NH_4OH 过量比例/%	5	10	15	20	30	30	30
磁性能	良好	良好	较好	一般	较差	较差	差

5.18 表面活性剂种类与制备工艺的关系

文献中很少提及表面活性剂对制备工艺的影响。我们在试验研究中对所用的各种表面活性剂分别进行了各种制备工艺的探索,改变试验参数、试验条件和试验程序以及表面活性剂包覆条件。试验表明,各种表面活性剂对制备工艺的要求是不同的,即不同的表面活性剂对应不同的最佳制备工艺,对于某种表面活性剂,采用其他工艺虽也能制得较稳定的磁液,但其性能却与相应的最佳工艺条件下制得的磁液有一定差别,这主要是由各种表面活性剂不同的结构和性能决定的。

例如油酸表面活性剂,由于不溶于反应液,制备水基磁液时以边反应边滴加工艺为佳,反应完成后要留有足够的时间进行包覆,使表面活性剂与 Fe_3O_4 粒子良好结合。同样对于油酸表面活性剂,若制备柴油基磁液,则以表面活性剂加入到柴油基载液中,将制得的 Fe_3O_4 磁性粒子边进行基载液转移边包覆的工艺为佳。对于 MN 表面活性剂,制备水基磁液时,采用洗涤后再进行纳米粒子包覆的工艺为佳。对于 SD-03[#] 表面活性剂,则是以采用溶液反应和粒子包覆同时进行的工艺为佳。

5.19　小　　结

　　液相反应是十分复杂的。在液相反应中,控制超顺磁性纳米级磁性粒子并使其良好包覆和稳定分散悬浮是非常重要的,其影响因素更多。本章讨论了磁液制备过程中复杂多变的影响因素:反应前驱体溶液的浓度直接影响反应速度及反应产物颗粒大小;表面活性剂的类型直接关系到与强磁性粒子及基载液的相容性,因而影响到磁液的悬浮性和稳定性;表面活性剂用量的确定应能形成完整的单分子吸附层或双分子吸附层,过多过少都将影响磁液的稳定性;表面活性剂带电符号(离子型表面活性剂的类型)影响到磁液 ζ-电位及磁液动电稳定性;为保证反应完全,NH_4OH 碱源滴加量要稍过量,反应完全后则应除去过量的 NH_4OH;NH_4OH 溶液滴加速度是影响反应速度的主要因素之一,影响磁性粒子尺寸大小和磁液悬浮性稳定性;表面活性剂和 NH_4OH 溶液滴加顺序随表面活性剂种类、基载液种类及具体工艺不同而异;机械搅拌和磁力搅拌各具特点,可侧重用于不同的目的;静置沉淀洗涤、离心洗涤、磁场下洗涤各有特点,要根据不同的工艺过程特点来选择;制备过程中出现的沉淀要适时打开,避免转化为硬团聚;超声分散对磁液最终稳定分散悬浮有重要作用,具体操作时要注意超声分散的时机和方法;离子强度对某些表面活性剂特别敏感,洗涤过程中应充分注意,要根据表面活性剂类型区别对待;制备过程中一定要给表面活性剂包覆留有足够时间,以便形成牢固的表面活性剂吸附层弹性外壳;制备过程中的每个阶段都应采取措施,以防止中间产物和最终产物的氧化;根据表面活性剂的作用方式不同,调整磁液的 pH;制备过程中控制好温度有利于各阶段反应进行;制备过程中应采取措施防止沉淀老化;制备工艺应随表面活性剂类型做适当调整等。

第6章 纳米 Fe_3O_4 磁性液体的表征

6.1 引　言

纳米磁液研究的目的不仅在于制备高质量的纳米 Fe_3O_4 磁液,更重要的是对纳米磁液的性能增强机制和稳定理论做深入探索。利用先进的科学仪器对纳米磁液进行表征是机理分析的关键,也是进一步提高产品性能的保证。文献[17]~[19]、[88]~[90]等对磁液表征理论论述过浅或不全,有的虽进行了某项表征,但未抓住实质,未能明确清晰地反映该表征手段所能表达的结构信息;有的甚至得出了一些错误的概念;有的表征手段单一,未能利用各表征手段的相互联系和相互补充,对磁液结构信息进行相互论证和验证;有的对表征信息观察分析不够透彻,不够准确等。

我们的试验研究虽未能独立地提出新的表征方法,但在以下几方面做了卓有成效的工作:

(1)分别利用十几种手段对磁液进行了系统表征,更全面地反映了磁液的性能、组成和结构等方面的信息。

(2)将多种表征手段联系起来,相互印证,相互补充。

(3)参与到各种表征手段的具体操作过程中,使表征目的和所希望获取的信息更明确,因此表征结果更正确、更清晰、更直观、更能反映磁液的本质特征。

(4)基于上述表征过程,对磁液性能特征进行了有说服力的透彻分析。

6.2　磁性液体在磁场下的形貌观察

磁液的最大特点是既具有强磁性,又具有流动性。基于这一特点,磁液在外磁场下可以定向、定位,可以实现定向移动,这是磁液能获得广泛应用的重要基础之一[11,12,16]。试验所制得的磁液具有较强的磁性能,除了能用仪器定量地测量出饱和磁化强度和起始磁导率等性能指标外,还能利用磁液在外磁场下受力产生形变的特性,更直观地观测磁液的磁特性。所制得磁液在磁场下的形貌如图6.1所示。其中图6.1(a)中玻璃板下面是环形磁铁,玻璃板上面是磁场下的磁液;图6.1(b)为磁液被烧杯外的磁铁带离液面的情况;图6.1(c)所示为在磁场下磁液表面的钉销现象(光学显微镜下)。

(a)　　　　　　　(b)　　　　　　　(c)

图6.1　磁场下磁液表面的钉销现象

从图6.1(a)可以看出,所制得的磁液在外磁场下呈立体的圆环状分布,磁场强度较大处能够保持较多的磁液,沿磁场由强到弱的分布形成磁液厚度(深度)较大的高度差,磁液被有效地束缚在磁场较集中的地方而不流淌,说明磁液具有较强磁性,饱和磁化强度较高。图6.1(b)表示磁铁隔一玻璃层将磁液液滴带离磁液表面的情形,同样可以说明所制得磁液具有较强的磁性能。图6.1(c)表示磁液在磁场作用下液面扰动的微观图片和界面不稳定性图像(针尖状表面)。

6.3　磁性液体的性能测试

磁液的性能主要包括饱和磁化强度、起始磁导率、黏度、密度、蒸发率、凝点、倾点、使用温度范围等[10,12,56,67,77,87,88,97,99,136,147,151,159,173,180,193,216,238,273-276]。

图6.2为所制得的磁液的饱和磁化性能曲线,根据图6.2(c)可看出,所制得的磁液具有良好的超顺磁性(无磁滞)。

水基磁液性能测试结果见表6.1,油基磁液性能测试结果见表6.2,所制得的磁液与国内外产品的性能比较见表6.3。20 ℃时密度(g/ml):水为1.000 0,柴油为0.810 5,煤油为0.778 8。

由表6.1可以看出,0235#、0238#、0243#磁液性能较理想。

由表6.2可以看出,0244#、0266#、0268#磁液性能较理想。

由表6.3可以看出,所制得的磁液密度较小,但性能较好。

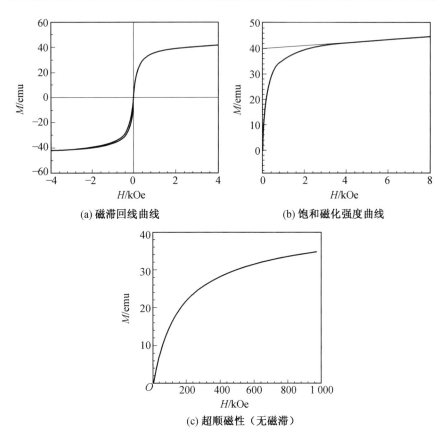

(a) 磁滞回线曲线　　　　　　　(b) 饱和磁化强度曲线

(c) 超顺磁性（无磁滞）

图 6.2　制得的磁液的饱和磁化性能曲线（$1(\mathrm{emu})=4\pi\ \mathrm{Gs},4\pi\ \mathrm{Gs}=5\ 000\ \mathrm{M}$，$1(\mathrm{emu})_{\mathrm{m}}=10^3\ \mathrm{A/m}$）

表 6.1　水基磁液性能测试结果

样品编号	表面活性剂	表面活性剂用量/ml	反应物浓度/(mol·l⁻¹)	磁性能	悬浮性（沉淀10 d 沉淀率)/%	稳定性(不沉淀时间)
0228#	MN	0.5	0.4	好	3.3	4 个月
0230#	MN	0.6	0.4	好	3.5	1 个月
0235#	MN	0.2	0.4	很好	0.064	8 个月
0236#	MN	0.1	0.1	一般	0.065	5 个月
0238#	MN	0.1	0.2	好	0.064	8 个月
0239#	SD−03#	0.1	0.2	一般	0.066	6 个月
0240#	油酸	0.1	0.2	一般	0.068	6 个月
0242#	油酸	0.2	0.2	一般	0.070	6 个月
0243#	油酸钠	0.8(0.4 mol·l⁻¹)	0.2	好	0.064	8 个月

表 6.2   油基磁液性能测试结果

样品编号	表面活性剂用量(每80 ml基载液)/ml	表面活性剂加入方式	是否洗涤	是否乙醇置换	磁液磁性	悬浮性	稳定性
0244#	0.2	反应时滴加	是	否	强	好	好
0262#	0.25	反应时滴加	是	否	较强	好	较好
0264#	0.25	溶于柴油中	否	是	中等	好	较好
0266#	0.25	反应时滴加	否	否	强	好	好
0268#	0.6	溶于柴油中	否	否	很强	好	好

表 6.3   制得的磁液与国内外产品的性能比较

来源	基载液	颜色	饱和磁化强度/Gs	密度/(g·cm^{-3})	黏度(20 ℃)/(mPa·s)
美国	水	深棕	200	1.18	1~10
	二酯	黑	100	1.19	100
日本	水	黑	360	1.35	34
	合成油	黑	180	1.10	150
中国	水	黑	250	1.30	12
	汽油	黑	300	1.19	6
0238#	水	亮黑	260	1.10	2.6~13.1
(中国)	柴油	亮黑	502	0.859 0	6.2~7.1

　　分别采取反应前一次性加入表面活性剂(即时包覆法)、反应中同时滴加表面活性剂(同步法)、反应完成并洗涤后加入表面活性剂(后包覆法)等几种方法制备了 7 个优选的样品,均具有较高的磁性能和较好的悬浮性及稳定性。各磁液样品的制备条件和动电电位(ζ-电位)见表 6.4。

表 6.4   各磁液样品的制备条件和动电电位(ζ-电位)

	MF01#	MF02#	MF03#	MF04#	MF05#	MF06#	MF07#
基载液	柴油	水	水	水	水	水	水
表面活性剂	油酸	油酸	MN	SD-03#	SD-03#	油酸钠	FeCl$_3$分散剂
原试验编号	68-3#	125#	86-2#	101-3#	107-3#	114-2#	200#
包覆时机	后	同步	即时	后	同步	同步	后
pH		1.5	1.5	1.5	9~10	1.5	2
ζ-电位/mV		+0.050 0	-0.125 9			+0.046 69	

6.4 磁性液体的 X-射线(XRD)研究 [277-281]

所制得的磁液的 XRD 衍射图像如图 6.3 所示。其中 FANG-1 为 mf-03#样品,YUAN-2 为 mf-05#样品。纳米 Fe₃O₄ 磁液 XRD 衍射特征峰位一览表见表 6.5,XRD 分析如下:

MF-01#样品:1#、10#和11#、12#、13#峰分别对应标准样品的 1#、2#、3#、4#四个峰。

MF-02#样品:1#～3#、9#和 10#、12#峰分别对应标准样品的 1#、2#、3#三个峰。

MF-03#样品:2#、8#、9#～12#、13#峰分别对应标准样品的 1#、2#、3#、4#四个峰。

MF-04#样品:1#和 2#、5#、6#～10#、11#、12#、13#、14#和 15#峰分别对应标准样品的 1#、2#、3#、4#、5#、7#、8#七个峰。

MF-05#样品:1#、5#～8#、9#和 10#、11#、12#和 13#、14#和 15#峰分别对应标准样品的 1#、2#、3#、4#、7#、8#六个峰。

MF-06#样品:1#和 2#、8#～11#、13#和 14#、15#峰分别对应标准样品的 1#、2#、3#、5#四个峰。

MF-07#样品:1#和 2#、10#～12#、13#和 14#、15#峰分别对应标准样品的 1#、2#、3#、4#四个峰。

FANG-1 样品仅有的两个峰分别对应标准样品的 3#、7#两个峰。

YUAN-2 样品唯一的一个峰对应标准样品的 3#峰。

可以看出,各样品的 X-射线衍射图都或多或少地反映了 Fe₃O₄晶体的衍射峰信息,因此可推测所制得磁液中的主晶相为 Fe₃O₄晶体。

MF-01#～MF-07#样品在 2θ 为 9.350°左右都有一强峰,经与 X-射线衍射仪操作者共同讨论分析后认为是仪器误差所致。因制样过程中粉末在玻片上结合不牢固,有脱落现象,露底较严重,故出现了一些杂峰。

由图 6.3 可见,所制得的纳米磁液中的晶粒非常细小,衍射峰宽化现象很严重,但仍可看出纳米颗粒为 Fe₃O₄晶体,这一点可以在下面的高分辨电镜表征、电子能谱衍射花样表征、光谱分析表征等手段中进一步得到证实。其中 MF-02#、MF-06#样品衍射峰稍强,说明其晶粒相对稍大一些,这在后面的透射电镜表征中得到了进一步证实。

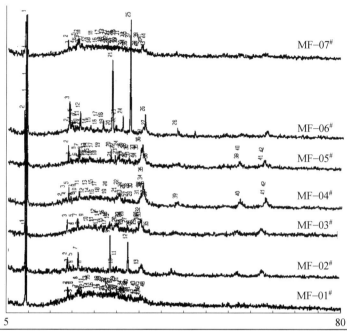

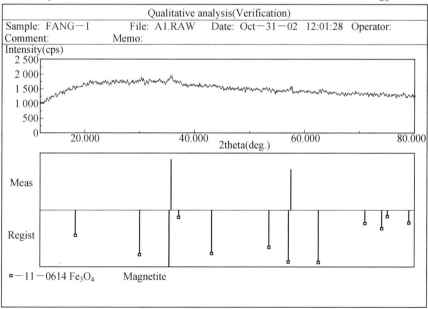

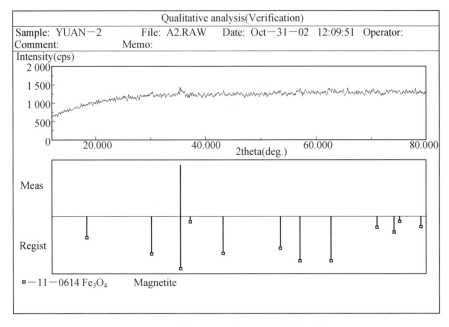

图 6.3　所制得的磁液的 XRD 衍射图像

6.5　磁性液体的扫描电镜(SEM)研究[277,278,280-282]

对所制得的磁液进行 SEM 表征,结果如图 6.4 所示。能谱分析如图 6.5 所示。

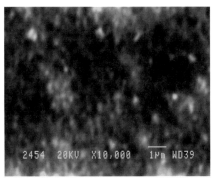

图 6.4　制得的磁液的 SEM 图像

由图 6.4 可看出,纳米磁性颗粒细小,分布均匀,磁性颗粒间被基载液分隔开,无团聚结块现象,这在微观上保证了其良好的悬浮性和稳定性。

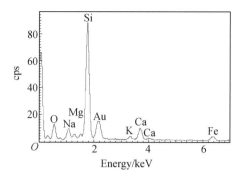

图 6.5　磁液能谱分析图

能谱分析表明,能谱图显示的元素成分中属于磁液的主要是 Fe(其他峰为玻璃基体)。

表 6.5　纳米 Fe_3O_4 磁液 XRD 衍射特征峰位一览表

峰位号		1#	2#	3#	4#	5#	6#	7#	8#	9#	10#	11#	12#	13#	14#	15#
标准样品	$2\theta/(°)$	18.330	30.070	35.652	37.270	43.217	53.548	57.044	62.626	71.078	74.156	75.096	79.313			
	强弱顺序	7	4	1	11	5	6	2	3	9	8	12	10			
MFWF-01#	$2\theta/(°)$	18.960	21.220	21.420	21.740	23.880	24.140	24.900	27.660	28.620	29.400	30.220	35.480	36.360		
	INT	226	199	210	188	192	188	194	196	214	181	173	131	132		
	强弱顺序	1	4	3	8	7	9	6	5	2						
MFWF-02#	$2\theta/(°)$	18.940	19.340	19.740	20.200	20.380	21.340	22.280	28.580	29.300	30.080	32.600	35.100			
	INT	186	122	103	118	110	238	107	394	105	109	335	98			
	强弱顺序	3	5	11	6	7	4	9	1	10	8	2	12			
MFWF-03#	$2\theta/(°)$	9.059	18.960	21.360	23.880	25.080	25.560	28.620	30.280	35.060	35.220	35.540	35.700	37.400		
	INT	151	196	205	150	147	149	175	147	158	161	199	189	100		
	强弱顺序	8		1	9	11	10	5	12	7	6		4			
MFWF-04#	$2\theta/(°)$	18.400	18.980	21.420	29.740	30.220	35.120	35.280	35.480	35.620	35.840	36.520	43.280	57.140	62.700	62.860
	INT	118	214	176	138	152	157	181	227	252	196	99	83	108	122	114
	强弱顺序		3	6			7		2	1		14				
MFWF-05#	$2\theta/(°)$	18.920	21.340	23.780	25.580	29.460	30.040	30.280	32.580	35.200	35.580	36.700	57.020	57.260	62.380	62.580
	INT	243	212	143	206	152	141	159	130	217	251	95	97	101	82	103
	强弱顺序	2	4	8	5	7	9	6	10	3	1					

续表 6.5

峰位号		1#	2#	3#	4#	5#	6#	7#	8#	9#	10#	11#	12#	13#	14#	15#
MFWF-06#	$2\theta/(°)$	18.780	19.000	19.440	19.580	21.440	26.600	28.640	29.340	29.460	30.920	32.660	35.840	36.140		
	INT	140	349	159	158	256	177	742	132	130	217	1113	235	108		
	强弱顺序	10	3	8	9	4	7	2	11	12	6	1	5			
MFWF-07#	$2\theta/(°)$	18.920	19.280	20.700	20.840	21.340	21.380	21.840	22.120	27.880	29.860	30.100	30.420	35.380	35.660	36.380
	INT	194	135	155	170	213	196	165	163	162	149	138	135	153	146	113
	强弱顺序	3		8	4	1	2	5	6	7				9		
FANG1(mf-03)#				35.809				57.513								
YUAN2(mf-05)#				35.861												

6.6　磁性液体的透射电子显微镜(TEM)表征[277,278,280-282]

利用日立 H-800 透射电子显微镜对磁液进行 TEM 表征,结果如图 6.6 所示。

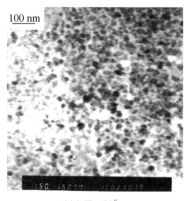
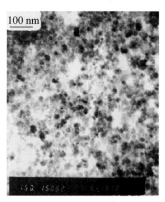

(a) MF-01#　　　　　　　　　　(b) MF-05#

图 6.6　制得的磁液的 TEM 照片

由图 6.6 可看出,磁液中纳米颗粒非常细小、均匀,大多数粒径在 8~10 nm,最小为 4 nm,属于超顺磁性纳米磁性粒子,故磁性微粒的矫顽力为零(无剩磁),并且粒径小增加了系统布朗运动的动力稳定性,这些决定了所制备磁液具有很好的磁性能和使用性能。

6.7 磁性液体的电子衍射谱(EDP)研究[277-284]

对所制得的磁液进行 EDP 表征,结果如图6.7 所示。

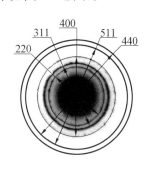

(a) MF－05#   (b) MF－05#指数标定

图6.7 制得的磁液的电子衍射图谱及指数标定

由图6.7 可看出,磁性颗粒的衍射环清晰,进一步验证了纳米颗粒具有完整的晶格。对衍射环的结晶学计算,证明了纳米颗粒为 Fe_3O_4 晶体。

图6.7 中给出 MF-05#样品的衍射图谱和指数标定,并计算出各衍射环对应的晶面指数,与 Fe_3O_4 晶面指数信息相吻合(计算过程略)。计算结果 $| d_{计算值} - d_{标准值} | < 0.05$,在允许误差范围之内,并且 $d_{计算值}$ 略小,这是由于纳米颗粒细小导致晶格收缩引起的,这一点在高分辨研究中得到进一步证实。

6.8 磁性液体的红外光谱(IR)研究[286-290]

对所制得的磁液进行 IR 表征,结果如图6.8 所示。

红外光谱解析:波数为 4 000~1 333 cm^{-1} 波数段称为基团频率区或特征(官能团)吸收频率区,波数为 1 333~650 cm^{-1} 波数段称为指纹区,一般红外光谱分析都在4 000~400 cm^{-1} 波数范围内。光谱解析时,一般先从特征频率区的第一强峰开始,判定所属官能团并推测可能的化合物类别,然后依次研究次强峰。本书 IR 研究的主要目的是为纳米 Fe_3O_4 粒子良好表面活性剂包覆层的存在提供证据。红外光谱检测时,由于样品制备和溶剂等因素的影响,会出现一些样品材料以外的吸收峰,见表6.6。通常样品

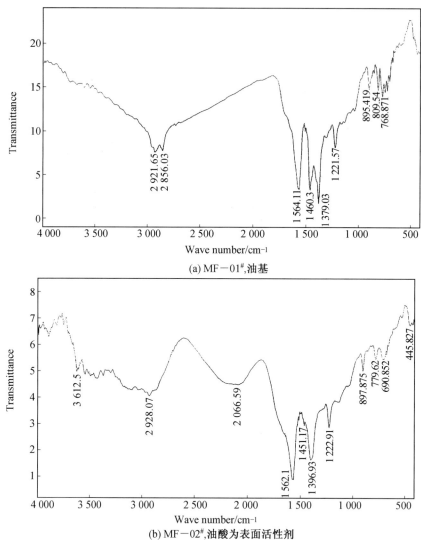

(a) MF－01#,油基

(b) MF－02#,油酸为表面活性剂

中各类化合物的峰位分析见表 6.7。

MF-01#、MF-02#、MF-04#、MF-05#、MF-06#、MF-07#六个样品都有:
2 928 cm⁻¹附近吸收峰和 1 460 cm⁻¹附近吸收峰,它们的共性是都含有羧
基和—CH₃,MF-03#未出现 2 928 cm⁻¹附近吸收峰,原因在于所用表面活
性剂 MN 中不含羧基;MF-01#~MF-07#样品都含有 1 560 cm⁻¹附近吸收
峰,可能的解释是它们都含有 C ═C 组分;MF-01#、MF-02#、MF-04#、MF-
05#、MF-06#、MF-07#六个样品都有 1 460 cm⁻¹附近吸收峰,这是 C—O、
CH₃、CH₂的特征峰,MF-03#样品无此吸收峰;MF-01#~MF-07#样品都含

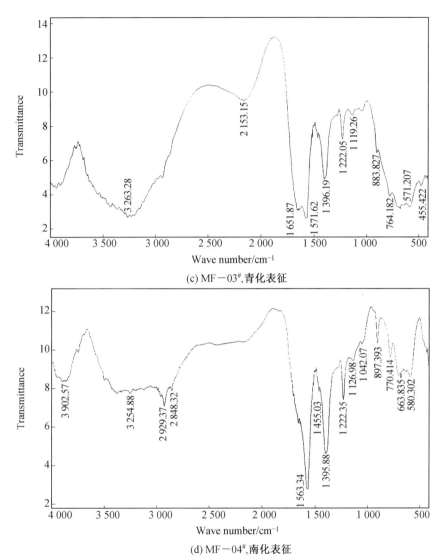

(c) MF—03#,青化表征

(d) MF—04#,南化表征

有 1 396 cm^{-1}附近吸收峰(MF-01#稍有偏离)和 1 222 cm^{-1}附近吸收峰,这是—CH$_3$的特征峰;MF-01# ~ MF-07#样品都含有 890 cm^{-1}附近吸收峰和 770 cm^{-1}附近吸收峰(MF-03#稍偏离),这是—C—H、═C—H 的特征峰;MF-01、MF-05、MF-07 三个样品,由于浓度小,可能会导致部分弱峰消失,但仍可反映部分有机高分子的特征吸收峰。

各样品红外光谱图有许多共性,说明样品皆含有长链有机高分子,由此证明表面活性剂对纳米粒子实现了良好包覆。下面再以 MF-01#样品为例进行具体分析。

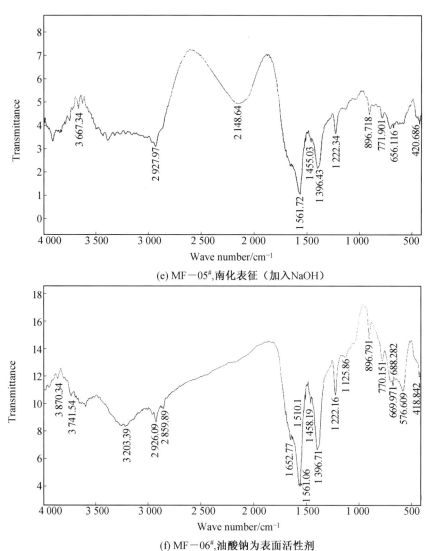

(e) MF－05#,南化表征（加入NaOH）

(f) MF－06#,油酸钠为表面活性剂

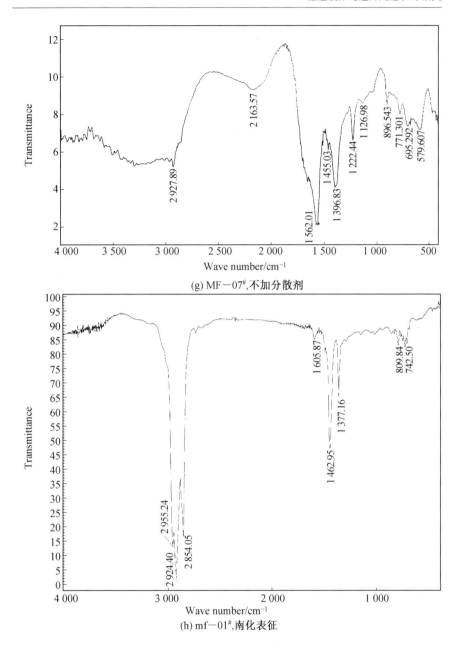

(g) MF－07#,不加分散剂

(h) mf－01#,南化表征

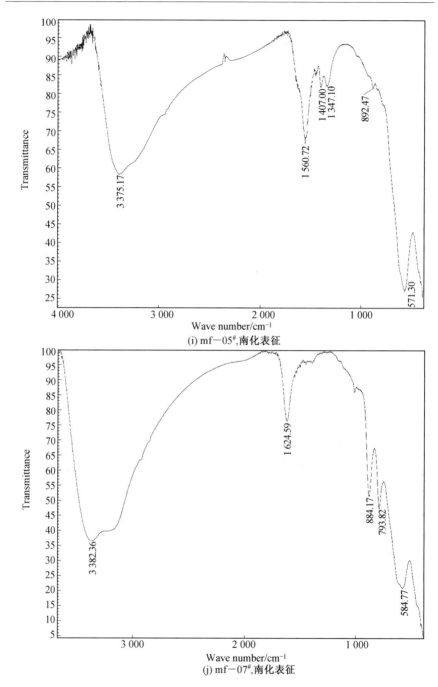

(i) mf—05$^#$,南化表征

(j) mf—07$^#$,南化表征

图 6.8 制得的磁液的红外光谱图

表 6.6 常见的非样品本身的吸收峰

大约的波数/cm^{-1}	化合物或基团	来　源
3 700	H_2O	溶剂中的水(厚吸收层)
3 650	H_2O	石英窗上的水
3 450	H_2O	含氢键的水,常来自 KBr 片
2 350	CO_2	大气
2 330	CO_2	从干冰中溶解的气体
2 300,2 150	CS_2	吸收池漏溢
1 996	BO_2	卤化窗上的偏硼酸盐
2 000 ~ 1 400	H_2O	大气
1 820	$COCl_2$	氯仿中的分解产物
1 755	邻苯二酸酐	邻苯二甲酸酯或树脂的分解产物
1 760 ~ 1 700	C＝O	样品液浸取了瓶盖的衬垫
1 720	邻苯二酸酯	来自塑料管
1 640	H_2O	样品带水或含结晶水
1 620 ~ 1 520	COO^-	卤化碱金属窗或 KBr 片 与有机酸的反应产物
1 520	CS_2	吸收池漏溢
1 430	CO_3^{-3}	卤化窗中的污染
1 360	NO_3^-	卤化窗中的污染
1 270	$SiCH_3$	硅油或润滑脂
1 110	杂质	KBr 片中的杂质
1 110 ~ 1 000	Si—O—Si	玻璃或硅酮
980	K_2SO_4	KBr 片中硫酸盐的双分解产物
935	$(CH_2O)_x$	气体甲醛的沉积物
907	CCl_2F_2	溶解的氟利昂 12
837	$NaNO_3$	铜 1 360 cm^{-1}
823	KNO_3	KBr 片中硫酸盐的双分解产物
794	CCl_4 蒸气	吸收池漏溢
788	CCl_4 液体	吸收池未全干或被污染

续表6.6

大约的波数/cm⁻¹	化合物或基团	来　源
730,720	聚乙烯	聚乙烯有机化合物
728	Na_2SiF_6	SiF_4+NaCl 窗
667	CO_2	大气
任何位置	干涉条纹	池窗的折光指数过高或 吸收池部分无液体

MF-01#样品第 1 吸收强峰为 5#峰 1 379.30 cm⁻¹波数,位于特征频率 11 区,可能的官能团或振动形式为 NO_2、B—O、B—N、CH_3 和 CH_2,可能的化合物为硝基、有机硼、烷烃和烯烃。该样品的基载液为柴油,表面活性剂为油酸,都含有烷烃,在红外光谱图中得到了验证。1#和 2#峰均落在 3 区和 4 区,可能的官能团或振动形式为—CH、$\overset{+}{N}H_3$、$=\overset{+}{N}H_2$、$\equiv\overset{+}{N}H$、—CH、—CH_2—、—CH_3,可能的化合物为羧酸及胺盐、脂族基,而油酸 $C_{18}H_{34}O_2$ 的结构式 CH_3—C_7H_{14}—CHO—CHO—C_7H_{14}—CH_3 中恰好含有羧基;3#峰落在 8、9、10 区,可能的官能团或振动形式为 C=O、C—O、C=C、C=N、NH、芳环和杂环,可能的化合物为酰基卤、醛、酰胺、氨基酸、酸酐、脂、酮、内酯、苯醌、含—O—化合物、不饱和脂族、胺、芳环类、杂环类;4#峰落在 10、11 区,可能的官能团或振动形式为芳环、杂环、NO_2、B—O、B—N、CH_3 和 CH_2,可能的化合物为芳环类、杂环类、硝基、有机硼、烷烃和烯烃;6#峰落在 11、12 区,可能的官能团或振动形式为 NO_2、B—O、B—N、CH_3、CH_2、C—O—C、C—C、S=O、P=O 和 C—F,可能的化合物为硝基、有机硼、烷烃、烯烃、醚、醇和糖,含 S、P、F 的化合物;7#、8#峰落在 13、14 区,可能的官能团或振动形式为 Si—O、P—O、=CH 和—NH,可能的化合物为有机硅及磷化合物和烯烃;9#峰落在 15 区,可能的官能团或振动形式为 C—Cl、C—Br 和 C—I(其中 C—I 在 610~485 cm⁻¹波段),反映为磁液中未洗尽的 Cl⁻离子的作用。本课题研制的磁液的 IR 吸收峰分析见表 6.8。

表 6.7　各类化合物峰位的初步分析表

振动频率区/cm	官能团或振动形式	可能化合物的类别
1.370 0~3 000	—OH	醇、醛、羧酸
	—NH、=CH、 H≡C	酰胺、胺、乙炔
—		

续表 6.7

振动频率区	官能团或振动形式	可能化合物的类别
$1\,754 \sim 1\,639\ s^{-1}$	$\nu_{C=O}$	羧酸
$1\,471 \sim 1\,724\ s^{-1}$	ν_{N-H}	酰胺
$1\,000 \sim 1\,200\ s^{-1}$	ν_{C-O}	醇、酚、含—O—键
$1\,650 \sim 1\,560\ ms^{-1}$	δ_{NH_2}	伯胺
$1\,030 \sim 1\,360\ m^{-1}$	ν_{C-N}	胺
$632 \sim 909\ s^{-1}$	δ_{NH_2}	胺（宽峰）
$2.\,310\,0 \sim 3\,000\ cm^{-1}$	ArCH	芳环（可能很弱）
	$=CH_2$、$-CH=CH-$	烯烃、不饱和环
验证	—	
$1\,450 \sim 1\,650\ mW^{-1}$	苯核骨架	芳烃（双峰）
$1\,660 \sim 2\,000\ \mu W^{-1}$	泛频、合频	芳烃（多重峰）
$1\,700 \sim 1\,600\ m^{-1}$	$\nu_{C=C}$	烯烃
$1\,000 \sim 675\ s^{-1}$	δ_{C-H}	烯烃
$667 \sim 909\ s^{-1}$	δ_{C-H}	芳烃
$3.\,310\,0 \sim 2\,400\ cm^{-1}$	$-CH$、$\overset{+}{-NH_3}$、$=\overset{+}{NH_2}$、$\equiv NH$	羧酸及胺盐
$4.\,300\,0 \sim 2\,800\ cm^{-1}$	$-CH$、$-CH_2-$、$-CH_3$	脂族基
$5.\,282\,0 \sim 2\,700\ cm^{-1}$	$-CHO$	醛类（费米双峰）
$6.\,270\,0 \sim 2\,100\ cm^{-1}$	$-POH$、$-SH$、$-PH$、BH、SiH	有机 S、P、B、Si 化合物
$7.\,230\,0 \sim 1\,900\ cm^{-1}$	$-C\equiv N$、$\overset{-}{-N}=\overset{+}{N}\equiv N$、$-C\equiv C-$	腈、叠氮化物、炔烃
$8.\,187\,0 \sim 1\,550\ cm^{-1}$	$C=O$	酰基卤、醛、酰胺、氨基酸、酸酐、脂、酮、内酯、苯醌
验证	—	—
$1\,000 \sim 1\,471\ s^{-1}$	ν_{C-O}	含—O—化合物
$9.\,170\,0 \sim 1\,550\ cm^{-1}$	$C=C$、$C=N$、NH	不饱和脂族、酰胺、胺、氨基酸
$10.\,162\,0 \sim 1\,420\ cm^{-1}$	芳环、杂环	芳环类、杂环类
$11.\,155\,0 \sim 1\,200\ cm^{-1}$	NO_2、$B-O$、$B-N$、CH_3、CH_2	硝基、有机硼、烷烃、烯烃
$12.\,130\,0 \sim 1\,000\ cm^{-1}$	$C-O-C$、$C-C$、$S=O$、$P=O$、$C-F$	醚、醇、糖，含 S、P、F 化合物
$13.\,110\,0 \sim 800\ cm^{-1}$	$Si-O$、$P-O$	有机硅及磷化合物
$14.\,100\,0 \sim 650\ cm^{-1}$	$=CH$、$-NH$	烯烃
$15.\,800 \sim 500\ cm^{-1}$	$C-Cl$、$C-Br$、$C-I$（$C-I$ 在 $610 \sim 485\ cm^{-1}$）	相关化合物

表6.8 样品的 IR 吸收峰一览表

吸收峰号	MF-01#（油酸）	MF-02#（油酸）	MF-03#（MN）	MF-04#（SD-03）	MF-05#（SD-03）	MF-06#（油酸钠）	MF-07#（FeCl₃）	MF-01（油酸柴油）	MF-05（SD-03）	MF-07（FeCl₃）
1	2 921.65	3 612.5	3 263.28	3 902.57	3 667.34	3 870.34	2 927.89	2 955.24	3 375.17	3 382.36
2	2 856.03	2 928.07	2 153.15	3 254.88	2 927.97	3 741.54	2 163.57	2 924.40	1 560.72	1 624.59
3	1 564.11	2 086.59	1 651.87	2 929.37	2 148.64	3 203.39	1 562.01	2 854.05	1 407.00	884.17
4	1 460.3	1 562.1	1 571.62	2 848.32	1 561.72	2 926.09	1 455.03	1 605.87	1 347.10	793.82
5	1 379.03	1 451.17	1 396.19	1 563.34	1 455.03	2 859.89	1 396.83	1 462.95	892.47	584.77
6	1 221.57	1 396.93	1 222.05	1 455.03	1 396.43	1 652.77	122.44	1 377.16	571.30	
7	895.419	1 222.91	1 119.26	1 395.88	1 222.34	1 561.06	1 126.98	809.84		
8	809.54	897.875	883.827	1 222.35	896.718	1 510.1	896.543	742.50		
9	768.871	779.62	764.182	1 126.98	771.901	1 458.19	771.301			
10		690.852	571.207	1 042.07	656.116	1 396.71	695.292			
11		445.827	455.422	897.393	420.686	1 222.16	579.607			
12				770.414		1 125.68				
13				663.835		896.791				
14				580.302		770.151				
15						688.282				
16						699.971				
17						576.669				
18						418.842				

6.9 磁性液体的拉曼光谱研究[286,288-291]

对所制得的磁液进行拉曼光谱表征,结果如图6.9所示。

拉曼光谱解析:红外吸收光谱是振动或转动光谱,拉曼光谱形式上是散射光谱,但本质上反映了分子振动或转动能级的跃迁,所以也属于振动或转动光谱,但是毕竟它与红外光谱是不相同的。概括地说,凡是分子振动能引起永久偶极矩改变的就能引起红外吸收,把这种振动称为红外活性的,反之称红外非活性的;凡是分子振动能引起分子极化率改变的就能引起拉曼散射,把这种振动称为拉曼活性的,否则称为拉曼非活性的;若一分子在振动过程中同时发生电偶极矩的变化和极化率的变化,则称该分子既是红外活性的又是拉曼活性的;反之,若对这两者都不是活性的,则称为在光谱上是不可识别的。红外光谱是研究红外光通过样品后被吸收的情况,拉曼光谱则是研究在垂直或其他方向上分子对单色光的散射,但它们是互补的,因为只有异原子核的双原子分子能产生红外光谱,而无论同原子核

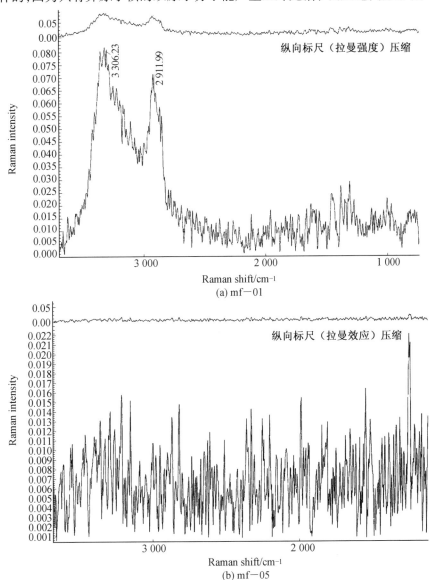

(a) mf—01

(b) mf—05

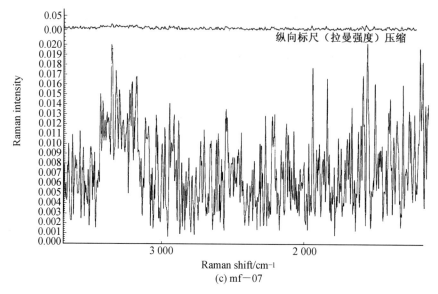

图 6.9 制得磁液的拉曼光谱

或异原子核的双原子分子都能产生拉曼光谱,因而红外光谱最适宜于研究不同原子的极性键,如 C ═O、O—H、C—H、N—H 的振动,而拉曼光谱则适宜于研究同原子的极性键,如 C ═C、S ═S、N≡N 的振动。在应用中,红外光谱适合于分子端基的测定,而拉曼光谱则适合于分子骨架的测定,二者互相补充。

红外光谱对水溶液分析有一定限制(须放入填料中制成薄片干燥),拉曼光谱则适于水溶液分析;拉曼光谱对固体粉末样品、高聚物、单纤维、单晶的研究相当成功,而红外光谱对气体样品、液体样品和高聚物的研究比较方便;对于各种试样,均可获得一张红外谱图,而拉曼的成功率则较低;红外谱图集较完善,拉曼谱图较少;在定量分析方面,拉曼光谱法受仪器和样品的影响,多少有些不便,而用红外光谱分析较容易将误差控制在±3%之间,但拉曼谱带强度与试样浓度间的线性关系要比红外光谱的对数关系简便;所需的样品量二者相近。有机官能团的特征波数与强度的关系见表6.9。

试验研究进行拉曼光谱表征是对红外光谱表征的补充。

从 MF-01、MF-05、MF-07 三个样品的拉曼光谱图可看出,仅 MF-01样品有两个较明显的衍射峰,原因是 MF-01 为有机质基载液,并且由于是后包覆,存在于磁液中的表面活性剂量也相对较多,因此拉曼线较强;而MF-05 和 MF-07 样品为水基载液,纳米粒子外面的表面活性剂包覆层在整个样品中所占的比例相当小,即有机物组分相当少,因此在拉曼光谱中较难反映出来。下面对 MF-01 样品拉曼光谱图做简要分析。

表 6.9 有机官能团的特征波数与强度的关系

振　动	特征波数的出现区域/cm^{-1}	强　度	
		拉曼	红外
$\nu(O—H)$	3 000 ~ 3 650	弱	强
$\nu(N—H)$	3 300 ~ 3 500	中	中
$\nu(\equiv C—H)$	3 300	弱	强
$\nu(=C—H)$	3 000 ~ 3 100	强	中
$\nu(—C—H)$	2 800 ~ 3 000	强	强
$\nu(—P—OH)$	2 550 ~ 2 700	中	弱
$\nu(P—H)$	2 276 ~ 2 440	强	强
$\nu(—S—H)$	2 550 ~ 2 600	强	弱
$\nu(—C\equiv N)$	2 220 ~ 2 225	中-强	强
$\nu(C\equiv C)$	2 100 ~ 2 250	很强	弱
$\nu(C=O)$	1 680 ~ 1 820	中-强	很强
$\nu(C=C)$	1 500 ~ 1 900	很强-中	弱
$\nu(C=N)$	1 610 ~ 1 680	强	中
	1 550 ~ 1 580	中	无
$\nu(N=N)$	1 410 ~ 1 440	中	无
$\nu^a(NO_2)$	1 530 ~ 1 590	中	强
$\nu^s(NO_2)$	1 340 ~ 1 380	很强	中
$\nu^a(SO_2)$	1 310 ~ 1 350	弱	强
$\nu^s(SO_2)$	1 120 ~ 1 160	强	强
$\nu(SO)$	1 020 ~ 1 070	中	强
$\nu(C=S)$	1 000 ~ 1 250	强	弱
$\delta(CH_2),\delta^a(CH_3)$	1 400 ~ 1 470	中	中
$\delta^s(CH_3)$	1 380	中-弱	强-中
$\nu(C=C)$	1 000	强(间,1,3,5取代)	弱

续表 6.9

振　动	特征波数的出现区域/cm^{-1}	强　度	
		拉曼	红外
	1 450，1 500	中-弱	中-强
	1 580，1 600		强-中
$\nu(C—C)$	600 ~ 1 300	强-中	中-弱
$\nu^a(C—O—C)$	1 060 ~ 1 150	弱	强
$\nu^s(C—O—C)$	800 ~ 970	中-强	弱
$\nu(O—O)$	846 ~ 900	强	弱
$\nu(S—S)$	430 ~ 550	强	弱
$\nu(=C—S)$	1 080 ~ 1 100	强	中-强
$\nu(—C—S)$	630 ~ 790	强	中-强
$\nu(C—Cl)$	550 ~ 800	强	强
$\nu(P=S)$	580 ~ 750	强	弱
$\nu(P=S)$	500 ~ 550	强	弱

根据表6.9，波数在 3 306.23 cm^{-1} 的散射峰落在 $\nu(O—H)$、$\nu(N—H)$、$\nu(\equiv C—H)$、$\nu(=C—H)$、$\nu(—C—H)$ 振动区，其中 $\nu(=C—H)$、$\nu(—C—H)$ 散射峰应当较强，因此反映柴油基载液中含有 $(=C—H)$、$(—C—H)$ 两种结构，比较符合实际情况。对比红外光谱，在波数 2 955.24 cm^{-1} 处有较强吸收峰，为烷基、羧基吸收峰，两峰位相近，可以相互印证。

波数在 2 911.99 cm^{-1} 处的散射峰，落在 $\nu(—C—H)$ 振动区，在红外光谱中对应 2 924.40 cm^{-1} 处较强吸收峰，同样在—CH、—CH_2、—CH_3 振动区，由此可推论，该磁液中主要存在烷基化合物及少量含 $=C—H$ 的化合物。

6.10 磁性液体的高分辨电子显微镜(HREM)研究[277,278,280-284]

对所制得的磁液进行高分辨电镜表征，并与未加表面活性剂的高分辨电镜图片比较，结果如图 6.10 所示。

由图 6.10 可见，纳米 Fe_3O_4 磁性粒子结晶完好，加入表面活性剂后，表面活性剂对磁性粒子包覆良好,显示了良好的无定形包覆层结构,包覆层厚度为 1～1.5 nm。不加表面活性剂的磁性粒子则无表面无定形层,呈清晰的边缘(表面)状态。纳米磁性粒子完整均匀的球状弹性外壳,为其提供了较大的弹性位阻和空间位阻,增加了磁液的稳定性。

吸附层结构:从图 6.10 可看出,加入表面活性剂的磁液,磁性微粒上形成了良好的表面活性剂无定形包覆层,这对磁液的长期稳定十分有利。表面活性剂的稳定作用主要为弹性作用和空间位阻效应,即表面活性剂在磁性微粒表面形成了一球状弹性外壳,当包覆有表面活性剂的磁性微粒相撞时,一方面产生弹性力使两粒子重新分开,另一方面包覆层本身有一定厚度(1～1.5 nm),避免了粒子之间的紧密接触,削弱了粒子之间的范德瓦耳斯力($E_v = -\dfrac{A}{12} \cdot \dfrac{r}{l}$)和静磁吸引力($E_s \propto -1/l^3$)。表面活性剂由大分子组成,一般都是长链分子,当表面活性剂被磁性微粒吸附后,表面活性剂分子内部和分子之间的相互吸引及缠绕等作用,使得这些长链分子形成折叠结构铺展在磁粒表面(图 6.10(a)),而不是以直线状存在。这种折叠式结构形式有利于形成良好的球状弹性外壳。

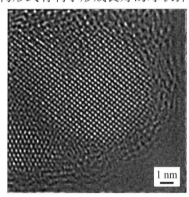
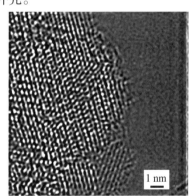

(a) 有表面活性剂　　　　　　　　(b) 无表面活性剂

图 6.10　所制得磁液的高分辨电子显微镜照片

吸附层对微晶的保护作用:由图 6.10 可见,包覆有表面活性剂的微粒,晶格完整、晶界清晰、表面原子无畸变(图 6.10(a));相比之下,未包覆表面活性剂的微粒,晶格有畸变,产生较严重缺陷,表面原子排列紊乱,错位较严重(图 6.10(b))。这说明表面活性剂包覆层对所形成的纳米磁性微粒具有保护作用,可保持结晶完好,晶形稳定,避免其他离子对磁性微粒的侵蚀和氧化,这对于提高和保持磁液的磁性能、增强磁液的稳定性具有重要意义。

对包覆良好的磁液(编号 MF-107-3#)的性能进行测试,与不加表面活性剂的磁液(编号 MF-117#)比较,结果见表 6.10。

表 6.10 加与不加表面活性剂时制得的磁液的性能比较

样品编号	表面活性剂	表面活性剂用量	磁液中 Fe_3O_4 固含量	磁性能	悬浮性	稳定性
MF-107-3#	SD-3#	0.4 ml/80 ml 液体	$0.1\ mol \cdot l^{-1}$	强	好	好
MF-117#	无	0	$0.1\ mol \cdot l^{-1}$	一般	一般	一般

从表 6.10 可以看出,加入表面活性剂的磁液性能良好;不加表面活性剂时,通过其他稳定化处理,虽也能制得磁液,但其性能明显较差,进一步说明了包覆层结构的保护作用和稳定作用。

晶面间距计算:根据图 6.10(a),计算晶面间距如下:

取图 6.10 中 1 nm 的标尺为单位长度进行测量计算,测得 a 向↗、b 向↖之间夹角为 95°。

a 向↗:取 29 个质点间距(30 格点),其长度为 8.33 单位尺度,即为 8.33 nm=83.3 Å,则 a 向质点间距为 $d_A = 83.3/29 = 2.873\ 6$ Å。

b 向↖:取 38 个质点间距(39 格点),其长度为 10.92 单位长度,即为 10.92 nm=109.2 Å,则 b 向质点间距为 $d_b = 109.2/38 = 2.872\ 8$ Å。

Fe_3O_4 晶胞呈八面体或菱形十二面体形态。

根据计算结果,与 Fe_3O_4 晶格常数比较,可知纳米磁性粒子为 Fe_3O_4 晶体,进一步证明了 XRD 及电子衍射、光谱分析的结果。由于晶体粒子细小,根据纳米晶体的小尺寸效应,晶格常数都要产生一定程度的压缩,这在本研究的高分辨电镜图像中得到进一步证实。

以往的研究一致认为是 Fe_3O_4 正交晶系,后来的研究证明 Fe_3O_4 为单斜晶系,高分辨照片中,a 向↗和 b 向↖的夹角为 95°,验证了 Fe_3O_4 为单斜晶系。

高分辨表征中有待研究的问题:所制得的磁液的高分辨图像清晰完整,包含了大量的物质微观结构信息,限于研究时间和条件,未能一一深入研究(结合其他手段和方法)。这些有待进一步研究的信息主要有:

①缺陷、位错、晶界的形成及其分布(参见图 6.10(a))。

②颗粒形状:包覆有表面活性剂时大部分颗粒为球形,未包覆的颗粒大部分为片状。表面活性剂影响颗粒形状的机制如何? 颗粒未包覆时,颗

粒形状演变为片状的过程是怎样的?

③影响晶粒长大和晶粒尺寸分布的因素。

④磁性纳米微晶的晶格畸变、晶格收缩、面间距变化、面间角变化等。这些结构信息可参见图 6.11。

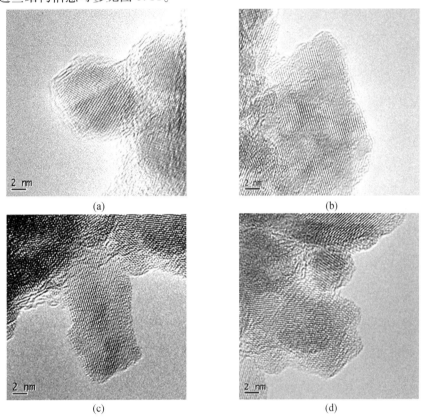

(a)　　　　　　　　　　(b)

(c)　　　　　　　　　　(d)

(片状颗粒 HREM 图片、不同尺寸颗粒图片等)

图 6.11　反映其他结构信息的高分辨照片

6.11 小　　结

本章对磁液的性能结构进行了系统表征和研究,并将各种表征手段有机地结合起来,使之相互印证、相互补充,不仅使磁液的各单项结构特征清晰地展现出来,而且通过综合分析,得到了许多新的有意义的信息。

(1)扫描电镜、透射电镜等表征证明,磁性粒子均匀细小,大多数粒径在 8~10 nm,最小为 4 nm,基本实现了超细均匀、准单分散。

（2）X-射线衍射、能谱分析、电子衍射分析、高分辨晶格像分析计算证明，纳米磁性粒子为 Fe_3O_4 晶体，由于晶粒细小，引起 XRD 峰宽化、晶格常数缩小等。

（3）红外光谱、拉曼光谱、高分辨的分析表征，证明包覆层结构的存在。尤其 HREM 图像，清晰地表明磁性微粒表面形成了完整均匀的表面活性剂球状弹性外壳，为磁液稳定性提供了弹性位阻和空间位阻的微观物理基础。

（4）高分辨研究证明，纳米磁性粒子结晶完好，但存在少量缺陷；与未包覆表面活性剂的粒子相比较，可知包覆层结构对纳米磁性粒子具有保护作用和稳定作用，同时可抑制纳米粒子进一步自由长大和变形（由球状变为片状等）。

（5）磁化特征和透射电镜表征证明，磁液中纳米磁性粒子处于超顺磁性状态，这是所制得的磁液具有良好磁性能、稳定性和悬浮性的微观物理基础。

（6）试验测得了磁液的饱和磁化强度和起始磁导率等性能指标。

对所制得的磁液进行综合性能测试，并与国内外已有磁液性能进行比较，可知所制得磁液具有良好的性能。

第7章 纳米 Fe_3O_4 磁性液体稳定机制研究

7.1 引 言[11-13,16,47-50,56,272]

胶体体系为热力学不稳定体系,但许多胶体体系可以长期稳定存在而不聚沉,其原因是存在两种稳定性:

① 动力稳定作用,源于布朗运动引起的扩散作用。

② 聚沉稳定性,主要由于胶体粒子周围存在双电层,产生斥力,形成聚结位能峰 E_0,使胶体体系处于亚稳状态。从动力学和热力学角度考虑,可通过提高胶体溶液这一亚稳体系的 E_0 来提高其稳定性,使其以稳定体系的状态长期存在。

纳米磁液的稳定性是其重要指标之一,也是其能获得广泛应用的重要基础之一。磁液在使用过程中,尤其在密封应用中,只有能够长期稳定存在,才能显示出其优越性(寿命长、密封可靠等);若在使用过程中稳定性变差,将导致密封失效,在生产中造成事故。虽然更换补充磁液可弥补磁液稳定性不良的缺陷,但经常更换(或补充)磁液是一件很麻烦的事,更为严重的是,人们不能确定何时应当更换或补充磁液。

对磁液稳定机制的研究,主要应从结构入手。物质的微观结构决定体系的宏观性质,一般磁液中存在聚沉作用和分散(扩散)稳定作用两种对立的效应倾向。若分散(扩散)作用大于聚沉作用,则体系是稳定的;反之,体系则变为不稳定。胶体体系分散度高,颗粒比表面能高,从热力学上讲是不稳定体系,有自发聚结使比表面减少以降低表面能的趋势,只是由于在动力学上存在其他的扩散作用或聚结势垒,才使体系得以稳定存在。

磁液稳定机制研究的目的是弄清磁液体系微观上聚结作用和扩散作用的机理,采取相应措施抑制聚结作用,强化分散(扩散)作用,从而使体系能够保持长期稳定。

影响磁液稳定性的因素很多,其中制备过程中众多的影响因素都会影响到磁液的稳定性,使用过程中环境因素复杂,也会影响到磁液的稳定性,研究磁液稳定性时应从多方面进行充分考虑。

从试验和理论两方面研究了纳米磁液的稳定机制。从热力学角度,主要存在范德瓦耳斯力和双电层斥力;从动力学角度,主要考虑布朗运动和重力;从流变学角度,存在黏滞作用和重力;从静电稳定机制角度,主要是磁性粒子表面双电层的弹性作用和浓差反扩散作用;从磁场和重力场角度,希望磁性粒子的粒径在超顺磁性临界尺寸以下;从表面活性剂包覆角度,希望形成完整良好的表面活性剂球状弹性外壳。在制备和使用过程中,应综合考虑各种稳定机制,强化稳定因素,削弱或减小不稳定因素,保证磁液在使用过程中能够长期稳定而不被破坏。

7.2　磁性液体热力学稳定机制

从化学热力学角度考虑,悬浮在磁液中的微粒普遍受到范德瓦耳斯力的作用,很容易发生团聚,而由于吸附在小颗粒表面形成的具有一定电位梯度的双电层又有克服范德瓦耳斯力阻止颗粒团聚的作用,因此悬浮液中微粒是否团聚主要由这两个因素来决定。当范德瓦耳斯力的作用大于双电层之间的排斥作用时,粒子就发生团聚;在讨论团聚时必须考虑悬浮液中电解质的浓度和溶液中离子的化学价,下面具体分析悬浮液中微粒团聚的条件。[11-13,16,78,129,147,148,166,303-305]

半径为 r 的两个微粒间的范德瓦耳斯力引起的相互作用势能 E_v 可表示为

$$E_v = -\frac{A}{12} \cdot \frac{r}{\lambda} \tag{7.1}$$

式中,λ 为微粒间距;r 为微粒半径;A 为常数。

双电层之间相互作用势能 E_0 近似地表示为

$$E_0 \approx \frac{\varepsilon r \Psi_{02}}{2} \exp(-k\lambda) \tag{7.2}$$

式中,ε 为溶液的介电常数;Ψ_0 为粒子的表面电位;k 表示双电层的扩散程度,$1/k$ 称为双电层的厚度,$k = (2e^2 n_0 z^2/\varepsilon k_B T)^{1/2} = (2e^2 N_A c z^2/\varepsilon k_B T)^{1/2}$。

两微粒间总的相互作用能为

$$E = E_v + E_0 = \frac{\varepsilon r \Psi_{02}}{2} \cdot \exp(-k\lambda) - \frac{A}{12} \cdot \frac{r}{\lambda} \tag{7.3}$$

式中 E、E_v、E_0 与粒子间距 λ 之间的关系如图 7.1 所示。

k 较小时 E 有最大值(图 7.1(b)),由于能垒的障碍,团聚速度很慢;k 较大时 E 没有最大值,团聚易发生且速度快。因此把 $E_{max} = 0$ 时微粒的浓

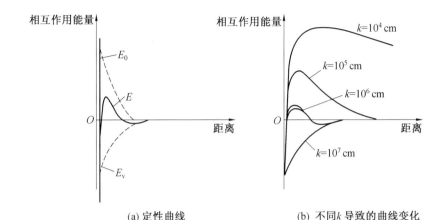

(a) 定性曲线   (b) 不同 k 导致的曲线变化

图 7.1 粒子间的相互作用能

度称为临界团聚浓度,当浓度大于临界团聚浓度时就发生团聚。

浓度高时,粒子间距 λ 小,由图 7.1 可见,粒子间相互作用能随 λ 而变化,临界团聚浓度即对应着 $E=0$ 时的临界粒子间距 λ_0,粒子相距很远时,吸引能和排斥能都为零,此时处于分散状态。随着粒子间距由大到小,当两个带电质点相距仍较远时,质点的双电层还未发生交联,质点间远距离的范德瓦耳斯力已经在起作用,体系的相互作用能为负值;随着粒子间距进一步变小,双电层开始交联,静电斥力也开始起作用,但此时静电斥力的增加量比范德瓦耳斯力的增加量要小,总位能仍随粒子间距的变小而降低(负值变大),至第二极小值处,处于暂稳状态(相对于第一极小值),此时发生絮凝,这时的粒子间距仍较大,团聚体较疏松,为软团聚,在外力作用下或改变溶液条件时絮凝物会重新分散;随着粒子间距进一步变小,双电层交联程度变大,静电斥力作用的增加大于范德瓦耳斯力作用的增加,粒子总位能升高(负值变小)并逐步到达零;粒子间距再减小时,双电层斥力迅速上升,形成一峰值,即团聚势垒;当粒子越过势垒(高浓度压缩作用或其他作用)时,总位能有迅速降低的趋势,粒子间距自动减小到达第一极小值点(稳态),此时为硬团聚,粒子间距很小,相互吸引力很大,粒子将很难打开;若粒子间距再变小(小于第一极小值处间距),由于电子云相互重叠会产生波恩(Born)排斥能,使总势能又急剧上升为正值,体系不能稳定存在,因此粒子不可能靠得非常近,即沉淀的团聚体的密度不可能超过某一极限而趋于无限大。

由式(7.3),使 $E_{max}=0$ 和 $(\mathrm{d}E/\mathrm{d}l_{E=E_{max}})=0$,由此求出临界团聚浓度

$$c_r = (16\varepsilon^3 k_B T/N_A e^4 A^2) \cdot (\Psi_0^4/z^2) \propto 1/z^2 \tag{7.4}$$

式中,z 为原子价。

此关系式称为舍尔采 – 哈代(Schulze – Hardy)定律,其精确表示为

$$c_r \propto 1/z^6 \tag{7.5}$$

式(7.4)和(7.5)的差别原因是 E_0 的表示式(7.2)是一个近似表示式,由此导致两式不同。由上述结果表明,引起微粒团聚的最小介质浓度反比于溶液中离子的化学价的 6 次方,与离子的种类无关。

如果在势能曲线上,E_v 在所有距离上都小于 E_0,那么质点的相互接近将无势垒存在,体系将很快聚沉。向体系中加入电解质就可能出现这种情况。上面的讨论未考虑动力学因素,即布朗运动等的稳定作用。可通过以下措施使纳米粒子分散(浓度、电解质的影响)。

(1)加入反絮凝剂形成双电层。反絮凝剂的选择可依纳米微粒的性质、带电类型等来定,即选择适当的电解质作为分散剂,使纳米粒子表面吸引异电离子形成双电层,通过双电层之间库仑排斥作用使粒子之间发生团聚的引力大大降低,实现纳米微粒分散的目的。本书中,纳米颗粒为 Fe_3O_4 粒子,若在溶液中加入几滴 $FeCl_3$ 溶液,则将水解产生 FeO^+,FeO^+ 优先吸附在 Fe_3O_4 颗粒表面使胶体粒子带正电,形成双电层使磁液得以稳定。这是指磁液粒子最终带正电的情况。若粒子吸附阴离子表面活性剂后形成双分子层吸附从而使胶体粒子最终带负电,则 FeO^+ 的存在反而会使双电层厚度减小,此时以不加入 $FeCl_3$ 为好,如使用 SD – 03# 表面活性剂的情况。

(2)加表(界)面活性剂包覆微粒。为了防止分散的纳米粒子团聚也可加入表面活性剂,使其吸附在粒子表面,形成微胞状态,由于表面活性剂的存在而产生了粒子之间的排斥力,使得粒子之间不能接触,从而防止团聚体的产生。这种方法对于将磁性纳米颗粒分散制成磁液是十分重要的。磁性微粒很容易团聚,这是通过颗粒之间磁吸引力来实现的,因此,为了防止磁性纳米颗粒的团聚,加入界面活性剂,如油酸等,使其包裹在磁性粒子表面,造成粒子之间的排斥作用,这就避免了团聚体的生成。对于磁液的稳定作用,应该说,表面活性剂的稳定性更重要。

Papell 在制备 Fe_3O_4 的磁液时就采用油酸防止团聚,达到分散的目的。具体的办法是将粒径约为 30 μm 的 Fe_3O_4 粒子放入油酸和 n 庚烷中进行长时间研磨,得到粒径为 10 nm 的 Fe_3O_4 微粒稳定地分散在 n 庚烷中的磁液,每个 Fe_3O_4 微粒均包裹了一层油酸。Rosensweig 从理论上计算了磁性微粒外包裹油酸层所引起的排斥能,假设油酸吸附的强磁性微粒之间的关系如图 7.2 所示,那么排斥能量 V 可表示为

$$V = 2\pi r^2 N k_B T \left[2 - \frac{h+2}{\delta/r} \ln\left(\frac{1 + \delta/r}{1 + h/2} \right) - \frac{h}{\delta/r} - \frac{h}{\delta/r} \right] \qquad (7.6)$$

式中,N 为单位体积的吸附分子数;δ 为吸附层的厚度;h 为粒间距函数($h = \frac{R}{r} - 2$),当粒子接触时,$h = 0$,随粒子分离距离加大,h 增大。

对 $\delta = 1$ nm,吸附分子数为 3.3×10^{14},磁性粒子直径为 10 nm($r = 5$ nm),电位与 h 的关系如图 7.3 所示。

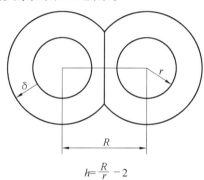

$$h = \frac{R}{r} - 2$$

图 7.2　磁液中吸附油酸厚度为 δ 的强磁性微粒作用示意图

(r 为粒子半径)

图 7.3 中同时给出了范德瓦耳斯力 V_A、磁引力 V_N、油酸层的立体障碍效应产生的排斥力 V_R 与 h 的关系曲线。由图看出,粒子之间存在位垒,粒子间若要发生团聚,必须有足够大的引力(或外加能量)才可使粒子越过势垒,由于磁引力和范德瓦耳斯力很难使粒子越过势垒,因此磁性粒子不会团聚。

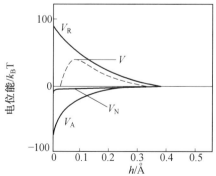

图 7.3　粒径为 10 nm 的磁性微粒的电位图

其中,V_R 为立体障碍所致的排斥电位;V_A 为范

德瓦耳斯力所致的引力;V_N 为磁引力

7.3　磁性液体动力学稳定机制[11-13,16,78,84,86,129,147,148,197,237,303,305-310]

7.3.1　布朗运动

1882 年布朗在显微镜下观察到悬浮在水中的花粉颗粒做永不停息的无规则运动,其他颗粒在水中也有同样现象,这种现象称为布朗运动。

布朗运动是由介质热运动造成的,胶体粒子(纳米粒子)形成溶胶时会产生无规则的布朗运动。在 1905 年和 1906 年,爱因斯坦和斯莫鲁霍夫分别创立布朗运动理论,假定胶体粒子运动与分子运动相似,并将粒子的平均位移表示为

$$\bar{X} = \sqrt{\frac{RT}{N_A} \cdot \frac{Z}{3\pi\eta r}} \tag{7.7}$$

式中,$\bar{X}$ 为粒子的平均位移;Z 为观察的时间间隔;η 为介质的黏滞系数;r 为粒子半径;N_A 为阿伏伽德罗常数。

布朗运动是胶体粒子的分散系(溶胶)动力稳定性的一个原因,由于布朗运动的存在,胶粒不会稳定地停留在某一固定位置上,因此胶粒不会因重力而发生沉积,但另一方面,可能使胶粒因相互碰撞而团聚,颗粒由小到大而沉淀。这时表面活性剂包覆层外壳所产生的弹性和空间位阻效应将发挥重要作用。

7.3.2　扩散

扩散现象是在有浓度差时由于微粒热运动(布朗运动)而引起的物质迁移现象。微粒越大,热运动速度越小,一般以扩散系数来量度扩散速度,扩散系数(D)是表示物质扩散能力的物理量。表 7.1 列出不同半径金纳米微粒形成的溶胶的扩散系数。由表可见,粒径越大,扩散系数越小。

表 7.1　191 K 时金溶胶的扩散系数

胶体粒子直径 /nm	扩散系数 $D/(10^9 \cdot m^{-2} \cdot s^{-1})$
1	0.213
10	0.021 3
100	0.002 13

按照爱因斯坦关系式,胶体物系中扩散系数 D 可表示为

$$D = \frac{RT}{N_0} \cdot \frac{1}{6\pi\eta r} \tag{7.8}$$

式中,η 为分散介质的黏度系数;r 为粒子半径;其他为常用符号。

由式(7.7)和式(7.8)可得

$$D = \frac{\overline{X^2}}{2Z} \tag{7.9}$$

利用此式,在给定时间间隔 Z 内,用电镜测出平均位移 $\overline{X}$ 的大小,可得出 D。

扩散是一种由热运动引起的物质传递过程,若粒子在介质中分布不均匀并存在浓度梯度时,则介质中将产生使浓度趋于均匀的定向扩散流。德国学者菲克(Fick)对这种扩散作用做了定量描述,分别提出了菲克第一定律和菲克第二定律。对于一维情况,菲克第一定律表示为 $\mathrm{d}G = -D\frac{\mathrm{d}c}{\mathrm{d}x}\mathrm{d}s\mathrm{d}\tau$;菲克第二定律表示为 $\frac{\partial c}{\partial \tau} = D\frac{\partial^2 c}{\partial x^2}$。菲克第一定律描述在稳定扩散条件下,扩散物质经过单位表面积的渗透速率;菲克第二定律则描述在不稳定扩散条件下,在介质中各点作为时间函数的物质聚集的过程。扩散系数表示为 $D = D_0\exp\left(-\frac{Q}{RT}\right)$,其影响因素主要有扩散物质性质、扩散介质结构、位错、晶界和表面、杂质(第二组元)等。

爱因斯坦公式从定量方面考虑,菲克定律主要从定性方面考虑;爱因斯坦公式更适合于液相体系,菲克定律多用于固体中的扩散。

图 7.4 为磁液中纳米磁性粒子的 TEM 显微照片,经测算纳米粒子尺寸为 8 ~ 10 nm(参见第 6 章),由图可见,由于粒子尺寸小,在布朗运动和扩散作用下,颗粒分布均匀,在液相系统中分散良好。

7.3.3　沉降和沉降平衡

对于质量较大的胶粒来说,重力作用是不可忽视的。如果粒子的密度

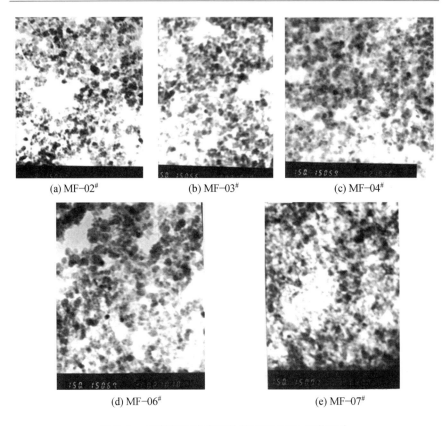

(a) MF-02#　　　　(b) MF-03#　　　　(c) MF-04#

(d) MF-06#　　　　　　　(e) MF-07#

图 7.4　所制得磁液中磁性粒子的 TEM 显微照片

大于液体,重力作用将使悬浮在液体中的微粒下降,但对于分散度高的物系,因布朗运动引起的扩散作用与沉降方向相反,故扩散成为阻碍沉降的因素,粒子越小这种作用越显著,当沉降作用与扩散作用相等时,物系达到平衡状态,即沉降平衡。

　　Perrin 以沉降平衡为基础推导出胶体粒子的高斯分布定律公式,即

$$n_2 = n_1 e^{-\dfrac{N_0}{RT}\dfrac{4}{3}r^3(\rho_p - \rho_0)(x_2 - x_1)g} \tag{7.10}$$

式中,n_1 为 x_1 高度截面处的粒子浓度;n_2 为 x_2 高度截面处的粒子浓度;ρ_p 为粒子的密度;ρ_0 为分散介质的密度;r 为粒子半径;g 为重力加速度。

　　由式(7.10) 和图 7.5 可见,粒子的质量越大,其浓度随高度引起的变化也越大。一般来说,若溶胶中含有各种大小不同的粒子,当这类物系达到平衡时,溶胶上部的平均粒子大小要比底部所有的粒子都小。

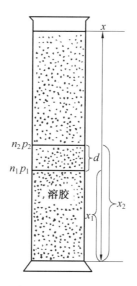

图 7.5　胶体溶液中胶粒分布高度示意图

7.4　磁性液体的流变学稳定性[13,56,185,248−251,261−263,311−313]

7.4.1　黏度的概念

当流体的剪切应力 τ 正比于剪切速度 $\dot{\gamma}$ 时,即 $\tau = \eta\dot{\gamma}$,黏度 η 为常数,这种流体称牛顿流体,空气、水、甘油、相对分子质量低的化合物的溶液和许多通常遇到的液体都是牛顿流体(近似),但某些流体不遵循上述关系,其黏度 η 随 τ 和 $\dot{\gamma}$ 而改变。图 7.6 所示为各种流体的 τ 与 $\dot{\gamma}$ 的关系曲线,服从曲线 a 的为牛顿流体,服从曲线 b 与 c 的为非牛顿流体。当微粒分散在分散剂(牛顿流体)中形成溶胶时,溶胶为非牛顿流体(固体微粒对溶剂中分子相互作用有重要影响)。水基磁液的稀释稳定性见表 7.2;柴油基磁液的稀释稳定性见表 7.3。

表 7.2　水基磁液的稀释稳定性(MF − 107# 磁液,SD − 03# 表面活性剂)

浓度	0.8	0.6	0.4	0.2	0.1	0.05	0.01
磁性悬浮稳定性	较强不稳定(聚沉)	很强较稳定	强稳定	较强稳定	较弱稳定	弱较稳定	无不稳定(脱附)

* 浓度:Fe_3O_4 质量 /100 ml

187

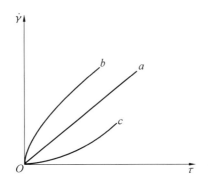

图 7.6　流体的 τ 与 $\dot{\gamma}$ 的关系曲线

a— 牛顿流体；b、c— 非牛顿流体

表 7.3　柴油基磁液的稀释稳定性（MF79[#] 磁液，油酸表面活性剂）

浓度	2.0	1.0	0.6	0.4	0.2	0.1	0.01
磁性悬浮稳定性	较弱（聚沉）不稳定（聚沉）	强 较稳定	很强 稳定	强 稳定	较强 稳定	较弱 较稳定	无 不稳定（脱附）

* 浓度：Fe_3O_4 函数 /100 ml 磁液

溶液和溶剂的黏度分别用 η 和 η_0 来表示时，相对黏度 $\eta_{rel} = \eta/\eta_0$。溶液黏度相对于溶剂黏度的增加率为 η_{sp}，称为比黏度 $\eta_{sp} = (\eta - \eta_0)/\eta_0 = \eta_{rel} - 1$。而固体粒子分散于液体中形成的球形粒子分散系统的比黏度服从爱因斯坦黏度表达式 $\eta_{sp} = 2.5\varphi$，其中 φ 为粒子的体积分数。此黏度表达式适用于胶体、胶乳等粒子分散系，但浓度高时试验值偏离此式。单位浓度下黏度的增加率为 $\eta_{recl} = \eta_{sp}/C$，其中 C 为溶质黏度，η_{recl} 为约化黏度。

7.4.2　典型胶体悬浮液的黏性

通常，人们把乳化聚合制成的各种合成树脂胶乳的球形分散粒子（0.1 μm）看成典型的胶体粒子，并对这种胶体分散粒子进行研究。Saunders 研究了单分散聚苯乙烯胶乳的浓度对黏度的影响，结果发现胶乳浓度（体积分数）低于 0.25 时，胶乳分散系统为牛顿型流体；胶乳浓度高于 0.25 时，胶乳分散系统为非牛顿流体。因此大多数分散体系为非牛顿型，磁液由于磁性微粒浓度较高，无论对何种基载液，所形成的磁液几乎均为非牛顿型。当胶乳浓度增加时，约化黏度 η_{recl} 增大，即使胶乳浓度相同，随胶乳粒径减小黏度也增大。胶乳浓度与黏度的关系可用 Mooney 式表示为

$$\eta_{recl} = \exp\left[(\alpha_0\varphi)/(1 - K\varphi)\right]$$

式中,φ 为胶乳浓度(体积分数);α_0 为粒子的形状因子,$\alpha_0 = 2.5$;K 为静电引力常数(约为 1.35)。

随胶乳粒径减小黏度增加的原因是,粒径越小胶乳比表面越大,胶乳间静电引力增大,Mooney 式中的 K 变大。

7.4.3 磁性液体的黏度

磁液的黏度是衡量其性能的一个重要指标,纳米微粒在磁液中流动性好,磁液黏度低,反之,磁液黏度高。影响磁液黏度的因素很多,最主要的是磁液中微粒的体积分数、基载液的黏度及界面活性剂的性质。当磁液中含磁性微粒较多时,其黏度与浓微粒度关系可表示为

$$\frac{\eta_s - \eta_0}{\eta_s} = 2.5\varphi - \frac{2.5\varphi_c - 1}{\varphi_c^2}\varphi^2 \qquad (7.11)$$

式中,η_s 为磁液的黏度;η_0 为基载液的黏度;φ 为微粒体积分数(包括表面吸附层的厚度);φ_c 为液体失去黏性时微粒的临界体积分数。

外加磁场对磁液的黏度有明显影响,当外加磁场平行于磁液的流变方向时,磁液黏度迅速增大;当外加磁场垂直于磁液流变方向,磁液黏度也有提高,但不如前者明显,如图 7.7 所示。图 7.8 示出了在磁场作用下,相对黏度(磁液黏度 η_H 与无磁场时磁液黏度 η_s 之比)与 $\dot{\gamma}\eta_0/MH$ 的关系。$\dot{\gamma}$ 是切变率,$\dot{\gamma}\eta_0$ 为流体动力学应力。不难看出,曲线可分为三个区域:区域 I,$\dfrac{\dot{\gamma}\eta_0}{MH}$ 从 0 ~ 10^{-6},相对黏度为 4.0 ~ 2.75;区域 II,相对黏度由约 2.75 下降到约1.1;区域 III,相对黏度逐渐衰减到未加磁场时的原始黏度。仔细分析,随流体动力学应力的增加或磁应力的减小,相对黏度下降。因此从某种意义上来说,磁液的流动性和外加磁场对磁液相对黏度的变化起着

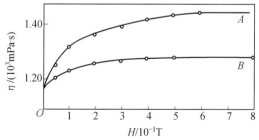

图 7.7 磁液的黏度随磁场的变化

A— 磁场平行于磁液流变方向;B— 磁场垂直磁液流变方向

重要的作用,一般来说,区域 I 为高黏度区,区域 II 为相对黏度迅速衰减区,区域 III 为低黏度区。

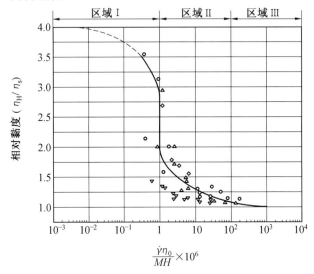

图 7.8　磁场强度对磁液黏度的影响

磁性微粒的粒径及其表面吸附界面活性剂的厚度对磁液的流动性影响很大,例如,在区域 II 中,粒径$(d+2\delta)$(包含有界面活性剂的粒子,δ 为吸附层厚度,d 为无吸附层的粒子直径)与磁性粒子直径之比为$(d+2\delta)/d = 2.86$ 时,相对黏度 η_H/η_s 在 $10^{-7} \sim 10^{-4}$;$(d+2\delta)/d = 2.22$ 时,η_H/η_s 在 $10^{-8} \sim 10^{-7}$。

对于纳米磁液,从应用性能上来讲,希望其黏度尽量小(阻尼器件除外)。但当基载液和表面活性剂一定时,黏度小意味着磁性微粒浓度小,则磁性能变弱,从这个意义上讲,对于某种磁液应有一合适的黏度(综合考虑黏性和磁性)。所以希望基载液黏度尽量小,如此制得的磁液的黏度也相应较小,但基载液的黏性往往与其对磁性粒子的悬浮能力(即可能达到的最大磁性粒子固含量)有关(虽非主要因素),基载液黏性大时,粒子在其中运动碰撞速度慢,悬浮能力强,磁液将更稳定,同样条件下可以悬浮更多的粒子,从而可提高磁液的磁性能。当然磁液黏度过大(基载液、表面活性剂、磁性微粒对黏度的贡献)时,在应用时将产生不利影响,如流动性变差、增加摩擦阻力等,因此,综合考虑各方面因素,根据具体的应用要求,选择合适的基载液黏度(也可对基载液黏度做适当调整),对于磁液的磁性和稳定性具有一定意义。

7.5　磁性液体的静电稳定机制

　　带电质点与其扩散双电层作为一聚合体（整体）时，由于反离子屏蔽作用使质点呈现电中性，因此当两个带电质点趋近而未交联时，两带电质点间不会产生排斥力[13,47-50,276]，如图7.9所示，图中圆圈表示扩散双电层的外缘，即质点所带正电荷的作用范围；圆圈以外不受带电质点的影响；只有带电质点互相靠近到使二者的双电层能够发生交联时，由于交联区反离子浓度提高，改变了原来双电层内电荷分布的平衡和对称性，因此在双电层交联区内的反离子电荷将重新分布，反离子从体积分数高的交联区向未交联的低体积分数区扩散，使带电质点受到电斥力而相互分开，如图7.10所示。图7.11为质点间相互作用能曲线，图7.12为电解质对相互作用能的影响。

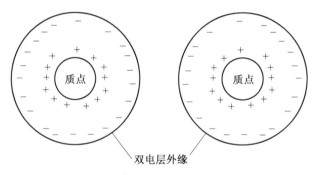

图7.9　质点表面电荷作用范围

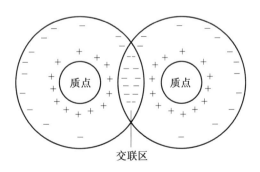

图7.10　扩散双电层交联

　　当带电质点的 ζ – 电势不十分高、质点半径比扩散层厚度大得多时，质点间的排斥能 V_R 可表示为

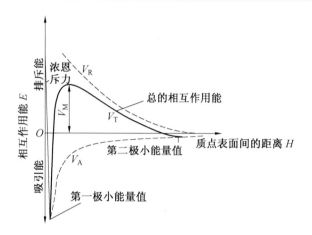

图 7.11　质点间相互作用能曲线

V_A— 吸引能；V_R— 排斥能；V_T— 相互作用能；V_M— 能垒

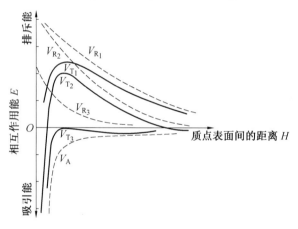

图 7.12　电解质对相互作用能的影响

V_A— 吸引能；V_{R_1}，V_{R_2}，V_{R_3}— 排斥能的降低；V_{T_1}，V_{T_2}，V_{T_3}— 对

应 V_{R_1}，V_{R_2}，V_{R_3} 的相互作用能

$$E_R = \frac{1}{2}rDu^2\ln[1 + \exp(-KH)] \tag{7.12}$$

式中，V_R为质点间的排斥能；r 为质点的半径；D 为水的介电常数；u 为吸附层和扩散层界面上的电位；K 为扩散层的厚度；H 为质点间的最短距离。

随着质点间距离的变化，可以得出排斥能曲线。由上式可知，排斥能与吸附层和扩散层界面上的电势的平方及质点半径成正比，所以吸附层和扩散层界面上的电势越高，排斥能越大，质点越不易靠近，体系越易分散稳定;粒径小时,排斥能也小,质点容易靠近,易于絮凝;排斥能随着质点间的距离增加而以指数形式下降。

静电稳定机制更直接的解释是,胶粒表面形成一层反离子的紧密吸附层,紧密吸附层随胶粒一起运动,可看成胶粒的一部分。在紧密吸附层以内,系统带有一定电荷,当运动的胶粒碰撞在一起时,由于静电斥力,使两粒子又重新分开。

值得注意的是,磁性颗粒吸附表面活性剂后,带电情况可能变化,甚至使 ζ – 电位反号(见前所述),因此表面活性剂尤其是离子表面活性剂的吸附对磁液的静电稳定性有重要影响。

胶体粒子的双电层模型类似于化学中的离子氛的概念。所谓离子氛就是假设在某种电荷离子的周围存在由带有相反电荷离子组成的球状外壳,这一层反离子外壳称为离子氛。正负离子各为其相反离子的离子氛的组成部分,离子氛中的反离子与外界的反离子不断进行交换,处于动态平衡中。分子、原子、离子、纳米粒子等质点在溶液中受到溶剂分子的作用,产生吸附和形成溶剂化层(溶剂化作用),质点之间也会发生相互作用,使得液相体系变得十分复杂。

7.6 磁场和重力场对磁性液体的作用

磁性微粒之间存在两种相互作用力,即磁性微粒之间的静磁相互作用力和范德华力。一方面,由于磁矩的存在,磁性微粒之间存在静磁相互作用力,因而微粒之间存在势能,这种势能与微粒直径的 3 次方成正比,与微粒之间距离的 3 次方成反比。另一方面,磁性微粒在基载液中做布朗运动,这是一种热运动。当微粒的热能与势能相等时,就可以阻止由静磁作用引起的粒子之间的团聚[11,16,99,151,198,200,221,304,307]。根据表面活性剂的厚度,可以推出微粒直径的大小。一般地,Fe_3O_4 微粒表面活性剂的厚度为微粒直径的 1/5,当微粒直径为 10 nm 时,热能与势能基本相当,所以磁性微粒的直径一般控制在 10 nm 左右(超顺磁状态,100 Å 为 Fe_3O_4 超顺磁性临界直径)。作者研究的粒子包覆层厚度为 1 ~ 1.5 nm,粒子直径应在 5 ~ 7.5 nm,透射电镜研究的结果进一步证实了这一点。在磁液的制备方法中,机械粉碎法是将大颗粒的粒子经长时间研磨粉碎减小粒子直径,而湿式化学共沉法则是把分子或离子大小的粒子增加到 10 nm。

偶极子之间存在着相互作用的色散力,称为范德瓦耳斯力,这种力与粒子的大小无关,仅与粒子之间的距离有关,只要粒子相接近,就产生负势能,降低聚结稳定性。热运动不能阻止范德瓦耳斯力引起的聚集。分析表明,范德瓦耳斯力与微粒间距离的 6 次方成反比,因此为了克服这种力的作用,在磁性微粒的表面包覆一层长链分子的表面活性剂,以增加微粒之间的距离,克服微粒相互间的吸引力,使热运动能保持颗粒处于分散状态,从而提高聚结稳定性。

存在重力和磁场力作用时,磁液内磁性微粒的悬浮状态会发生变化。磁场对磁液稳定性的影响见表 7.4。在重力的作用下,磁液中的微粒发生沉降,微粒的浓度按上稀下浓分布。同时,在扩散力的作用下,又使微粒由浓度高的下部向浓度低的上部扩散,因此,磁性微粒受到重力与扩散力的共同作用。在平衡状态下,向上与向下移动的微粒数相等。重力与浮力叠加作用于每个微粒的沉降力为

$$f = \frac{\pi}{6} d^3 (\rho - \rho_c) g$$

式中,f 为沉降力;d 为微粒直径;ρ 为胶体粒子密度;ρ_c 为基载液密度;g 为重力加速度。

表 7.4　磁场对磁液稳定性的影响

磁液种类		MF – 01#	MF – 02#	MF – 03#	MF – 04#	MF – 05#	MF – 06#	MF – 07#
基载液		柴油	水	水	水	水	水	水
表面活性剂		油酸	油酸	MN	SD – 03	SD – 03(调pH)	油酸钠	SD – 05
(6个月沉	稳定性	0.010	0.100	0.300	0.200	0.200	0.500	0.100
降量%)	无磁场	0.000	0.064	0.068	0.068	0.064	0.070	0.010

每个粒子受到的扩散力为

$$f' = \frac{kT}{n} \frac{\mathrm{d}n}{\mathrm{d}z}$$

式中,f' 为扩散力;k 为玻耳兹曼常数;T 为绝对温度;n 为单位体积内微粒数;z 为高度。

由于在平衡状态下沉降力与扩散力相等,所以

$$\frac{\mathrm{d}n}{\mathrm{d}z} = \frac{\pi d^3}{6kT} (\rho - \rho_c) g n \tag{7.13}$$

式(7.13)为重力作用下磁性微粒稳定悬浮的条件,可以看出,微粒直径越小,浓度越低,温度越高,则稳定性越好。(此处未考虑超顺磁性微粒条件下微粒间相互的磁性吸引作用。)

在非均匀磁场作用下,磁性微粒向磁场较强的区域运动(图 7.13),发

生与重力作用相似的过程。设磁场在 z 方向的变化率为 $\mathrm{d}B/\mathrm{d}z$，而磁性微粒的磁化强度为 I，则单位体积磁性微粒所受磁场力为

$$f = I\frac{\mathrm{d}B}{\mathrm{d}z}$$

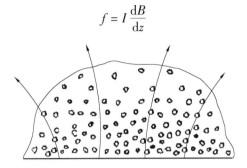

图 7.13　在磁场作用下磁液内磁性微粒的分布

每个磁性微粒所受磁场力为

$$f_0 = \frac{\pi}{6}d^3 I\frac{\mathrm{d}B}{\mathrm{d}z}$$

式中，B 为磁感应强度。

不计重力作用时，磁性微粒在扩散力和磁场力作用下处于稳定平衡状态的条件是

$$\frac{\mathrm{d}n}{\mathrm{d}z} = \frac{\pi n}{6kT}d^3 I\frac{\mathrm{d}B}{\mathrm{d}z} \tag{7.14}$$

式（7.13）和式（7.14）为磁液稳定条件，若要使磁液在重力和梯度磁场作用下保持较好的稳定悬浮状态，则式中的等号应改为大于号。

7.7　磁性液体中表面活性剂的空间位阻和弹性位阻稳定机制

提高磁液动力稳定性的措施是减小磁性微粒的粒度，提高聚结稳定性的措施则是在磁性微粒的表面包覆分散剂。在纳米磁液中，表面活性剂对磁性粒子包覆后，形成一单分子层或双分子层表面活性剂球状弹性外壳，这一外壳对纳米磁性粒子的碰撞团聚产生空间位阻和弹性位阻，起到稳定作用，如图 7.14 所示。[11–13,16,51–53,101,148,153,160,161,180,181,217,240,266,301,302]

7.7.1　扩散作用和弹性作用

当包覆有表面活性剂的粒子相距较远时，两粒子不发生相互作用；当两粒子相距较近（浓度较大）、靠近或碰撞在一起时，首先相接触的是两粒

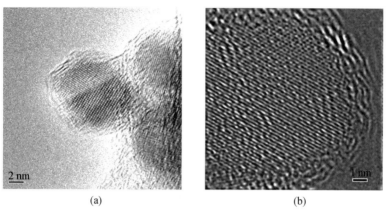

（a）　　　　　　　　　　　　　（b）

图 7.14　表面活性剂产生空间位阻和弹性位阻的高分辨电镜图像

子的表面活性剂球状弹性外壳，一方面，碰撞作用使表面活性剂层重叠，重叠区域内表面活性剂浓度较大，有向外扩散的趋势，产生扩散势，这种扩散势使两粒子重新分开；另一方面，表面活性剂形成的球状外壳，一般在表面形成张应力或压应力（起因于球状外壳的表面积自动减少以降低表面能的趋势），这种表面应力使得球状外壳具有一定的强度和刚度，当两粒子碰撞在一起时，球状外壳发生变形，在弹性力的作用下，变形的球状外壳有恢复为原来球对称形状的趋势，这种趋势使得两粒子分开。

7.7.2　空间位阻作用

表面活性剂的包覆有一定厚度，高分辨表征证明作者制得的磁液中磁性粒子包覆层的厚度为 1～1.5 nm，两磁性粒子相撞时，磁性粒子本征表面之间就会隔着两层表面活性剂包覆层，其厚度为 2～3 nm，这个距离使得磁性粒子之间的范德瓦耳斯力和磁性力大大减弱，有效地减少了粒子之间的吸引能，从而使磁液稳定。

在实际作用过程中，表面活性剂的空间位阻和弹性位阻是与双电层的弹性作用结合在一起的，表面活性剂的包覆一般要影响到双电层的厚度，有时还会引起 ζ-电位反号。在某些情况下会增加 ζ-电位的绝对值，此时磁液稳定性肯定增强。但许多情况下将会减低 ζ-电位绝对值，此时就削弱了磁液系统的静电稳定作用，当这种削弱作用大于表面活性剂外壳所产生的弹性（空间）稳定作用时，磁液的稳定性变差；当这种削弱作用小于表面活性剂外壳所产生的稳定作用时，磁液稳定性能提高，这也是大多数大分子表面活性剂所能起到的作用。

7.8　磁性液体的综合稳定机制

磁液中可能引起聚结的不稳定因素主要有:布朗运动的碰撞黏结力、范德华吸引力、粒子之间的静电吸引力(浓度很大或粒子相距很近时)、静磁吸引力、重力及梯度磁场下的磁场力(使用过程中)等;磁液的稳定因素主要有:布朗运动的扩散力及超顺磁性带来的较大热运动能、浓差扩散力、磁性胶粒双电层斥力、表面活性剂外壳产生的空间位阻和弹性位阻以及基载液适当的黏滞悬浮力等。

不稳定因素中,静电吸引力只有在粒子间距极小的情况下才发生作用,这时溶液浓度很大,粒子已发生硬团聚,一般可避免此种状态的发生;碰撞黏结力是在粒子距离很近并且粒子之间的黏结力大于扩散力(分散力)的情况下起作用,这种情况也很容易采取某些措施避免发生;因此,静磁吸引力、重力、梯度磁场下的磁场力是影响磁液稳定性的主要因素,为了克服静磁吸引力,必须使磁性粒子的粒径在超顺磁性临界尺寸以下,使粒子的热运动能与静磁能相当,这个尺寸对 Fe_3O_4 是 10 nm,作者制备的磁液中磁性粒子的粒径为 7 ~ 8 nm,最小为 4 nm,完全符合要求;为了克服重力引起的不稳定作用,应减小粒子尺寸(包括超顺磁性作用);为了克服梯度磁场下磁场力引起的不稳定作用,要利用布朗运动扩散力、浓差扩散力、双电层斥力、磁液本征悬浮力,尤其要使表面活性剂在颗粒表面良好包覆,以产生较大的空间位阻和弹性位阻。在其他条件一定的情况下,为了进一步提高磁液的浓度,需要基载液有合适的悬浮能力,以提高磁液的磁性能。

总之,提高磁液稳定性,最重要的是减小粒子尺寸和表面活性剂的应用,稳定机制研究中应予以足够的重视。作者研究中,控制粒子尺寸较小,表面活性剂选择也较合理,并根据不同的制备方法和基载液对表面活性剂及其包覆工艺做适时调整,取得了良好的效果。

7.9　小　　结

影响磁液稳定性的因素是多方面的,磁液的稳定机制也可分为不同的理论。从热力学稳定机制方面考虑,存在范德瓦耳斯力和双电层静电斥力,磁性微粒的浓度,即粒子之间的距离对稳定性起着至关重要的作用,为了使磁液稳定,必须使浓度低于临界浓度。从动力学方面考虑,存在布朗运动和重力作用,当粒径减小时,布朗运动加剧,重力作用减小,在一定条件下可达到沉降平衡,因此减小粒径是提高动力稳定性的有力手段。从流变学方面考虑,存在黏滞作用和重力作用,应用过程中希望磁液黏度小些(阻尼器件除外)。从稳定性(和磁性能)方面考虑,又希望基载液有合适的黏度,以便悬浮更多的磁性粒子,黏度提高可增加磁液流变学稳定性,同时为制备更高浓度和更高磁性的磁液创造条件。从静电稳定机制考虑,磁性粒子表面的双电层形成弹性作用和浓差反扩散作用,有利于磁液的稳定,因此希望磁液有较高的 ζ-电位。从静磁场和重力场方面考虑,磁性粒子尺寸必须小到超顺磁性临界尺寸以下(Fe_3O_4 理论值为 16 nm,实际过程中要求达到 10 nm 以下),这时才能克服静磁场和重力场的作用而不下沉。从磁液中表面活性剂方面考虑,表面活性剂形成球状弹性外壳,碰撞时产生弹性力和空间位阻,有利于磁液稳定,同时表面活性剂外壳对克服外加梯度磁场下磁场力产生的聚结力起着至关重要的作用,也是磁液能够满足使用条件的保证。

第8章 磁性液体密封动力学及密封结构设计

8.1 引 言[3,6,20,102,133,137]

　　磁液具有十分广泛的应用,其中密封是其应用的重要方面。磁液的性能是其应用的基础和保障,密封结构则是其在密封中应用的具体载体。磁液在密封结构系统中将受到各种力的作用,综合考虑各种因素,建立磁液在密封结构中的受力模型,用以指导密封结构设计和提高密封结构压差。在密封结构的设计过程中,首先根据磁液性能和密封要求等参数进行磁路计算,确定各部位的结构数据,然后进行结构设计,并对设计情况不断调整,最后进行密封能力研究。

　　密封的种类有很多,按被密封介质状态分,主要有气体密封、液体密封和真空密封等,液体密封又有水密封和油密封等之分;按用途可分为防尘密封、防毒密封和压力密封等;按磁液与部件是否相对运动可分为静密封和动密封等,动密封又可分为旋转轴密封、直线运动密封、离心密封、直线运动和旋转轴密封等。密封结构形式也是多种多样,从级数和极数考虑,可分为单级密封、多级密封和多极–多级密封等。各种密封形式和密封结构各有特点。本章以多级密封结构对水的旋转轴密封为例,讨论密封动力学及其应用问题。

8.2 磁性介质受力分析[11,12,16,69,315,316]

　　磁场对磁性介质的作用,就是磁场对介质中分子电流的作用。磁性介质内每个分子的磁效应都可以等效为一个分子电流(电磁相互转换),分子电流在磁场中要受到磁场力的作用。在真空中,一个分子电流所受到的磁场力为

$$f_i = \mu_0(\nabla H) \cdot m_i \tag{8.1}$$

式中,H 为外磁场的磁场强度;m_i 为分子电流的磁矩;∇H 为并矢。在外磁场作用下,介质中的分子电流取向排列,对外显示出磁性。分子电流除受外加磁场的作用,还受介质被磁化后所产生磁场的作用,即介质内分子电

流所受磁场力为

$$f_i = \mu_0(\nabla H) \cdot m_i + \mu_0(\nabla M) \cdot m_i \tag{8.2}$$

由于磁感应强度 $B = \mu_0(H + M)$，所以

$$f_i = (\nabla B) \cdot m_i \tag{8.3}$$

另外，可以从势能的概念来理解磁场力。磁场中磁性介质内一个分子电流所具有的势能为

$$U_i = - m_i \cdot B \tag{8.4}$$

根据力与势能的关系，磁场作用于单位体积介质上的力为

$$f_m = - \nabla U_m = \nabla \int_0^B M dB = M \nabla B \tag{8.5}$$

磁场力还可以从磁化电流、磁能等观点进行分析，并得出不同形式的表达式，但对于各向同性介质，都可以转化为式（8.5）的形式。

8.3 磁性液体静力学分析[12,68,185,200]

8.3.1 磁性液体的连续介质模型

磁液是固体微粒悬浮于基载液中构成的胶体溶液。从微观上看，磁性微粒之间、液体分子之间都存在间隙，所以磁液的物理量在微观上是不连续的。同时，由于磁性微粒的随机热运动，又导致液体内任意空间点上在时间上的不连续性。

但是，在分析磁液的特性时，所讨论的问题的特征尺寸远大于磁性微粒的直径和微粒的平均自由程，而人们感兴趣的是磁液的宏观特性，即大量磁性微粒和载液分子的统计平均特性。这样就可以不以单个磁性微粒作为研究对象，而是引入连续介质模型，把磁液作为连续介质来对待进行研究。只有在磁液与其他介质的分界面上，其物理量才是不连续的。

磁液的一个特殊性质就是它具有磁性，在分析各种力的作用时，与其他液体的主要区别是磁场力的作用。磁场对磁液的作用是直接作用于磁性微粒上，磁性微粒发生位移时，由于磁性微粒的不可凝聚性和流体的不可压缩性，在宏观上体现为磁液发生位移或变形。因而，磁场对磁液的作用也可以按连续介质问题分析。引入连续介质模型后，磁液的磁性即可用磁化强度来描述，8.2 节关于磁性介质受力的分析便可用于磁液力学分析。

　　磁液静力学分析是研究处于静止或匀速运动的平衡状态下磁液的力学规律。

8.3.2　作用于磁性液体上的力

　　在磁液中任取一流体微团,如图8.1所示,其体积为V,封闭表面为S。静止状态时,磁液内各微团之间没有相对运动,无黏滞作用,无内部摩擦应力。外界作用于此流体微团的力有体积力和表面力。

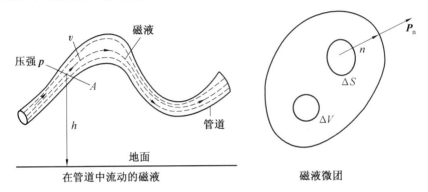

图 8.1　磁液受力分析

　　体积力是作用于磁液内质点上的非接触力;磁场中静止或做匀速运动的磁液所受的体积力有磁场力和重力。磁场力与磁液的磁化强度有关,而重力与其密度有关,流体力学中把只与流体相应的物理量有关、而与周围元素无关的非接触力称为质量力。磁场力与重力均为质量力。根据8.2节的分析,作用于磁液上的体积力为

$$f = \nabla \int_0^B M \mathrm{d}B - \rho g \boldsymbol{k} = M \nabla B - \rho g \boldsymbol{k} \qquad (8.6)$$

式中,M 为磁液的磁化强度,A/m;B 为磁感应强度,T;ρ 为磁液的密度,kg/m^3;g 为重力加速度,$g = 9.81$ m/s^2;$\boldsymbol{k}$ 为重力方向的单位矢量。

　　表面力也称应力,是由毗邻的磁液微团或其他物体直接施加的表面接触力,一般用单位面积上的接触力 $\boldsymbol{P}_n$ 表示。在一般的情况下,$\boldsymbol{P}_n$ 的方向与作用面的法向并不一致。但是在静止的磁液中,质点之间没有相对运动,而且各流体质点之间不能承受拉力,所以只存在指向作用面的法向应力,即

$$\boldsymbol{P}_n = -p\boldsymbol{n} \qquad (8.7)$$

式中,p 为流体内的压强。

8.3.3　磁性液体静力学平衡方程及内部压强公式

作用于磁液任意微团上的力有体积力 $\int_V f dV$ 和表面力 $\oint_S \boldsymbol{P}_n dS$。静止状态时,作用于流体微团上的合外力必然为零,所以

$$\int_V \boldsymbol{f} dV + \oint_S \boldsymbol{P}_n dS = 0 \tag{8.8}$$

即

$$\int_V \boldsymbol{f} dV - \oint_S \boldsymbol{p}\boldsymbol{n} dS = 0 \tag{8.9}$$

在实际应用中,外加磁场一般较强,磁液常常处于饱和磁化状态,其磁化强度近似等于其饱和磁化强度 M_s,磁液内的压强可以写成

$$p = M_s B + \rho g h + C \tag{8.10}$$

一般地,重力相对于磁场力较小,可以忽略不计,磁液内的压强可以进一步近似地表示为

$$p \approx \int_0^B M dB + C \tag{8.11}$$

或

$$p \approx M_s B + C \tag{8.12}$$

式(8.11)或式(8.12)表明,不计重力作用时,磁液内的等压面(或等压线)与等磁感应强度面(或等磁感应强度线)相重合。

设磁液内任意两点 1、2 处的磁感应强度分别为 B_1 和 B_2,距参考点的垂直向下距离为 h_1 和 h_2,则两点处的压强差为

$$p_2 - p_1 = \int_{B_1}^{B_2} M dB + \rho g (h_2 - h_1) \approx \int_{B_1}^{B_2} M dB \tag{8.13}$$

磁液饱和磁化时

$$p_2 - p_1 \approx M_s (B_2 - B_1) \tag{8.14}$$

式(8.10)表明,磁液内的压强决定于磁感应强度和在重力方向上的深度。由于重力的作用较小,压强主要取决于磁场强弱,改变磁场即可以改变压强。用磁液分选密度不同的物质就是利用了这一原理。式(8.13)或(8.14)为磁液静止密封分析奠定了基础。

8.4　磁性液体动力学分析[12,68,84,237,305−308,310−313,316,317]

在旋转轴密封中,由于黏滞作用,磁液内不仅存在法向应力,还存在切

向应力,即剪切力。剪切力的作用使磁液在密封间隙内沿圆周不停地运动,除磁场力、重力以及外加压力外,磁液还受到离心力的作用。离心力有使磁液脱离轴表面的趋势(与转速有关),磁液在表面上还有黏附力,但这些都是径向力,与压力密封液膜所承受的轴向力关系不大(法向力包括磁场力和离心力;切向力即剪切力;轴向力产生压差)。离心力的作用使部分磁液沿径向发生位移,向磁极表面靠近,磁液密封环的截面形状将发生变化,如图 8.2 所示。磁液量一定时,密封环的截面积基本不变,但密封环截面边界在转轴表面上的轴向长将变小,边界处磁场差值减小,致使密封能力下降,旋转密封能力小于静止密封能力。转速越高,密封能力下降得越多。因此,对旋转轴密封机理的分析,要以动力学分析为基础来分析磁液的力学模型和运动状态。由于磁液具有一定的黏性,因此这一问题归结为不可压缩黏性流体的流动问题。

 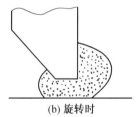

(a) 静止时   (b) 旋转时

图 8.2 磁液密封环截面形状

处于运动状态的不可压缩黏性流体服从于 Navier – Stokes 方程

$$\rho \frac{\partial u}{\partial t} + \rho(u \cdot \nabla) u = f - \nabla p + \mu \nabla^2 u \qquad (8.15)$$

式中,ρ 为流体密度;u 为流体运动速度;f 为作用于流体上的质量力;p 为流体内压强;μ 为流体黏度。

讨论流体沿圆周运动时,采用柱坐标系 (r, θ, z) 最为方便。

在旋转轴动密封中,磁液在密封间隙内做圆周运动,转速一定时,磁液的径向和轴向速度为零,只有切向运动,运动速度为半径和轴向位置的函数。不计重力作用时,磁液内的压强也具有轴对称性质。

旋转密封能力小于静止密封能力的原因是由于磁液在离心力的作用下沿径向发生位移,采取一定的措施可以减小磁液的位移。在单级密封磁极两侧附加非导磁材料,在多级密封的槽中填充非导磁材料,如图 8.3 所示。磁液被限制在密封间隙内,减小由离心力引起的径向位移,从而提高密封能力。

在图 8.3 所示的磁极结构中,磁液在两个圆柱体之间运动。由于密封

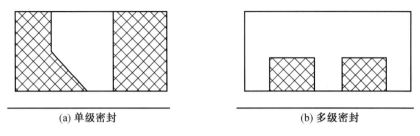

图 8.3 减小离心力作用的方法

间隙很小,液体密封环的轴向长度较其径向宽度大得多,两个端面的影响可以忽略不计,磁液的运动速度与轴向位置无关。

8.5 磁性液体密封压差[12,127,128,133-135,188]

磁液内任意两点间的压强差并不等于磁液的密封压差。磁液密封压差是指磁液两侧被密封介质中压强的差值,也就是磁液密封环的两个侧面外侧的压强差。然而,在磁液与被密封介质的分界面上介质不连续(但积分区段内介质连续),上述各式不能适用。为求出密封压差,必须从磁场应力分析着手,求出由于介质跃变引起的表面压强跃变。

8.5.1 磁性液体表面压强差

磁场应力在磁液的内部和表面上处处存在,静止时,只存在法向应力,即

$$s_{nn} = H_n B_n - \frac{1}{2}\mu_0(H^2 - M^2) \tag{8.16}$$

在磁液与被密封介质的分界面上,介质不连续将引起应力的跃变,这一应力跃变由磁液内表面和外表面上的压强差所平衡。若以 $\boldsymbol{n}_1$ 表示磁液内表面的法向量,$\boldsymbol{n}_2$ 表示外表面的法向量,s_{nn1}、s_{nn2} 为内表面和外表面上的应力,如图 8.4 所示,则内外表面应力差为$[s_{nn}] = s_{nn1} - s_{nn2}$,其中,$[\quad]$ 表示跃变。

对于法向应力 s_{nn},由于 $B_n = \mu_0(H_n + M_n)$,$H^2 = H_n^2 + H_t^2$(下脚标 n 和 t 分别表示法向和切向分量),有

$$s_{nn} = H_n B_n - \frac{1}{2}\mu_0(H^2 - M^2) = \mu_0 H_n^2 + \mu_0 H_n M_n - \frac{1}{2}\mu_0(H_n^2 + H_t^2 - M_n^2 - M_t^2) =$$

$$\frac{1}{2}\mu_0(H_n + M_n)^2 - \frac{1}{2}\mu_0 H_t^2 + \frac{1}{2}\mu_0 M_t^2 = \frac{1}{2}\mu_0 B_n^2 - \frac{1}{2}\mu_0 H_t^2 + \frac{1}{2}\mu_0 M_t^2$$

$$\tag{8.17}$$

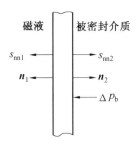

图 8.4　应力跃变与表面压差

考虑到 B_n 与 H_t 的连续性，$[B_n^2] = 0$，$[H_t^2] = 0$，所以

$$[s_{nn}] = \left[\frac{1}{2}\mu_0 M_t^2\right] \tag{8.18}$$

$[s_{nn}]$ 由表面压强差所平衡，以 Δp_b 表示表面压强差，如图 8.4 所示，则

$$\Delta p_b = -[s_{nn}] = -\frac{1}{2}\mu_0[M_t^2] \tag{8.19}$$

一般地，被密封介质为非磁性介质，所以

$$\Delta p_b = -\frac{1}{2}\mu_0 M_t^2 \tag{8.20}$$

8.5.2　磁性液体密封压差公式

磁液密封压差为磁液两个外表面上的压强之差。设磁液密封环的界面形状如图 8.5 所示，以 $11'$ 和 $22'$ 表示磁液与被密封介质的两个分界面，p_i 和 p_o 表示被密封介质中的压强，p_1 和 p_2 表示分界面内侧的压强，则由上面的分析可得磁液密封压差公式。

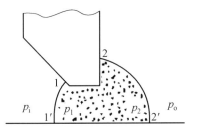

图 8.5　密封环形状及各部分压强

对于静止密封，密封压差公式为

$$\Delta p = p_i - p_o = \Delta p_{b2} + (p_2 - p_1) - \Delta p_{b1} =$$
$$\int_{B_1}^{B_2} M \mathrm{d}B + \rho g(h_2 - h_1) - \frac{1}{2}\mu_0(M_{t_2}^2 - M_{t_1}^2) \tag{8.21}$$

式中，p_i、p_o 为被密封容器内和容器外的压强；Δp_{b1}、Δp_{b2} 为两个分界面内外的表面压强差；p_1、p_2 为两个分界面内表面上的压强；B_1、B_2 为两个分界面内表面上的磁感应强度；M_{t_1}、M_{t_2} 为两个分界面上磁液磁化强度的切向分量。

对于旋转密封，密封压差公式为

$$\Delta p = \int_{B_1}^{B_2} M \mathrm{d}B + \Psi(r_2) - \Psi(r_1) + \rho g(h_2 - h_1) - \frac{1}{2}\mu_0(M_{t_2}^2 - M_{t_1}^2)$$

$$(8.22)$$

对同一半径位置，$r_2 = r_1$，$\Psi(r_2) - \Psi(r_1) = 0$，旋转密封压差与静止密封压差公式相同，但密封压差的计算方法却不同，对于一定量的磁液，由于密封环截面形状发生变化，密封压差也发生变化(参见有关数值计算方法)。

对式(8.21)和式(8.22)可做如下分析讨论：

(1) 在密封压差公式中 $\int_{B_1}^{B_2} M \mathrm{d}B - \frac{1}{2}\mu_0(M_{t_2}^2 - M_{t_1}^2)$ 项体现了磁场力的作用，根据 $B = \mu_0 H + \mu_0 M$ 为

$$\int_{B_1}^{B_2} M \mathrm{d}B - \frac{1}{2}\mu_0(M_{t_2}^2 - M_{t_1}^2) = \int_{H_1}^{H_2} \mu_0 M \mathrm{d}H + \int_{M_1}^{M_2} \mu_0 M \mathrm{d}M - \frac{1}{2}\mu_0(M_{t_2}^2 - M_{t_1}^2) =$$

$$\mu_0 \int_{H_1}^{H_2} M \mathrm{d}H + \frac{1}{2}\mu_0(M_2^2 - M_1^2) -$$

$$\frac{1}{2}\mu_0(M_{t_2}^2 - M_{t_1}^2) =$$

$$\mu_0 \int_{H_1}^{H_2} M \mathrm{d}H + \frac{1}{2}\mu_0(M_{n_2}^2 - M_{n_1}^2) \qquad (8.23)$$

式中，M_{n_1}、M_{n_2} 为两个分界面上磁液磁化方向的法向分量。

因而，密封压差公式又可写成：

对于静止密封

$$\nabla p = \mu_0 \int_{B_H}^{H_2} M \mathrm{d}H + \rho g(h_2 - h_1) + \frac{1}{2}\mu_0(M_{n_2}^2 - M_{n_1}^2) \qquad (8.24)$$

对于旋转密封

$$\nabla p = \mu_0 \int_{B_H}^{H_2} M \mathrm{d}H + \Psi(r_2) - \Psi(r_1) + \rho g(h_2 - h_1) + \frac{1}{2}\mu_0(M_{n_2}^2 - M_{n_1}^2)$$

$$(8.25)$$

(2) 相对于磁场力，重力的作用可以忽略不计，因而密封压差公式可以近似表示为

$$\Delta p \approx \int_{B_1}^{B_2} M \mathrm{d}B - \frac{1}{2}\mu_0(M_{t_2}^2 - M_{t_1}^2) \tag{8.26}$$

及

$$\Delta p \approx \int_{B_1}^{B_2} M \mathrm{d}B - \frac{1}{2}\mu_0(M_{t_2}^2 - M_{t_1}^2) + \Psi(r_2) - \Psi(r_1) \tag{8.27}$$

(3)当密封间隙较小或转轴直径不是很大时,离心力的作用也相对较小,可以近似地按静止密封压差公式分析旋转密封问题。但转速较高时,应考虑离心力的作用。

(4)当磁场较强时,磁液饱和磁化,磁化强度近似其饱和磁化强度 M_s,同时,磁液的磁化强度远小于外磁场强度,因而式(8.26)与式(8.27)中的第二项(两个分界面上磁液磁化强度的切向分量的平方差)可以忽略不计,密封压差公式可写成

$$\Delta p \approx M_s(B_2 - B_1) \tag{8.28}$$

及

$$\Delta p \approx M_s(B_2 - B_1) + \Psi(r_2) - \Psi(r_1) \tag{8.29}$$

在实际密封装置中,磁液密封环高压侧边界上的磁场较强,磁液可以达到饱和磁化状态。而磁液密封环低压侧边界上的磁场强度相对较弱,当该边界处磁液没有达到饱和磁化时,按上述简化计算得到的计算结果略小于实际值。

(5)当 $B_2 = B_1$ 时,磁液无密封能力。在磁场为均匀场的特殊情况下,磁液内部压强为常值,磁液可以在磁场中自由流动。因此,只有在梯度磁场的作用下,磁液才具有密封能力。

(6)对于给定的磁液,磁场力与外加压强差的平衡取决于磁液两个边界上的磁感应强度,而与磁场从一个边界到另一个边界的分布无关。当高压强侧边界位于磁感应强度最大值的位置,低压强侧边界位于磁感应强度最小值的位置时,密封压差达到最大值。因此,为获得最大的密封压差,必须添加足够多的磁液。

(7)提高密封压差有两种途径:一是选用磁化强度高的磁液;二是提高磁场梯度。

8.6 磁性液体密封的磁路(磁场)计算[12,318-320]

8.6.1 磁路的基本定律

磁路就是磁通经过的主要回路。磁路和电路不同,根本原因在于电流须借助某种介质传播,而磁场(磁通)无须借助任何介质就能传播,即用非

导电材料(绝缘材料或空气或真空等)就可以隔绝电流,但用非导磁材料(包括真空和空气隙等)不能隔开磁通,电路有气隙时就被隔断,而磁路却可以用气隙作为组成部分。但有一点磁路和电路是相同的,即磁通和电流的传导都遵循最低能量原理,即循着阻力最小的路径前进。对于电路来讲,电流沿导电性相对较好的(电阻较小)那一条路径传导组成回路(如果电阻足够小);对于磁路,磁通沿导磁性能较好(磁阻较小)的那一条路径组成主要的磁路,其他途径组成漏磁回路。磁路和电路的另一个区别是,有磁源必有磁路,而有电源不一定有电路;磁路的导通不必消耗能量(即磁源的磁场强度或最大磁能积不变),电路的导通消耗能量(即电压减小)。磁液的密封也是一个磁路,而且较复杂。图 8.6 为各种磁路基磁铁工作图。

1. 磁路的欧姆定律

磁路的欧姆定律为

$$NI = \frac{B}{\mu}l = \Phi\frac{l}{\mu S} \quad \text{或} \quad F = \Phi R_{\mathrm{m}} = \frac{\Phi}{\lambda} \qquad (8.30)$$

式中,N 为励磁线圈匝数;I 为电流;B 为磁感应强度;μ 为材料磁导率;l 为磁路平均长度;Φ 为磁通;S 为铁芯截面积;F 称为磁路的磁动势,简称磁势,A,$F = NI$;R_{m} 称为磁路的磁阻,A/Wb,$R_{\mathrm{m}} = l\mu S$;λ 称为磁路的磁导,H,$\lambda = 1/R_{\mathrm{m}}$。

式(8.30)表明,作用在磁路上的磁势等于磁路中的磁通量乘以磁路的磁阻,此即磁路的欧姆定律。

2. 磁路第一定律

磁路第一定律为

$$\sum \Phi = 0 \qquad (8.31)$$

即穿出(或穿入)任一闭合面的总磁通恒等于零(磁通连续定理)。

3. 磁路第二定律

磁路第二定律为

$$NI = H_1l_1 + H_2l_2 + H_gg = \Phi_1 R_{\mathrm{m}_1} + \Phi_2 R_{\mathrm{m}_2} + \Phi_g R_{\mathrm{mg}} = \sum \Phi R_{\mathrm{m}}$$

$$(8.32)$$

磁通与磁阻的乘积称为磁压降。式(8.32)表明,沿任何闭合磁路的总磁动势恒等于各段磁压降的代数和。

8.6.2 磁性液体密封的磁路模型

磁通路径随密封结构不同而不同。下面以普通的旋转轴单级密封和多级密封为例进行分析。图8.7为磁液单级密封和多级密封的磁场分布图。磁通的主要部分经过永久磁铁、磁极、密封间隙、转轴、密封间隙、磁回路(对单级密封)或磁极(对多级密封)闭合,这部分磁通称为主磁通,以 Φ_g 表示;另有一部分磁通在永久磁铁外部闭合,称为漏磁通,以 Φ_{σ_1}, Φ_{σ_2} 表示;经过转轴的主磁道 Φ_g ,在磁铁内表示为 Φ_{m_i} ,下标 m 表示磁铁, i 表示级数可以为 $1,2,\cdots$ 。由于磁场是以轴线为对称线对称分布的,所以只分析其轴线上半部即可,这样单极密封和多级密封的等效磁路即可用图8.8来表示,其中考虑到形状和尺寸的不同将磁极分为极身与极尖或极齿两部分,分别用磁阻 R_p 和 R_t 来表示。

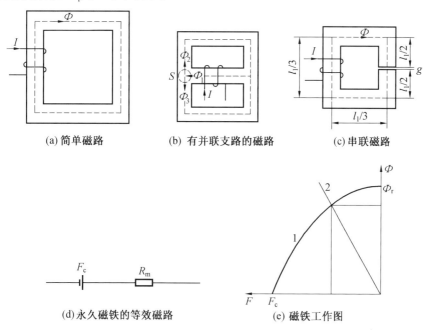

图8.6 各种磁路及磁铁工作图

由于密封间隙内充入了磁液,因此这部分磁阻与磁液的磁化特性有关。但是,磁液的磁化强度相对一般铁磁材料小得多,因而相对磁导率较低。图8.9为一磁液的磁导率曲线,在磁场较小时 $\mu=\mu_r\mu_0=1.2\mu_0$,随着磁场强度的增加,磁液饱和磁化, μ_r 很快趋于1。在实际应用中,为提高密封能力,磁液总是处于较强的磁场中,基本处于饱和磁化状态。因此,在磁路计算中,可以近似地认为在磁液中 $\mu=\mu_0$,即密封间隙内的磁阻可按空气的磁阻计算,从而简化计算过程。

图8.8的磁路包括所有的磁通和对应的磁阻,在实际应用中,可以根

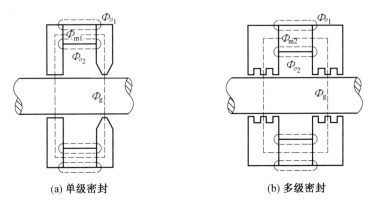

(a) 单级密封　　　　　　　　　(b) 多级密封

图 8.7　磁液单级密封和多级密封的磁场分布

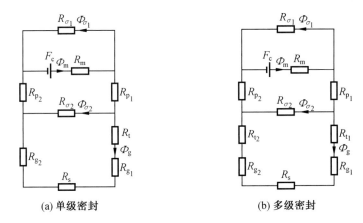

(a) 单级密封　　　　　　　　　(b) 多级密封

图 8.8　磁液单级密封和多级密封的等效磁路图

F_c—永久磁铁的磁势;R_m—永久磁铁的磁阻;R_{p_1}、R_{p_2}—极身磁阻,单极密封中 R_{p_2}

为磁回路磁阻;R_s—转轴磁阻;R_{σ_1}、R_{σ_2}—磁铁外部和磁间漏磁阻;R_{t_1}、R_{t_2}—齿部

磁阻,单极密封中以 R_t 表示;R_{g_1}、R_{g_2}—密封间隙磁阻

据磁通和磁阻的大小进行简化。因为极身和磁回路或转轴的磁导率很高且截面积大($R_m = l/(\mu S)$),这部分磁路一般不饱和,因此磁阻很小,可以忽略。相应地,等效磁路图简化为图 8.10。如果极尖和齿部也不饱和,相应的磁阻也可忽略,等效磁路图又可简化为图 8.11。这时,单极密封和多极密封的等效磁路相同。磁路的简化必然带来相应的误差,一般地,按图 8.10 计算,其结果误差较小。以上磁路中均用磁阻表示各部分的磁化特性,在实际计算中,用磁导计算比较方便。

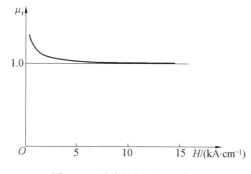

图 8.9 磁液的相对磁导率

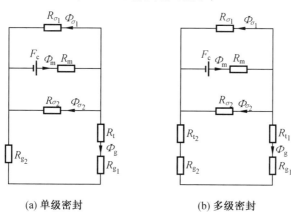

(a) 单级密封 (b) 多级密封

图 8.10 忽略极身及转轴磁阻时的等效磁路

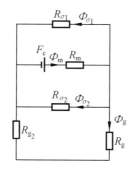

图 8.11 忽略极尖及齿部磁阻的等效磁路

8.6.3 磁导计算

磁路计算的准确性取决于磁导或磁阻计算的准确性,磁导或磁阻的计算应以磁场分布为基础。在磁液密封中,磁场在永久磁铁、极身或转轴中分布比较规则,计算磁导或磁阻时,取磁路的平均长度和平均面积计算即可。但是,密封间隙内的磁场和漏磁场的分布比较复杂,严格地讲,要通过磁场计算才能准确地求出磁导或磁阻,但磁场的计算比较复杂,本节将介绍较简单的积分计算方法。

1. 密封间隙磁导

（1）单级密封

单级磁极密封的形状有矩形、单侧斜角形和双侧斜角形三种,如图 8.12 所示。

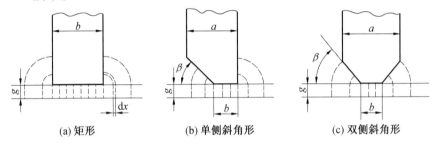

(a) 矩形　　　　(b) 单侧斜角形　　　　(c) 双侧斜角形

图 8.12　单级密封磁极形状

① 矩形磁极。在极尖下,假设磁力线为直线,对应的磁导为

$$\lambda'_g = \frac{\mu_0 \pi D b}{g} \tag{8.33}$$

在磁极侧面,认为磁力线由圆弧和直线组成,由于转轴直径远大于密封间隙,$D \gg g$,可以忽略磁场沿径向的变化。在极侧面 x 处取一面积微元 dS,如图 8.12(a) 所示,$dS = \pi D dx$,相应磁力线长度为 $l = g + \frac{\pi}{4}x$,在 x 处对应面积 dS 和长度 l 的磁导为 $d\lambda''_g = \dfrac{\mu_0 \pi D dx}{g + \dfrac{\pi}{4}x}$。一般地,磁场在磁极侧面沿轴向方向衰减很快,可以近似地认为在 $x = (5 \sim 8)g$ 处衰减为零。因此,磁极一个侧面的磁导可按积分

$$\lambda''_g = \int_0^{8g} \frac{\mu_0 \pi D dx}{g + \frac{\pi}{4}x} = 4\mu_0 D \ln \frac{g + 2\pi g}{g} = 5.68\mu_0 D \tag{8.34}$$

求得。由式(8.31) 和式(8.32) 可计算出密封间隙的磁导为

$$\lambda_g = \lambda'_g + 2\lambda''_g = \frac{\mu_0 \pi D b}{g} + 11.36\mu_0 D \tag{8.35}$$

② 单侧斜角磁极。假设单侧斜角磁极下的磁力线形状如图 8.12(b)

所示，磁导的求法与矩形磁极相似。在斜角侧，可取积分上限为 $x = a - b$，则

$$\mathrm{d}\lambda'''_g = \frac{\mu_0 \pi D \mathrm{d}x}{g + \beta x}$$

$$\lambda'''_g = \int_0^{a-b} \frac{\mu_0 \pi D \mathrm{d}x}{g + \beta x} = \frac{\mu_0 \pi D}{\beta} \ln \frac{g + \beta(a - b)}{g} \qquad (8.36)$$

根据式(8.76)、式(8.77)和式(8.79)，密封间隙的磁导为

$$\lambda_g = \lambda'_g + \lambda''_g + \lambda'''_g = \frac{\mu_0 \pi D b}{g} + 5.68\mu_0 D + \frac{\mu_0 \pi D}{\beta} \ln \frac{g + \beta(a - b)}{g}$$

$$(8.37)$$

③ 双侧斜角磁极。如图8.12(c)所示，密封间隙的磁导为

$$\lambda_g = \lambda'_g + 2\lambda'''_g = \frac{\mu_0 \pi D b}{g} + \frac{2\mu_0 \pi D}{\beta} \ln \frac{g + \beta(a - b)}{g} \qquad (8.38)$$

(2) 多级密封。

多级密封的磁极呈齿槽状，如图8.13所示，各级的齿槽尺寸相同。齿下的磁导、磁极侧面的磁导的求法与单极密封中矩形磁极磁导的求法相同，所不同的是槽下磁导的求法。

为增加磁场梯度，磁极的槽深度通常设计得较大，槽内磁力线的分布如图8.14(a)所示。若用圆弧与直线代替磁力线，则磁力线的分布将如图8.14(b)所示，相当于减小了磁路的截面积。为了补偿这一误差，用一条倾角为 β 的直线来代替实际槽的侧面边界，如图8.14(c)所示，相当于在缩小了磁路面积的同时，人为地缩短磁路长度。槽较深时，可取 $\beta = 1 \sim 1.1$，这种方法称为代角法。

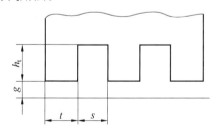

图8.13　多级密封的磁极形状

按照代角法，半个槽距下的磁导为

$$\frac{1}{2}\lambda_{gs} = \int_0^{s/2} \frac{\mu_0 \pi D}{g + \beta x} = \frac{\mu_0 \pi D}{\beta} \ln \frac{g + \beta s/2}{g} = \frac{\mu_0 \pi D}{\beta} \ln\left(1 + \frac{\beta s}{2g}\right) \quad (8.39)$$

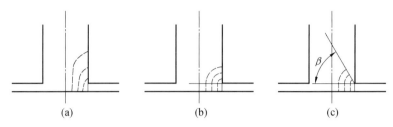

图 8.14　用代角法求槽下磁导

以 λ_{gt} 和 λ_{ge} 分别表示齿下磁导和磁极侧面磁导,对于密封级数为 N 的多级密封,密封间隙的总磁导为

$$\lambda_g = N\lambda_{gt} + (N-1)\lambda_{gs} + 2\lambda_{ge} \tag{8.40}$$

式中,$\lambda_{gt} = \mu_0 \pi Dt/g$,$\lambda_{ge} = 5.68\mu_0 D$,其中,下脚标 t 表示齿宽;下脚标 s 表示槽宽,D 为转轴直径。

如果忽略边缘齿的差别,则可近似认为

$$\lambda_g = N(\lambda_{gt} + \lambda_{gs}) \tag{8.41}$$

2. 漏磁导

漏磁场的分布很不规则,同样要在一定的假设条件下求解。

(1) 磁铁外侧漏磁导。

设永久磁铁外侧漏磁场的磁力线由圆弧和直线组成,如图 8.15 所示,在 x 处,磁通经过的微元面积为

$$dS = \pi D_0 dx$$

其中 D_0 为磁极外径。磁力线的长度 $l = h_m + \pi x$,其中 h_m 为磁铁长度。则外侧漏磁导为

$$\lambda_{\sigma_1} = \int_0^d \frac{\mu_0 \pi D_0}{h_m + \pi x} dx = \mu_0 D_0 \ln \frac{h_m + \pi d}{h_m} \tag{8.42}$$

(2) 极间漏磁导。

如图 8.15 所示,假设磁力线为穿过极间的直线,则

$$\lambda_{\sigma_2} = \mu_0 \pi (D + c)c / h_m \tag{8.43}$$

式中,c 的尺寸如图 8.15 所示(定性描述)。对斜角磁极,c 可取为磁铁至斜角开始处的距离。

8.6.4　磁路计算方法

1. 磁路计算

建立等效磁路模型,并求出各部的磁导后,即可对磁路进行求解,计算出密封间隙的磁通和磁压降 F_g。如果磁路不饱和,磁阻为线性的,则可按

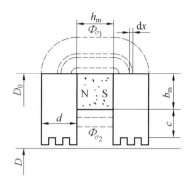

图 8.15 漏磁导的求法

磁阻定律很方便地求解。当磁路饱和时,铁磁材料磁阻的非线性使磁路的计算变得复杂,可采用试探法或图解法求解。

试探法是先假设一个密封间隙的磁通 $\Phi_g^{(0)}$,计算各部分的磁感应强度,并由铁磁材料的磁化曲线查得相应的磁场强度值,从而得到材料的磁导率,并计算出材料的磁阻。然后根据磁路定律计算各部的磁压降。最后计算出外磁路与永久磁铁内部磁阻各部分磁压降之和 $F_c^{(0)}$。若 $F_c^{(0)}$ 与永久磁铁的等效磁势 F_c 相等或相差很小,则假定的初值就是实际值或近似实际值。否则,就重新给定初始值,重复上述过程,直至得到满意的结果。

图解法是利用磁铁工作图(图 8.16)求解磁路的一种方法,也是常用的一种方法。求解过程如下:首先给定一组密封间隙磁通的数值,根据磁路定律、磁路各部分尺寸及材料的磁化曲线,计算出外磁路的磁通磁势 $\Phi_m = f(F_m)$ 和 $\Phi_g = g(F_m)$ 两条曲线,其中 Φ_m 为外磁路的总磁通,F_m 为外磁路的总磁势。然后将永久磁铁的去磁曲线 $\Phi_m = f(F)$、外磁路的磁通磁势曲线 $\Phi_m = f(F_m)$ 和 $\Phi_g = g(F_m)$ 三条曲线绘于同一坐标系中,如图 8.16 所示。注意,这里外磁路的磁通磁势曲线 $\Phi_m = f(F_m)$ 和 $\Phi_g = g(F_m)$ 是按纵坐标的对镜线画的。永久磁铁的去磁曲线和外磁路的磁通磁势曲线 $\Phi_m = f(F_m)$ 的交点 A 即为磁路的工作点,A 点对应的 Φ_m 和 F_m 即为磁路的总磁通和外磁路的总磁压降(也就是永久磁铁所提供的磁势)。$F = F_m$ 时所对应的 Φ_g 即为密封间隙内的磁通;$\Phi_\sigma = \Phi_m - \Phi_g$ 为漏磁通;密封间隙的磁压降为 $F_g = R_g \Phi_g$。

将永久磁铁产生的总磁通与穿过密封间隙的磁通之比定义为漏磁系数:$\sigma = \Phi_m / \Phi_g = (\Phi_g + \Phi_\sigma) / \Phi_g = 1 + \Phi_\sigma / \Phi_g$,其中 σ 表示漏磁通的大小,$\sigma = 1.2 \sim 1.4$。

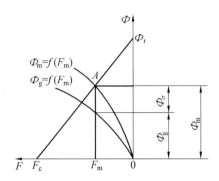

图 8.16　磁铁工作图

2. 磁场及密封压差计算

通过磁路计算求得密封间隙的磁压降 F_g 后,即可求出间隙内的磁感应强度

$$B_g = \mu_0 F_g / g' \tag{8.44}$$

这里 g' 为极下的间隙,沿轴线是变化的,从而磁场也是变化的。正是由于磁场的变化,才产生磁场力,实现了密封。

在单级密封中,极尖下的间隙最小,磁场最强:$B_{max} = \mu_0 F_g / g$,磁极两侧的磁场随距离的增加而快速减弱。当磁液较多时,可认为在极限状态下,磁液密封环高压侧边界上的磁感应强度为 B_{max},而在低压侧边界上的磁感应强度远小于 B_{max},可以忽略,则单级密封的极限密封压差为

$$\Delta p \approx M_s B_{max} \tag{8.45}$$

若考虑低压侧磁场的影响,则可认为

$$\Delta p \approx 0.8 M_s B_{max} \tag{8.46}$$

对于多级密封,齿下的磁场最强:$B_{max} = \mu_0 F_g / g$,槽下磁场最弱:$B_{min} = \mu_0 F_g / (g + \beta s / 2)$,其中 s 为槽宽。忽略末级齿下磁场的差别,则任一级的极限密封压差为

$$\Delta p_{imax} \approx M_s (B_{max} - B_{min}) \tag{8.47}$$

N 级密封的极限密封压差的计算值为

$$\Delta p_{max} \approx N M_s (B_{max} - B_{min}) \tag{8.48}$$

由于磁液在各齿下分布不同,多级密封的实际密封压差小于其计算值。

8.7　密封结构设计[12,321-324]

8.7.1　磁液密封的结构形式

磁液密封的结构形式有多种,如图 8.17 所示,可根据需要选定。

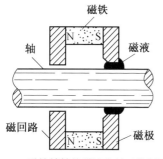

(a) 磁性转轴的磁液密封（单级）

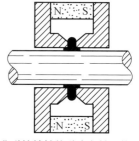

(b) 非磁性转轴的磁液密封（单级）

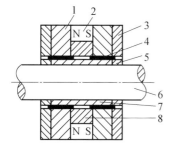

1—磁极；　2—永磁体；3—非导磁外垫圈
4—磁液；　5—非导磁内垫圈；　6—旋转轴；
7—高导磁套筒；8—环形非导磁体
(c) 非磁性转轴的磁液多级密封

(d) 磁性转轴的磁液多级密封

① 尖角磁极

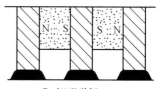

② 矩形磁极

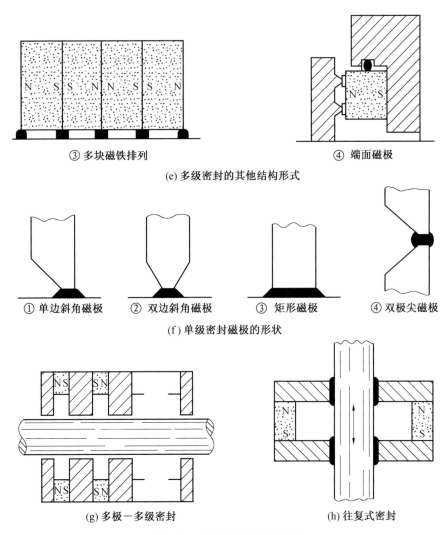

③ 多块磁铁排列　　　　　　④ 端面磁极

(e) 多级密封的其他结构形式

① 单边斜角磁极　② 双边斜角磁极　③ 矩形磁极　④ 双极尖磁极

(f) 单级密封磁极的形状

(g) 多极－多级密封　　　　　　(h) 往复式密封

图 8.17　磁液密封结构示意图

　　实际密封装置由端盖(根据需要也可不加端盖)、外壳、永久磁铁、磁极、磁液、转轴和橡胶密封环等组成,如图 8.18 所示。其中外壳为非导磁材料,如铜、铝、不锈钢等;磁极为软磁材料,如纯铁或低碳钢;转轴也为软磁材料;永久磁铁可以是铁氧体、稀土永磁材料等;橡胶圈的作用是实现磁极与外壳之间的静止密封。

　　磁液的填充有以下几种方式:

　　① 当密封部位为可暴露式(如无端盖或端盖可拆卸)时,可从磁极侧面直接向密封间隙填充磁液,在磁场作用下,磁液自动进入间隙形成密封

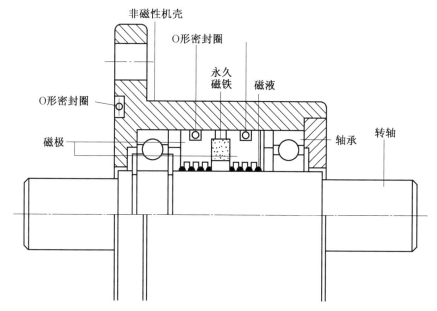

图 8.18 实际密封装置结构

环,如图 8.19(a) 所示。

② 当密封部位为非暴露式时,可在密封装置的装配过程中填充磁液,如在装配磁极前,在极尖或齿部涂上充足的磁液。

③ 在磁极的侧面设置磁液填充空,如图 8.19(b) 所示,经填充孔向间隙充入磁液,然后将填充孔封闭。

④ 对于单级密封,可按以上任意一种方法填充。对于多极密封,应在磁极的高压侧填充充分的磁液,在外加压差的作用下,磁液自然充入各齿下,形成多极密封。

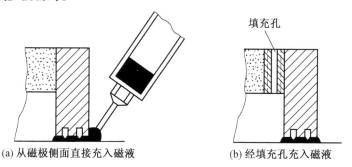

(a) 从磁极侧面直接充入磁液   (b) 经填充孔充入磁液

图 8.19 磁液的填充方式

8.7.2　密封结构设计

密封结构设计分为永久磁铁设计和密封参数设计。永久磁铁设计的主要目的是:根据磁源性能,计算永久磁铁尺寸,以期使永久磁铁得到最佳利用,并通过永久磁铁工作点的选择,确定最佳永久磁铁形状,提高密封能力。密封参数设计分为单级密封设计、多级密封设计、多极－多级密封设计、离心密封设计、旋转密封设计和线形密封设计等;需要确定的参数有密封间隙、磁极形状(级间宽度、磁极斜角)、密封级数和齿槽尺寸(密封间隙、齿宽、槽宽、齿高)等。在本书研究中,磁源是购买的已定型钕铁硼稀土永磁产品(若要定做,需做模具,成本很高),因此不需要磁源设计;为简化研究而又有代表性,并尽量发挥磁源作用,选择二极－多级密封结构进行分析研究。

多级密封特性分析:单级密封的密封能力较低,一般都是采用多级密封方式,其密封压差可达 0.3 ~ 0.4 MPa,但要实现更高压差的密封则比较困难,必须采用其他形式才能实现高压密封。

从理论上讲,在多级密封中,如果在增加级数的同时,增加永久磁铁的尺寸,保证各齿下磁场不变,则其计算密封压差可以任意增加。但是,分析表明,由于在外加压差的过程中,齿下磁液减少,实际密封压差小于其计算密封压差,并且级数越多,二者之差越大。因此,靠增加级数提高密封压差是有限的。如果能在有外加压差的情况下及时向各齿补充磁液,使齿下一直保持充足的磁液,则密封压差有望达到计算密封压差。实现这一目的需要在各槽中设计磁液填充孔,各孔分别与一磁液容器相连。同时需要相应的压力控制系统,使各槽补充磁液的外加压强与槽中的压强相平衡。该方法从原理上是可以实现的,但由于级数多,各槽内压强不等,并随外加压差而变化,实现起来十分复杂,不易实施。但是这种设想具有指导意义。

为了探讨高压密封的途径,首先分析一下多级密封的特性。从多级密封的试验可知,当外加压差达到临界值时,磁液被吹破(图 8.20),密封压差下降,当密封容器内压强下降到一定数值时,磁液又恢复密封状态。密封装置所能达到的最大密封压差称为极限密封压差,从吹破状态恢复到密封状态的密封压差称为恢复密封压差,前者大于后者,其差值与密封级数有关,一般地,恢复密封压差为极限密封压差的 70% ~ 80%。在对磁液密封加压的过程中,压差的变化过程分为三种情况:

① 如果达到极限密封压差后停止加压,则开始时压差下降,流过密封间隙的介质量增加,流量增加到一定数值后开始减小,压差继续下降。压

(a) 外加压差为零　(b) 外加压差不为零　(c) 密封失效　　(d) 磁液被吹破

图 8.20　磁液承压过程

差减小到恢复密封压差时,重新恢复密封状态。其工作特性如图 8.21(a)所示,其中 Δp_{m} 为极限密封压差,Δp_{r} 为恢复密封压差,Q 为被密封气体的流量(泄漏量)。

②如果达到极限密封压差后继续加压,但加压速度较慢,则密封装置仍能恢复密封状态,恢复密封状态后,压差重新上升,超过极限密封压差 $\Delta p_{\mathrm{m_2}}$ 后,磁液再次被吹破。由于第一次被吹破时,磁液量减少,所以第二次吹破时的极限密封压差 $\Delta p_{\mathrm{m_2}}$ 小于第一次的极限密封压差 $\Delta p_{\mathrm{m_1}}$。以较小的速度加压,则上述过程重复进行,但随着被吹破次数的增加,极限密封压差和恢复密封压差都逐渐减小,二者的差值也减小。密封的工作特性如图 8.21(b) 所示。

③如果达到极限密封压差后继续加压且加压速度较快,则磁液不能恢复密封状态,压差与流量稳定于某一数值上。如图 8.21(c) 所示,此时充气量与泄漏量相等。但随着时间延长,间隙之中磁液被介质带走,压差缓慢减小,流量缓慢增加。

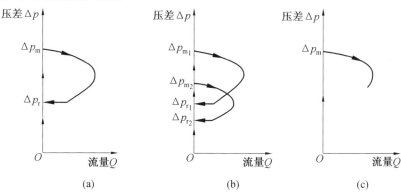

图 8.21　磁液密封的工作特性

1. 磁源及其尺寸

用烧结钕铁硼作为永磁源,材料牌号:N35。

规格尺寸为

$$\Phi_内 \times \Phi_外 \times 厚度(h) = 24 \text{ mm} \times 40 \text{ mm} \times 30 \text{ mm}$$

横截面积为

$$S = \pi(r_{外2} - r_{内2}) = \pi(20^2 - 12^2) \text{ mm}^2 = 8.04 \times 10^2 \text{ mm}^2$$

磁源体积为

$$V = h \times \pi(r_{外2} - r_{内2}) = 30 \times \pi(20^2 - 12^2) \text{ mm}^3 = 2.42 \times 10^4 \text{ mm}^3$$

主要性能指标如下:剩余磁感应强度 B_r:11.9 ~ 12.2 kGs(1.19 ~ 1.22 T);内禀矫顽力 H_{cj}:12.0 ~ 14.0 kOe(955 – 1 114 kA/m);最大磁能积 $(BH)_{max}$:34 ~ 36MGOe(271 ~ 287 kJ/m³);剩磁温度系数:$\alpha(B_r) = -0.11\%/℃$,内禀矫顽力温度系数 $\beta(H_{cj}) = -0.58\%/℃$;密度 D:7.5 g/cm³;恢复磁导率 μ_r:1.05;表面磁感应强度 3 000 Gs(10^4 Gs $= 1$ T)。

2. 轴承选择

根据磁源内径和外径,考虑到磁源与轴及外壳之间的间隙和固定,选择中窄 303# 标准轴承。规格尺寸为(mm):内径 17;外径 47;厚度为 14;允许转速为 13 000 r/m;质量为 0.11 kg。

3. 转轴尺寸

根据磁源内径,考虑磁源与轴之间的空间,配合标准轴承的选择,确定轴径为 17 mm,与轴承为紧配合。轴的长度和其他尺寸根据密封部件中其他零件的尺寸及使用要求来确定,详见密封结构设计图。

4. 密封级数的确定

在多级密封中,若永久磁铁和齿槽尺寸不变,增加级数,则密封间隙总磁导增加,磁势下降,各点下的磁感应强度也相应下降。但是总的计算密封压差正比于 $N(B_{max} - B_{min})$,其中 N 为级数,总密封压差还是随密封级数的增加而增加。

假设各齿下磁场分布的形状与级数无关,则磁感应强度差值与穿过一个齿距的磁通 Φ_i 成正比,即 $\Delta B = B_{max} - B_{min} \propto \Phi_i$,各级齿的尺寸相同时,总计算密封压差便与穿过间隙的总磁通成正比,$\Delta p \propto \Phi_g$。由磁铁工作图可以分析总磁通 Φ_g 随级数 N 的变化情况。不计漏磁时,磁铁工作图如图 8.22 所示,当级数 N 较大时,外磁路的磁通磁势曲线 $\Phi = f(F)$ 如曲线 1 所示;当级数 N 较小时,外磁路的磁通磁势曲线 $\Phi = f(F)$ 如曲线 2 所示,曲线的斜率与 N 成正比。设永久磁铁的尺寸不变,可以看出,当 N 较小时,Φ_g

随 N 的变化较快；当 N 较大时，Φ_g 随 N 的变化较小，密封压差变化缓慢。在极限情况下，N 趋于无穷大，Φ_g 趋于 Φ_r，密封压差趋于恒定值。以 t、s、h_t、g分别表示齿宽、槽宽、齿高和密封间隙，图 8.23 所示为间隙 $g = 0.05$ mm、齿宽间隙比 t/g 一定、槽宽齿宽比 $s/t = 2$、齿高齿宽比 $h_t/t = 1.25$ 时，多级密封的 $\Delta B = f(N)$ 和 $\Delta p = f(N)$ 的计算曲线。

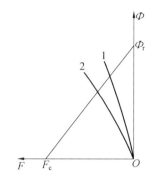

图 8.22　级数不同时的磁铁工作图

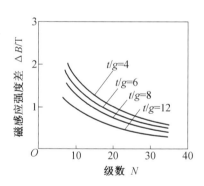

图 8.23　多级密封的密封曲线 $\Delta B = f(N)$，$s/t = 2$

以上分析表明，靠增加级数提高密封压差是有限的，如图 8.24 所示。若在增加级数的同时增加永久磁铁的截面积，则可以提高计算密封压差，但实际密封压差的提高仍受到一定限制。当密封压差随级数增加而开始变缓时，此时的级数就是较合理的数值。一般密封级数可选为 $N = 10 \sim 15$。在满足密封能力的前提下，应取得尽量小些。

本书中的结构设计为一源二极密封，由于磁源磁能积较高，为充分利用，故取每个磁极 $N = 15$，两个磁极即密封结构的总级数 $N_\text{总} = 2N = 30$。

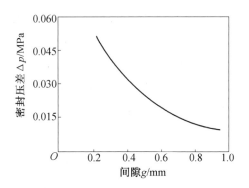

图 8.24　密封级数与密封压差 $\Delta p = f(N)$，$s/t = 2$

5. 密封间隙的确定

多级密封间隙的确定原则与单级密封基本一致。密封间隙内的磁场强度与间隙大小有关,因而密封能力也与间隙大小有关,密封压差随密封间隙的变化如图 8.25 所示,为了提高密封压差或减小永久磁铁的体积,密封间隙应取得尽量小,一般在 0.05 ~ 0.15 mm 范围内,但多级密封的密封环较多,阻力矩相应增大,为减小阻力矩,可适当增大密封间隙。密封间隙的选取还应考虑机械加工精度的限制,间隙过小,则加工费用高,且易导致机械磨损。轴径较小时,间隙可取得较小;轴径较大时,间隙也应取得较大。

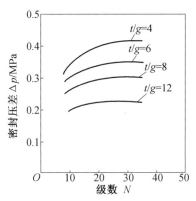

图 8.25　密封压差随密封间隙的变化

所设计的密封结构的轴径较小,密封间隙本应取较小值,但考虑到阻力矩和加工精度,故取 $g = 0.2$ mm。

6. 齿宽的确定

确定齿宽时主要考虑齿部的饱和程度及边缘效应对磁场的影响。若齿宽 t 太小,则齿部饱和,磁场的边缘效应也增大,两种效应均导致磁场最大值 B_{max} 减小,因而 $\Delta B = (B_{max} - B_{min})$ 也减小,密封压差下降。另一方面,若齿宽 t 过大,则密封间隙磁导很大,因为永久磁铁产生的总磁通接近 $\Phi_r = B_r S_m$,对给定的级数,穿过一个齿距内的磁通也已接近极限值,所以磁导的增加将使齿层磁压降减小,从而使 B_{max} 下降,同样使密封压差下降。图 8.26 为不同齿宽时的磁场分布情况,图 8.27 为齿宽对密封压差的影响。

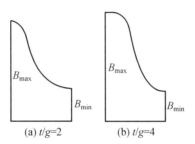

(a) $t/g=2$ (b) $t/g=4$

图 8.26　不同齿宽时的磁场分布

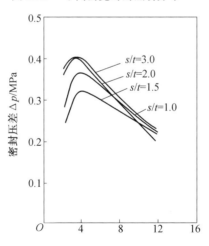

图 8.27　齿宽对密封压差的影响

从图 8.26 可以看出,当齿宽 t 较小时,磁场边缘效应较大,按尖顶形曲线分布,因而 B_{max} 较小;当齿宽 t 增加到一定数值后,磁场开始呈平顶形分布,B_{max} 较大;齿宽 t 继续增大,则磁场的平顶部分增大,但 B_{max} 却减小。平顶部分的磁通为无用磁通,无用磁通的增加,降低了总磁通的利用率,因而密封能力下降。一般取齿宽间隙比 $t/g = 4 \sim 8$ 较为合理。

所研究的密封结构设计中,取 $t/g = 6, t = 6g = 6 \times 0.2 \ \text{mm} = 1.2 \ \text{mm}$。

7. 槽宽 s 的确定

槽宽主要影响到磁感应强度的最小值 $B_{\min}$。槽宽不同时的磁场分布如图 8.28 所示。槽宽 s 较小时,槽下磁场 $B_{\min}$ 较大,$\Delta B = (B_{\max} - B_{\min})$ 减小;槽宽 s 较大时,$B_{\min}$ 较小,ΔB 增加;当槽宽 s 增大到一定数值后,$B_{\min}$ 变化很小。但 s 过大时,槽内磁场将出现平底分布区域,产生无用磁通,也会降低总磁通的利用率,使密封压差下降。由于槽下磁场较弱,无用磁通的比例较小,因而槽宽对密封能力的影响较齿宽的影响要小。槽宽对密封压差的影响如图 8.29 所示,可以看出,槽宽可以在较大范围内选取,密封能力变化不大。一般取槽宽齿宽比 $s/t = 1.5 \sim 3$ 较为合理。

本设计为使密封结构更为紧凑,取 $s/t = 1.5$,即 $s = 1.5 \ t = 1.8 \ \text{mm}$。

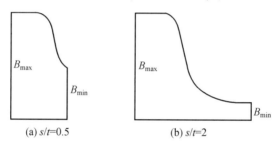

(a) $s/t = 0.5$　　　　　(b) $s/t = 2$

图 8.28　槽宽不同时的磁场分布

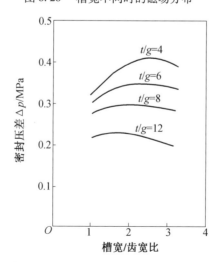

图 8.29　槽宽对密封压差的影响

8.齿高的确定

齿高主要影响槽中磁场的大小和分布。齿高 h_t 较小时,槽下磁场 B_{min} 较大,特殊情况 $h_t = 0$,则 $B_{max} = B_{min}$,$\Delta p = 0$。h_t 增加,则 B_{min} 下降。但当齿高 h_t 增加到一定数值后,磁场主要由齿的边缘效应来确定,h_t 的影响就不大了。图 8.30 为齿高对磁场分布的影响,图 8.31 为齿高／齿宽对密封压差的影响。一般取齿高齿宽比 $h_t / t > 0$ 即可。但如果 h_t 过大,则齿部磁压降增加,将导致磁场减弱,密封能力减小,若齿部饱和,则影响更明显。图 8.31 中 $N = 10$ 的曲线已呈现出下降的趋势,其原因就是级数少时齿部磁场较强,出现饱和现象。

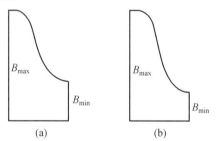

图 8.30   齿高对磁场分布的影响

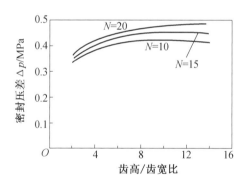

图 8.31   齿高／齿宽比对密封压差的影响

本设计考虑齿高对磁压降的影响,也考虑齿槽对磁液的储存需要一定空间,同时考虑齿槽太深时将增加加工难度,综合考虑各种因素,取齿高齿宽比 $h_t / t = 4$,则 $h_t = 4t = 4.8$ mm。

8.7.3 30 级密封结构零件图及设计装总图

30 级密封结构零件图及设计组装总图如图 8.32 和图 8.33 所示。

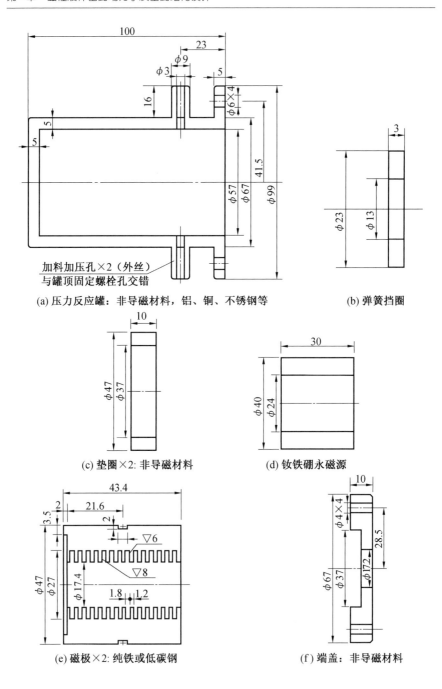

(a) 压力反应罐：非导磁材料，铝、铜、不锈钢等

(b) 弹簧挡圈

(c) 垫圈×2: 非导磁材料

(d) 钕铁硼永磁源

(e) 磁极×2: 纯铁或低碳钢

(f) 端盖：非导磁材料

加料加压孔×2（外丝）
与罐顶固定螺栓孔交错

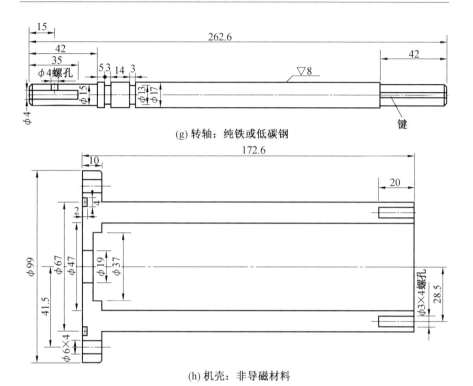

(g) 转轴：纯铁或低碳钢

(h) 机壳：非导磁材料

图 8.32　30 级密封结构零件图

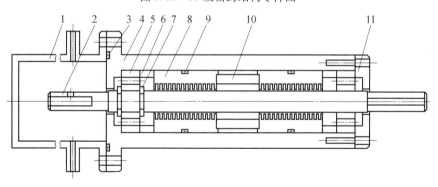

图 8.33　30 级密封结构设计组装总图

1—压力反应罐:非导磁材料,铝、铜、不锈钢等;2—转轴:纯铁或低碳钢;3—密封垫圈;4—机壳:非导磁材料;5—轴承×2:代号 302 中窄;6—垫圈×2:非导磁材料;7—弹簧挡圈;8—磁极×2:纯铁或低碳钢;9—密封垫圈×2;10—钕铁硼永磁源;11—端盖:非导磁材料

8.8　密封能力研究[20,110,268-270,325,326]

8.8.1　密封试验

密封试验的目的是：

①检验所制得磁液的实际应用性能。

②检验所设计制作的密封元件结构性能的合理性。

本书主要对气体密封进行了介绍,密封试验分为静止密封试验和旋转轴动态密封试验。限于时间和条件,未对液体密封、离心密封和直线(往复)密封进行介绍。图 8.34 为作者制作的磁液密封元件外观图。

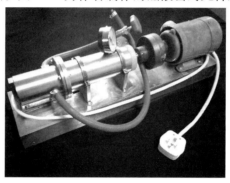

图 8.34　作者制作的磁液密封元件外观图(实物照片)

1. 静止密封试验研究

密封元件的密封间隙中充填制得的柴油(-10#)基磁液(单侧填充磁液,参与密封的级数为 15),以高压氮气瓶中的高压氮气为气压源。经减压阀、流量计、压力表将氮气导入密封元件的压力反应罐中。调节压力表,逐渐加压,至达到最大密封压力,记下此压力值,并计算出每级密封环的平均密封压差,结果见表 8.1。

2. 动态密封试验研究

密封元件的密封间隙中充填制得的柴油(-10#)基磁液(单侧填充磁液,参与密封的级数为 15),以高压氮气瓶中的高压氮气为气压源。经减压阀、流量计、压力表将氮气导入密封元件中的压力反应罐中。启动密封元件的传动系统(微型电机,转速为 1 400 r/min,三相交流,180 W,50 Hz),使转轴处于旋转状态,20 min 后,开始调节压力表,逐渐加压至最大密封压力,记下此压力值,并计算出每级密封环的平均密封压差,结果见

表8.1。

表8.1　密封试验结果

密封类型	密封级数 /级	转轴转速 /(r·min⁻¹)	最大密封压差 /MPa	每级密封环平均 密封压差/MPa
静止密封	15	1 400	0.27	0.018
动态密封	15	1 400	0.27	0.018

3.讨论

（1）从理论上讲,旋转轴动态密封压差要小于静止密封压差(不计因附加阻力矩造成密封环内磁液密度不均匀时),主要原因为液体密封环受离心力作用使密封压差下降。研究表明,仅当转轴线速度达到或大于20 m/s时,离心力作用的影响才不可忽略。本试验中转轴线速度为 $V_{\mathrm{L}} = \pi Dn = 3.14 \times 17 \times 10^{-3} \ \mathrm{m} \times \dfrac{1\ 400\ \mathrm{r/min}}{60} = 1.25 \ \mathrm{m/s}$,此值远小于离心力起作用的临界线速度 20 m/s,故本试验中静止密封和旋转密封的密封压差相同。

（2）一般单级密封所能达到的压差为 0.01 ~ 0.04,通常的数值为0.015 MPa,本试验的结果为 0.018 MPa,达到文献中的中值以上,但似乎仍偏低。密封压差较低的原因为:

①一般来说,多级密封的总压差要小于单级密封最大压差之和。

②为使密封元件便于加工和降低制作成本,设计时将密封间隙值和齿宽值取上限,使实际密封能力不高。

（3）结论。综合考虑各种因素,本试验中仍得到较高密封压力值,说明所制得磁液具有较高性能,同时密封结构设计制作合理。

8.8.2　影响密封能力的因素

1.密封压差与磁场强度的关系

在密封装置中,以电磁线圈代替永久磁铁,分别对饱和磁化强度不同的两种磁液进行密封试验。改变线圈的电流,测得密封压差与电流的关系,如图 8.35(a)所示,可以看出密封压差正比于线圈电流,因磁场强度与电流成正比,所以密封压差与磁场强度成正比。改变磁液测得密封压差与饱和磁化强度的关系,如图 8.35(b)所示,试验结果与理论计算结果一致。

2.转速对密封能力的影响

在旋转轴密封中,离心力的作用使磁液沿径向发生位移,转轴表面上磁液密封环截面边界的距离减小,两分界面上磁感应强度差下降。图8.36为密封压差随转速变化的曲线。采取以下措施可提高旋转时的密封能力:

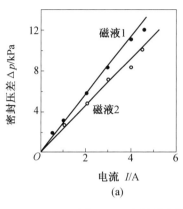

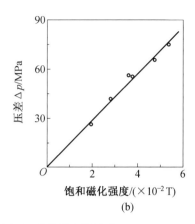

图 8.35　密封压差与激励电流、磁化强度的关系

（1）以非磁性材料填充磁极可以限制磁液沿径向的位移,减小离心力的作用,旋转时密封压差不会下降。

（2）采用磁极旋转结构。一种方式是将磁极和永久磁铁设计在旋转部件上,与转轴同速旋转,如图 8.37 所示。离心力的作用可以增加磁液边界上磁感应强度的差值,使旋转密封能力高于静止密封能力。另一种方式是转轴静止不动,磁极和永久磁铁在外部旋转,如图 8.38 所示。转轴表面上的磁液处于静止状态,不受离心力的作用,减少了磁液的位移,因而旋转密封压差变化较小。不同结构的密封压差随转速的变化规律如图 8.39 所示。密封间隙较小时,转速对密封压差的影响较小。一般在密封间隙较小、转轴线速度小于 20 m/s 的范围内,可以不考虑离心力的作用。目前磁液密封最大转轴线速度可达 30 m/s。

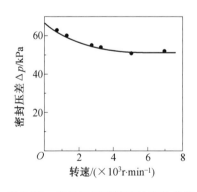

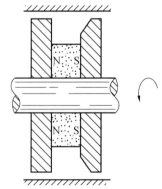

图 8.36　密封压差随转速的变化曲线　　图 8.37　磁极在转轴上旋转的结构

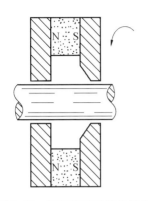

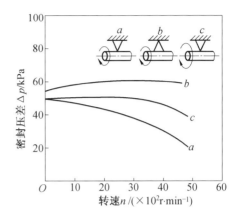

图 8.38　外部旋转磁极的结构　　　图 8.39　不同结构的密封压差随转速的变化规律

本试验中密封结构轴径较小,为 17 mm,轴表面周长为 $\pi D = \pi \times 17$ mm = 54 mm,转速为 10 000 r/min 时,表面线速度为 54 mm/r×10 000 r/min = 540 000 mm/min=9 m/s,远小于 20 m/s,因此离心力对本密封结构无影响。

3. 温度对密封能力的影响

温度对密封能力的影响升高来自两方面:一是由于密封装置自身的黏滞损耗引起磁液温度升高;二是被密封介质的温度高,密封装置在较高温度的环境下工作。二者作用的效果是相同的。

温度对磁液密封的影响是多方面的,首先,温度较高时会使磁液的基载液挥发,温度达到一定数值后,磁性微粒的表面活性剂可能脱落(不同的表面活性剂对温度的承受能力不同),因而温度会影响密封的寿命。同时,磁液的磁化强度会随温度的升高而下降,温度升高会造成密封能力下降。图 8.40 为密封元件服役情况对温度影响的试验曲线。

温度升高会造成密封性能恶化,采取适当的措施会减小或消除温度的不良作用,例如采用挥发率低的磁液,对密封装置进行强迫冷却等。一般地,当转轴线速度达到 20 m/s 时,就应加水冷装置,在密封装置的外壳上加冷却水套。如果被密封介质温度过高,可采取在磁液密封和密封介质之间以其他密封方式过渡的措施。若冷却问题得不到解决,则不宜采用磁液密封。

4. 槽中填充物对磁液密封能力的影响

为减小离心力的作用,可以在多级密封的槽中填充非磁性材料。槽中填充非磁性材料后,磁液密封环在转轴表面上的轴向长度可能增加,同时,槽中充入少量的介质便可引起较大的压力变化,因而槽中填充物应该能使

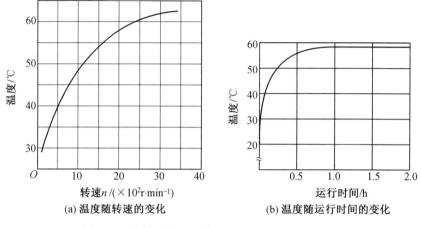

(a) 温度随转速的变化　　　　(b) 温度随运行时间的变化

图 8.40　密封元件服役情况对温度影响的试验曲线

密封压差有所提高。但实际情况并非全然如此,下面的试验说明了这一点。向一静止的多级密封槽中充入非导磁材料(如灌注环氧树脂)进行试验,与未填充非导磁材料的试验结果进行对比(密封间隙小或磁液量充足的情况下),结果如图 8.41 所示。可以看出,两种情况下的密封压差基本相同。这是由于磁液量较为充足,即使不加填充物,压差沿各级分布后,各齿下仍保留充分的磁液。若在有外加压差的情况下磁液两侧边界上的等压线对应的压强没有变化,则两种情况下的密封压差必然一致,如图8.41所示。另外,在负载过程中,每级的磁液都是在所承受的压差超过其最大密封压差时才被吹破,而与槽中充入的介质量无直接关系。所以槽中填充物主要是对旋转密封产生影响,如图 8.42 所示。

5.磁液均匀性对密封能力的影响

在无外力作用时(如磁场力、离心力等),磁液内的磁性微粒均匀地悬浮于基载液中,不沉淀,不凝聚。但是,在磁场力作用下,磁性微粒便向磁场较强的区域移动。若将磁液置于磁场较强的磁铁上,经过一段时间,会在磁铁表面沉积一层磁性微粒粉末。沉积和聚集的程度与时间有关,即磁性微粒是缓慢地向强磁场区域集聚。因此,在磁场作用下,磁液是不均匀的。

磁液在磁场下的不均匀现象,在密封压差方面有较明显的表现。在静止密封中,将磁液充入密封间隙后,立即加压和经过一段时间加压,所测得的密封压差明显不同,后者大于前者,时间越长,则密封压差的差距越大。例如,在一单级密封中,充入磁液立即加压,密封压差为 0.062 MPa,而充

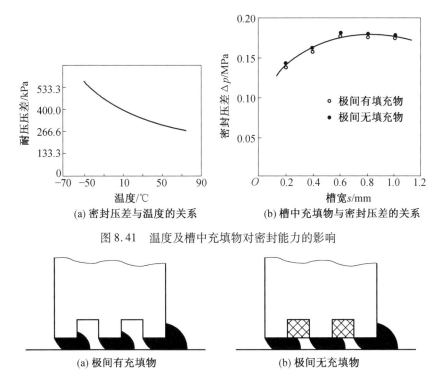

(a) 密封压差与温度的关系 (b) 槽中充填物与密封压差的关系

图 8.41 温度及槽中充填物对密封能力的影响

(a) 极间有充填物   (b) 极间无充填物

图 8.42 槽中有无充填物时磁液的分布

入磁液后静置 5 h,测得密封压差为 0.27 MPa,相差甚大。但磁场不均匀性导致的磁性微粒集中有利于静止密封压差的提高。

在旋转密封中,情况有所不同。转轴的旋转使磁液在密封间隙内不停地运动,可以减小或克服磁液的不均匀性。例如,在一单级旋转密封中,加入磁液后立即加压,测得密封压差为 0.048 MPa;若加入磁液后保持转轴处于旋转状态,经 30 min 后加压,测得密封压差为 0.053 MPa;若加入磁液后转轴处于静止状态,经 3 h 后开始旋转,旋转 5 min 后开始加压,测得密封压差为 0.053 MPa。上述结果表明,转轴的旋转不但可以阻止磁性微粒集中,而且可以将已经聚集的磁液"搅拌"至较均匀的状态。在旋转密封中,磁场不均匀性将产生附加阻力矩与损耗,降低机械效率,并导致发热。

为了避免密封结构静止时磁粒集中的现象,并减少密封结构旋转启动时的附加阻力矩,密封元件不工作时可用铁磁材料在磁极外侧组成磁回路,以减少启动时的附加阻力矩损耗并可延长磁液寿命,如图 8.43 所示。

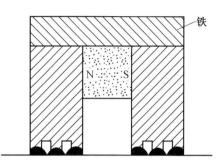

图 8.43　用铁磁材料减小密封间隙内的旋转磁场

6. 磁液性能(磁性、稳定性、悬浮性、黏度、磁液蒸气压等) 对密封能力的影响

磁液的饱和磁化强度对磁液的密封能力有直接的影响。饱和磁化强度越高,密封压差就越高,其定量关系式为 $\Delta p \approx M_s B_{\max}$。

只有磁液稳定性良好,才能实现长期有效密封。稳定性不好时,磁液系统被破坏,磁性粒子与基载液分离,或磁性粒子氧化使磁液失去磁性,在使用过程中随时都有使密封失效的可能。

磁液的悬浮性,一方面涉及磁液是否能够长期保持稳定;另一方面,均匀性、悬浮性良好的磁液,在磁场下不会造成严重的磁性粒子富集现象和较大的浓度梯度,同时可减少磁液的附加阻力矩和损耗。

磁液黏度主要影响到磁液的阻力矩和损耗,如图 8.44 所示。在密封过程中,在满足使用性能要求的前提下,磁液黏度应尽量小,如此可以减小阻力矩和损耗。但磁液黏度除与基载液性质有关外,还与磁性粒子浓度有关,浓度大时黏度相应变大,浓度小时黏度则小。过小的浓度会使磁液性能变弱,造成密封能力变差。因此,黏度的控制主要从两方面考虑:一方面选择符合要求的黏度较低的基载液;另一方面综合考虑磁性粒子浓度对磁性能和黏度的影响。

7. 密封结构及参数对密封能力的影响

密封结构的形式是多种多样的,如单极密封、多级密封、多极-多级密封、直线密封、离心密封、线形密封、组合密封(机械密封与磁液密封结合等)、高速密封、动密封和静密封等,各种密封结构各有特点,适用不同的目的和要求,使用中要根据具体情况选择不同的密封结构。密封结构中各密封件的各种参数对密封能力都有一定的影响,如前所述,选择密封结构元件的参数时,应综合考虑密封要求和加工精度、密封元件的复杂性、使用环境要求等因素,做到在满足使用要求的前提下,性价比最高。

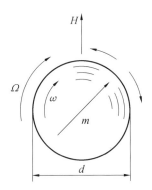

图 8.44　磁场对磁液黏度的影响(磁性力矩为 $\mu_0 m \times H$)

8.8.3　磁液密封的寿命

由于磁液密封中无金属或其他固体部件的接触磨损,因而密封的寿命取决于磁液的寿命,也就是磁液的蒸发速度(磁液稳定性良好时)。选用蒸发率低的液体作为磁液的基载液,则密封的寿命相当长。柴油的蒸发率比煤油的蒸发率低得多,因而比煤油基载液的磁液寿命长,这也是本书研究的优越性之一。

磁液的蒸发速率除与基载液的种类有关外,还与温度有关。环境温度高或者转速过高都会引起磁液温度的升高。所以密封寿命与温度和转速有关。密封寿命与温度的关系如图 8.45 所示。

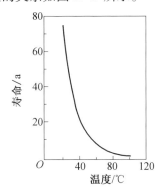

图 8.45　密封寿命与温度的关系

在多级密封中,只有两端齿下磁液暴露于外部,面积较小,挥发量很小,因而密封寿命很长,可达几年之久。在密封装置的设计中,常常设置补充磁液的通路,当磁液蒸发或劣化后,可及时补充,不必维修或更换密封件。从这种意义上讲,磁液密封的寿命可无限延长。但是,实际上,磁液挥发时,蒸发掉的为基载液,磁性粒子一般留在密封结构中,随着磁液的不断补充,磁液浓度将越来越大,当磁液浓度增大到一定值时,将使磁液失去稳定性而被破坏,因此磁液密封的寿命是不能无限延长的(除非设法使磁液的蒸发率为零)。当然,在实际使用中,还有一些其他因素会影响到磁液密封的寿命。由于轴承的寿命一般都是有限的(数月或数年,长者可达数十年),因此,对于自带轴承的密封装置(轴承与密封件一体),密封的寿命在很大程度上取决于轴承的寿命。

8.8.4　液体介质密封问题

磁液密封最适合于气体介质的密封,但实际应用中,还有大量需要密封的液体,而且液体密封尤其是油密封的要求比较高、比较敏感,在某些结构上比较关键。近年来,随着磁液技术的发展,液体密封越来越受到重视,并主要分为水密封和油密封。

在原理上,液体介质密封的机理与气体密封的机理相同,但在实际应用中却存在其特殊问题,使液体介质密封较气体介质密封复杂得多。首先是磁液与液体介质接触时,存在二者之间的混合问题(相容性问题),即液体之间的亲和性问题。只有磁液和液体介质不相容或无亲和力时,才有可能实现液体密封;其次,液体介质和磁液之间相互运动(界面之间有运动)对磁液进行冲刷,可能造成磁液流失;再次,某些液体介质在静止状态下不与磁液相混溶,但在高速运动时,可能在界面上与磁液产生混溶,或者在界面处产生乳化现象或微乳化现象,这都可能造成磁液流失;最后,密封件的防腐问题也较气体介质密封更为重要。

液体介质密封的特点是不同的磁液适用于不同介质的密封。磁液必须具有与被密封介质相疏的特性,才能克服液体之间的亲和作用,避免密封失效。目前,水密封成功的经验较多,油密封则存在很多问题。下面以水密封为例,分析磁液的适应性。

首先观察水基、酯基、烃基和油基 4 种磁液的疏水特性。将磁液滴入水中,观察其状态的变化,再将永久磁铁置入水中,观察水中的磁液是否可以被吸收;然后将吸有磁液的磁铁置于水中并搅动,观察磁液是否扩散流失。试验观察结果列于表 8.2 中。

表8.2　磁液疏水性的试验观察结果

试验方法　　　　磁液种类	水基	酯基	烃基	油基
将磁液滴入水中	与水混合	与水混合	扩散于水面	扩散于水面
用磁铁回收水中的磁液	不能回收	不能回收	不易回收	可以回收
将吸有磁液的磁铁置入水中并搅动	分散于水中	缓慢分散	不分散	不分散

　　从磁液在水中的状态可看出:水基磁液与水相混合,即使在磁场作用下仍分散于水中,(先吸在磁铁上后放入水中如何?)因而不具有疏水特性,不能用来密封水;酯基磁液也不具有疏水特性,只不过在磁场作用下在水中分散得慢一些,同样不能用来密封水;烃基和油基磁液不与水亲和,在磁场作用下在水中不扩散,具有疏水特性,可以用来密封水。

　　将烃基与油基磁液用于水密封试验,试验装置的端盖由透明有机玻璃制成,可以观察在旋转密封中磁液密封环的状态。试验结果表明,磁液与水的接触面清晰,长时间旋转运行,无混浊现象。密封压差与密封气体时的密封压差相同,但转轴长时间运转后,在水的表面出现少量悬浮的磁液,表明水的冲刷会使磁液流失。与此同时,也污染了被密封的水。液体介质密封的寿命取决于磁液流失的速度,如果存在液体对磁液的冲刷现象,尤其在高速密封时,会使磁液很快流失,密封很快失效,为避免这一现象,可以设计过渡段(组合密封),或附加三角形滞流环,如图8.46所示,以改善密封处液体的流动状态。

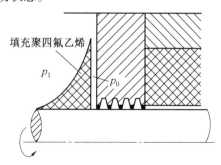

图8.46　三角形滞流环

　　一般地,油基、硅油基和碳化氟基等磁液可以用来密封水,但实际应用中尚需考虑一些具体问题。值得注意的是,虽然油基磁液可以用来密封水,但试验结果表明,水基磁液却不可以密封油。分析认为:油基磁液密封水时,是油质基载液向运动的水中扩散,其扩散势垒较大;水基磁液密封油时,则是水质基载液向运动的油中扩散,其扩散势垒较小,因此造成油基磁液能封水但水基磁液却不能封油。

油基磁液黏度较大,表面张力较大,向外扩散的阻力较大,磁场对油基磁液的约束力较大,也是油基磁液封水效果比水基磁液封油效果要好的一个可能原因。

利用组合密封和其他密封方式与磁液密封相结合,如机械密封+磁液密封等,也是液体介质密封的有效方式。

8.9　小　　结

磁液密封是一个相当复杂的科学问题,影响因素很多,其密封结构也是多种多样的,并且分别适用于不同的密封情况,这就使密封问题变得更加复杂。本章首先进行磁性介质受力分析,得出磁场作用于单位体积上的力为

$$f_{\mathrm{m}} = - \nabla U_{\mathrm{m}} = \nabla \int_0^B M \mathrm{d}B = M \nabla B$$

通过磁液静力学分析,建立了磁液的静力学模型,推导出作用于磁液上的体积力为

$$\boldsymbol{f} = \nabla \int_0^B M \mathrm{d}B - \rho g \boldsymbol{k} = M \nabla B - \rho g \boldsymbol{k}$$

磁液静力学平衡方程及内部压强公式为

$$\boldsymbol{f} = \nabla p, \quad p = \int_0^B \boldsymbol{M} \mathrm{d}B + \rho g h + C$$

通过磁液动力学分析,得出极坐标下旋转轴密封中磁液动力学的偏微分方程

$$\frac{\partial p}{\partial r} = \rho \frac{\partial u^2}{r} + \frac{\partial}{\partial r} \int_0^B M \mathrm{d}B$$

$$\frac{\partial^2 u}{\partial r^2} + \frac{1}{r} \frac{\partial u}{\partial r} + \frac{\partial^2 u}{\partial z^2} - \frac{u}{r^2} = 0$$

$$\frac{\partial p}{\partial z} = \frac{\partial}{\partial z} \int_0^B M \mathrm{d}B$$

并针对磁极两侧填充非导磁材料的特处情况推导出磁液的压强为

$$p = \int_0^B M \mathrm{d}B + \varPsi(r) + C$$

其中

$$\Psi(r) = \frac{1}{2}\rho\left(C_1^2 r^2 - \frac{C_2^2}{r^2} + 4C_1 C_2 \ln r\right)$$

对磁液密封压差进行了计算,得出磁液表面压强差为

$$\Delta p_b = -\frac{1}{2}\mu_0 M_t^2 \quad (\text{被密封介质为非磁性介质})$$

密封压差公式:

静止密封

$$\Delta p = p_i - p_0 = \Delta p_{b_2} + (p_2 - p_1) + \Delta p_{b_2} =$$
$$\int_{B_1}^{B_2} M dB + \rho g(h_2 - h_1) - \frac{1}{2}\mu_0(M_{t_2}^2 - M_{t_1}^2)$$

旋转密封

$$\nabla p = \int_{B_1}^{B_2} M dB + \Psi(r_2) - \Psi(r_1) + \rho g(h_2 - h_1) - \frac{1}{2}\mu_0(M_{t_2}^2 - M_{t_1}^2)$$

本章对磁液密封的磁场磁路进行了计算,介绍了磁路的概念、磁路欧姆定律、磁路第一定律及磁路第二定律等,建立了磁路模型,进行了密封间隙磁导计算和漏磁导计算,对磁路计算方法进行了介绍,为磁液密封结构的设计提供了依据和基础。

根据具体情况,选择二极 – 30 级密封结构形式,进行了密封结构的设计,包括磁源选择、轴的设计、密封级数确定、密封间隙确定、齿宽确定、槽宽确定、槽深确定等,具体制作了 30 级密封部件,并用该密封部件进行了密封性能试验,效果良好。

本章讨论了影响密封能力的诸多因素。对密封压差与磁场强度的关系、转速对密封能力的影响、温度对密封能力的影响、槽中充填物对密封能力的影响、磁液均匀性对密封能力的影响、磁液性能对密封能力的影响、密封结构及参数对密封能力的影响进行了系统探讨,并讨论了磁液的密封寿命和液体的介质密封问题。

第9章　纳米磁性液体在生物医学领域的应用

纳米磁液是为了适应航空航天的需要而发展起来的,因此也最先应用在航空航天技术上,并具有不可或缺的作用。后来其应用领域不断扩展,其在医学中的应用,或许也正在产生或即将产生不可或缺的作用。

纳米磁液在医学上的应用,是磁液应用中最重要和最有前景的应用领域之一。纳米磁液可用于多方面的医学病症,在医疗中发挥的作用也是其他治疗方法所不可替代的,可以解决许多重大的关键的医疗问题。

医用纳米磁液的研究,很早就引起了人们的重视,但迄今为止,尚有许多科学问题未得到很好的解决。究其原因,除了科学研究发展的规律相制约外,医学和材料学的密切结合不能不说是一个关键问题。材料学与其他学科的结合,因其具有某些物理化学原理上的相通性而显得相对简单,但医学和材料学在理论基础方面相距甚远,造成两个学科结合应用的障碍。若要实现材料学和医学的良好结合,或者说要做好纳米磁液医学应用的研究,必须使材料专家和医学专家真正密切地结合起来,在整个研究过程中联合攻关,而不只是常规地分工协作,在此过程中,材料专家必须成为医学专家,而医学专家也要成为材料专家,这项工作是困难的,但唯有如此,才能把纳米磁液医学应用的工作做好,而这项工作的前景和意义是不言而喻的。

本章从几个方面对纳米磁液在医学中的应用进行简略的论述,很多应用尚未包含其中。另外,纳米磁液在医学中的应用还在发展中,随着时间的推移,将有新的应用不断出现,现有的应用也会不断完善。

9.1　高疗效的磁性针剂

20 世纪 70 年代初,国外就有人尝试用磁液治疗脑动脉瘤。这种方法是通过一根空心的磁针把磁液注射到动脉中,把磁场加在肿瘤上,磁液将血管和肿瘤分割开来,然后用激光照射将癌细胞杀死。日本神户大学医学院使用磁液治疗肝癌、肾癌获得了成功。方法是用磁液堵塞输送养分给瘤组织的血管,从而对癌症进行治疗。日本滨松医科大学利用磁液制造人造肛门,这种人造肛门所使用的水溶性磁液是右旋糖酐化磁体(多糖类的右旋糖酐中含有氧化铁微粒),将该磁液装入硅树脂制成的环形料袋中,此袋沿直肠四周植入体内,内装磁铁的螺栓形管插入人造肛门内 3 ~ 4 cm。装入稀土类磁铁的螺栓形管能发出放射状的磁力线,此磁力线能吸引硅树脂袋中的磁液,使袋变形,夹紧松缓直肠,起到如同括约肌关闭直肠的作用。

另外,利用磁液的磁特性也可以选择分离病毒和细菌,以及在人体的特定部位聚集治疗药剂,为此可以很方便地制作磁性自硬膏,以提高治疗效果。

在人体的特定部位聚集治疗药剂,具有多方面的优势:首先是强化治疗,将药物集中于病变部位,提高治疗效率;其次是能够及时快速地治疗,利用磁液的特性,尽快地将药物输送到病变部位,这对于一些时效性要求很强的疾病(如脑血栓、心梗等心脑血管疾病)尤其重要;最后,避免药物扩散的副作用,普通药剂注射入人体,一般是随意扩散的,到达病变部位的药量比例很少,未到达病变部位的药剂则或多或少会起到一定的副作用。磁液药物可以实现集中给药,因此对于减少医疗并发症和消除后遗症是非常重要的。

9.2 用磁性液体处理血栓

当动脉血管形成血栓时,应尽快恢复血液流动。如果血栓附近血液中纤维蛋白溶解酶的浓度较大,则血栓溶解速度较快。但在堵塞支管的入口与血栓间有个瘀血区,即使用导管局部喷药也会妨碍药剂与血块接触。用铁磁液与溶解的纤维蛋白酶合剂,靠磁场使药剂由血液流入堵塞的支血管,经瘀血区吸到血栓处。

用合成血红或动物胶稳定磁液,用于处理血栓。磁化强度为 0.1 ~ 1 mTc($\Delta H \approx 0.3 \sim 1.0$ kOe/cm),即在畅通的支血管中达到血流生理学速度时,比体积净磁力应大于 3×10^{-3} N/cm³。用放射核素研究了把示踪 99 mTc磁液(MF)吸入堵塞的支管,并用长 0.5 cm 的血栓纤维蛋白模型进行试验。用磁控的方法把 MF(1 000 IU/ml)与纤维蛋白溶酶吸入堵塞的血管后 10 ~ 15 min,常见"血栓"处自行形成通道。MF 被通过"血栓"的流体带走。对此,用磁铁把含 99 mTc 的 MF 液滴定在模拟介质流内壁上。其直径 $D = 0.4 \sim 1.2$ cm,流速为 0 至最大生理学流速。

试验方法是把喷射导管(溶有 Na99mTcO₄ 的 MF)伸至堵塞的血管的入口处,挤压导管,喷射血栓。使用的分子量为 40 000 D 的合成血红稳定的磁铁矿 MF,饱和磁化强度为 0.08~0.14 Gs。畅通血管直径为1.2 cm,堵塞的支血管直径为 0.6 cm,两管夹角为 90°。经导管喷入的 MF(99 mTc)的磁性俘获效率 $\Delta m/m$ 与下列参数有关:畅通支管中的平均流速 $\bar{u}$、交叉点比体积净磁力的模量、交叉点与导管出口之间的距离。m 和 Δm 分别是喷入和俘获的 MF 的数量。试验时,测定流速,接通电磁铁,喷入 0.2~0.3 ml MF。0.5~1 min 后,用 γ 计数从而测定 m。

磁液在管壁上被非均匀磁场定位的研究表明,液滴质量与时间的关系为

$$m = m_0 \exp(-\gamma \varphi t)$$

式中,γ 为管壁剪切率,$\gamma = 32Q/\pi D^3$,其中 Q 为水流体积;φ 为 f 和 MF 的黏度 η 的单调下降函数。

如 $f = 10^4 \text{dyn/cm}^3$ 时,$J = 0.14$ T,$\eta = 133$ P(1 P = 0.1 Pa·s),则 m 的双倍减少时间 $\tau = 1/\gamma \varphi$,在 $\gamma = 80 \text{ s}^{-1}$ 时 τ 为 20 min 左右,当 $\eta = 3.8$ P 时,在同样条件下,仅为 5 min。

结果证明,用特殊改进的血管导管插入术,以 MF 为载体,把药物输入堵塞的血管,技术上是可行的。但血栓贯通后,难以用外磁场把 MF 定位在适当的位置,因为所需磁场梯度较大($10^3 \sim 10^4 \text{Oe/cm}$)。把药物固定在血栓附近的另一种方法是采用含磁铁矿晶粒和化学耦联药物的磁性微球。此法所需磁场梯度较小。血栓贯通后,纤维蛋白溶解的药物可到达血栓处。

9.3　用磁性液体技术分离细胞

细胞生物学与医药及生物工艺学有关的领域往往要求从多相悬浊液中分离出功能不同的各类细胞。悬浊液中的细胞表面荷电基团不同,常规分离技术,如电脉法只对净表面电荷是敏感的,不能分离相反电荷表面产生低电泳淌度的细胞。广泛用作阻凝剂的多糖肝素容易吸附在红血球(RBC)和白血球(WBC)表面上,由于许多荷电表面基团可吸附肝素稳定的胶状磁铁矿,并用高梯度磁分离法(HGMS)分离悬浊液中的键合细胞,因此,采用此法从全血中分离细胞。可由磁泳图研究个别细胞上肝素的吸附特征。

具体方法是,向 20 ml 肝素(38.5 mg)水(1 ml)溶液加 25 g 的 Fe_3O_4,制成水基 MF。pH = 4.5,在 6 000 r/min 下离心 20 min,除去沉淀物。MF

的起始浓度为 $c_0 = 3.2 \times 10^{16}$ 粒子数/ml，粒度为 7 nm。用密度梯度离心法，从新抽取的外周淋巴白血病的牛血中分离出供磁泳试验的 WBC 样品。把保持新鲜的人的 RBC 再悬浮于盐水中，使其浓度为 3.5×10^7 粒子数/ml，制成 RBC 样品。由新抽取的全部外周淋巴白血病的牛血和人血获得 HGMS 全血样品。向样品加入各种浓度的 MF，振摇后，离心 10 min(1 000 r/min)，除去未键合的粒子。用排除试验法检测键合细胞的生命力。MF 的浓度为 $1.68 \times 10^{-2} c_0$。悬浮于盐水(155 mmol NaCl，pH = 6.0)中，不用磷酸溶液。测定键合 Fe_3O_4 的个别 WBC 和 RBC 的初始磁化率。高梯度磁选机是由 3.8 ml 的圆筒构成的，2.5% 体积装有任意铺开的 $d = 50 \ \mu m$ 的不锈钢丝。背景磁场为 0.03 ~ 0.8 T，流速为 3.1×10^{-4} ~ 4×10^{-3} m/s，垂直向下泵送样品。分析 WBC 和 RBC。

磁泳研究发现，磁化率相差两个数量级，证明唾液酸分子引起的 RBC 净负表面电荷较多，而 γ 羧酸引起的较少。未见 RBC 表面带正电。而 WBC 负载有氨基和磷酸根，它可键合肝素阴粒子。RBC 上带负电的颗粒的键合取决于细胞与有不同表面电荷密度的大分子间发生的静电相互作用。在研究的浓度范围内，存留的 RBC 很少，而 WBC 很多。在 Fe_3O_4 浓度 $c = 2.5 \times 10^{-3} c_0$ 时，牛的 WBC 富集因子达 260，而在 $c = 3.3 \times 10^{-4} c_0$ 时，人的 WBC 富集因子为 720。细胞形态和功能的差别可引起富集峰值发生变化。形态学研究表明，存留部分基本上全部为淋巴细胞。

本法可从全血中选择性分离淋巴细胞。富集因子取决于血球的形态与功能。磁泳研究提供了胶粒在血球上的吸附特性，从而弄清 MF 与血液接触时发生的过程，并且可选取细胞表面的荷电基因。还弄清了高梯度磁选机的性能与流速及外磁场的关系。

9.4　用磁性液体技术处理血液和骨髓

用磁液技术处理血液和骨髓是另一个关于用高梯度磁选法分离红血球的研究。血红蛋白具有相对顺磁磁化率，充氧血红蛋白具有抗磁磁化率。脱氧血红蛋白磁矩为 $4.9 M_B$，在足够高的梯度磁场中，可能具有足以俘获的相对顺磁磁化率(可看作顺磁性的 MF)。

人血常用酸——柠檬酸盐葡萄糖溶液或柠檬酸盐–磷酸盐葡萄糖溶液——抗凝(溶液与血液之比为 1∶10)。用等体积等渗连二亚硫酸钠溶液配制，此溶液直接产生脱氧。用同样的溶液做输送 RBC 的载体或稀释剂。用 HGMS 法可测得俘获的 RBC 数目。所得 RBC、WBC 和血小板的形态与功能均无变化。此法可用于处理血液计数器血样,俘获传染病寄生菌的 RBC,并成功地富集此类血液,用于生产疫苗,还可用于骨髓移植。目前骨髓移植已被用于恶性血癌、淋巴癌和某些癌症的主要或辅助处理法。在天然条件下处理骨髓对接收者是有利的。选择特殊骨髓细胞(如造血干细胞)有重大价值,这种关键的改造具有医疗价值。

用该法选择净骨髓细胞是基于:

①在人的骨髓中存在着若干细胞抗体,既有正常的也有异常的,这些抗体可连续净化。

②此类抗体可黏附于 RBC 表面,包括第二抗体耦合及简单控制以黏附于 RBC 上(如果露于氯化铬中)。

③脱氧状态的 RBC 具有相对顺磁磁化率。

④在高梯度磁场中,可滞留脱氧的 RBC 络合物的靶细胞抗体。

⑤该络合物从高梯度磁场脱离后可进一步处理。

⑥从 RBC 抗体链中分离出靶细胞比较简单。

在高梯度磁场中,利用氦气冷却超导磁体,可保留淋巴细胞–RBC 瓣状体,也可保留 RBC 抗体靶细胞络合物,且可再处理。已获得人的 T–淋巴细胞抗体(抗–CD_4 和抗–CD_8 抗体),也可获得人的杆细胞抗体(抗–CD_{34})。T 细胞瓣状体(T–细胞天然黏附于羊的 RBC 上)的试验表明,按前法,在做顺磁性载体的羊 RBC 中,用连二亚硫酸钠还原血红蛋白,由 HDMS 法可容易地俘获所需要的抗体。

这是一种在自然条件下从人的骨髓中挽救正常细胞的潜在有用的方法,也是一种当前急需且必将广泛应用于骨髓移植方面的新技术。

9.5 用磁性液体技术研究病毒

已用高分辨的 X–射线纤维衍射法研究烟草花叶病毒(TMV)的结构,获得一个三维棒状结构,但要使结构相似的 TRV(烟草哮喘病毒)取向未获成功。后来用 MF 使生物群落(如病毒)在磁场中取向,再用小角度中子衍射法(SNAS)来研究其结构,获得很大进展。

试验采用水基 Fe_3O_4 磁液(MF),$M_s = 0.037$ T,含有 λ–噬菌体。先用含氕十二烷基磺酸钠(SDS)阴离子表面活性剂,后来用非离子表面活性剂 Lubrol l–p 代替阴离子表面活性剂,这是一种完全含氕的脂肪酸乙酸氧化物的冷凝物,其 $M_s \approx 0.017$ T。

TMV 和 TRV 以纯态分离出来,反复离心使其成为无缓冲剂的含 99% 的 D_2O 溶液,用相应的盐对 D_2O 反复冷冻脱水制成含氘磷酸盐缓冲液。把含 D 的 MF 与浓缩的(≈ 100 mg/ml)病毒样品混合,制成病毒和磁液样品。染色质浓度 ≈ 1 mg/ml,与含 D 的 MF 混合。在 q(动量迁移)为 3.55 nm^{-1} 时,进行 SANS 测定。

λ-噬菌体头部直径约为 50 nm,尾部约为 10 nm,圆筒形,长约为 150 nm。当分散在上述 MF 并处于 240 $kA \cdot m^{-1}$ 磁场中时,有良好取向成列现象。在此前后,由于 λ-噬菌体取向,而显示出各向异性。

采用含 D 的 MF 对 TMV 和 TRV 进行研究减少了 Fe_3O_4 粒子与表面活性剂伴生的散射。有 DSD 时,仍有显著的各向异性,并消耗 TMV。改用 Lubrol l-p 时,产生各向异性中子散射。在 $H=240$ $kA \cdot m^{-1}$ 磁场中,看到动量迁移 q 的各向异性,这是垂直外磁场的波矢,它有两个特点:

①在低 q 时病毒为向列结构,浓度小于生成向列相的相边界浓度。

②q 较大时,观测到平行于相当螺旋间距 2.3 nm 磁场的峰。TRV 也成列。在高 q 时,TRV 为 SANB 结果显示出一个峰,相当于蛋白质螺旋间距 2.5 nm。有人采用分散于含 D 的 MF 的染色质,获得中等有序化。

把生物群落最小单位(如 TMV 和 TRV)分散在 MF 中,并施加外磁场 (240 $kA \cdot m^{-1}$),可使其取向,以至于可由中子衍射获得分子结构信息,例如由蛋白质子群形成的螺旋间距。可调节 MF 使生物群落最小单位产生中子衍射。结果与 X-射线衍射一致。但采用传统方法,许多生物群落不会成列。因此,磁液技术提供了一种新途径。

9.6 用磁性胶体粒子尝试治癌和做 X 光造影剂

磁液中强磁性胶体粒子的磁铁矿(Magnetite)对人体无害,若采用对人体无害的溶酶液体做成磁液,少量注入人体也应无害,现已用动物进行试验研究。

一是治癌尝试。把治癌剂混入磁液制成乳液,注入血管,从外部用磁铁将有治癌剂的乳液导往癌患部,以治癌剂治癌,图 9.1 为其原理图。治癌剂有攻击癌细胞的能力,但大部分致癌剂对正常细胞也有强力作用,有不良影响,所以,治癌剂最好集中于癌患部。利用磁液可借磁场力将治癌剂集中于癌患部。磁液本身少量对人体无害,载运治癌剂的磁液对人体无不良影响,可以从人体排泄掉。现已在狗等动物身上进行了试验。

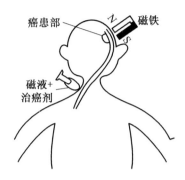

图9.1　用混有治癌剂的磁液治疗癌症

二是用于 X 光的造影剂。通常胃病检诊用的 X 光造影剂为含 $BaSO_4$ 的糊状饮料。以铁氧体为强磁性胶体粒子的磁液因铁氧体胶体粒子能吸收 X 光,所以,磁液可用作造影剂。磁液作造影剂时,不仅可饮用,也可涂覆。已实际用于牙齿治疗的 X 光摄影。

9.7　用磁性液体血栓切除与血管相连的肿瘤

用磁液血栓(简称磁性血栓)切除与血管相连的肿瘤比较方便。如图 9.2 所示,将永久磁铁相对地放在肿瘤根部外侧,把磁液注入到肿瘤根部,在磁场的作用下,磁液便将肿瘤与血管分割,从而使肿瘤失去营养而枯死;或将肿瘤手术切除,不影响血液流动。

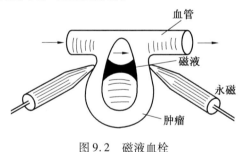

图9.2　磁液血栓

9.8　小　结

纳米磁性液体的应用是多方面的,并且其应用领域还在不断扩大,但总体来说其应用基础和原理可归为三大类:

(1)利用磁性流体的性能在磁场中的改变。

（2）利用外加磁场与磁性流体作用产生的力。

（3）利用磁场控制磁性流体的运动。

其中（1）（2）两项都可用于医学领域，随着新兴科学——生物磁学的发展，磁流体在生物医学领域的应用尤为引人注目。例如用磁流体分流技术实现生物物料提纯和生物分子分离，鉴别微量有机物、细胞，诊断和处理人的血液和骨髓疾病等，利用与磁场的互作用制备靶向药物，利用其流动性制备药物吸收剂、治癌剂、造影剂等。尤其值得指出的是，磁流体在医学医疗方面的前景十分诱人，如靶向药物，实现定向给药，研制医用纳米机器人胶囊、血液中纳米潜艇——治疗、清洁血液、打通血栓、分解胆固醇等。

本章介绍了纳米磁液在医学中的部分应用，主要有高疗效的磁性针剂，用磁性液体处理血栓，用磁性液体技术分离细胞，用磁性液体技术处理血液和骨髓，用磁性液体技术研究病毒，用磁性胶体粒子作治癌尝试和 X 光造影剂、磁性血栓等。纳米磁液在医学中的应用是非常复杂的问题，涉及多学科，而且许多应用还在不断探讨和改进，因此本章只能作简要描述，读者在研究工作和实际应用中遇到此类问题，还需要参考其他许多文献并做许多功课。然而，无疑地，纳米磁液在医疗上的应用具有最诱人的前景，可为许多医学难题的解决提供战略途径，解决许多医学瓶颈问题。

第10章 纳米磁性液体在交通材料研究中的应用

10.1 磁性液体作为液态纳米分散体系用于改性沥青

纳米磁液最主要的性能就是它的磁性和流动性,本来物质的磁性和流动性都是很普通的性能,但将二者结合起来却并非易事,纳米磁液做到了这一点,因而具有许多奇异的应用。磁液若要具备良好性能,如稳定性等,其固相颗粒必须达到纳米量级,而且必须是极小尺度的纳米粒子(如Fe_3O_4的粒径必须是小于20 nm,一般为10 nm左右),所以纳米特征对磁液的制备也是十分重要的,但绝大多数应用却与纳米特征无关。不同基载液和不同分散相磁性粒子所制备的磁液的性能存在一定差别,各自具有与其组成材料相关的特殊性能,但绝大多数应用与这些各自特有的性能也没有关系。

就目前而言,纳米磁液的应用大多都与其流动性和磁性有关。尽管如此,磁液的纳米特征以及某种磁液所具有的与组成材料相关的特殊性能,却并不是一无所用的。例如,Fe_3O_4磁液用于医学诊断中的造影剂,主要应用的是Fe_3O_4粒子对X光的吸收特性;而将磁液用于公路建设的关键材料——改性沥青研究,则主要是利用其纳米效应。

沥青是石油加工的副产品,大量用于交通建设,在国民经济发展中起着巨大作用。正常石油加工产生的普通沥青,因其性能存在缺陷,不能直接用于路面铺筑,尤其不能直接用于高速公路和城市高等级公路的铺筑。为了发挥沥青良好的性能并弥补其缺陷,必须对沥青进行改性处理,这就产生了改性沥青技术。改性沥青技术主要改善的是沥青的高温稳定性、低温抗裂性、耐久性、耐水损害性和抗老化性等路用性能。传统的改性沥青技术,主要是在基质沥青(普通沥青)中加入聚合物改性剂,即将橡胶、塑料、树脂类高分子材料粉碎后混入沥青中,再加以高速剪切搅拌使其混合均匀并保持相对稳定,最后得到改性沥青。这种方法生产的改性沥青,能够使沥青性能得到一定改善,它的原理主要是利用聚合物改性剂与基质沥青的物理协同作用。聚合物改性沥青对沥青性能的改善是有限的,尤其对于石蜡基的石油沥青,基本起不到改性作用。

近年来,纳米技术正在逐渐渗透到交通材料领域,纳米改性沥青技术就是其中的一种,是将纳米材料(有机金属或无机非金属)掺入沥青基质中。纳米材料改性剂主要有有机化蒙脱土、CaO 纳米粉、TiO_2 纳米粉、SiO_2 纳米粉等,尤其是利用无机纳米粉体对沥青进行改性,除了具备传统聚合物改性沥青物理协同作用的优点外,更关键的是它还具有化学协同作用,以及无机–有机材料间的互补作用。其中的化学协同作用主要是纳米材料极高的表面活性使其与沥青分子产生微化学作用,从而在一定程度上改变沥青组分和结构,进而从根本上改善沥青的性能。尤其是对于石蜡基沥青,传统的聚合物改性技术无能为力,纳米改性沥青技术将发挥其重要作用。我国的石油沥青大多为石蜡基,由于长期以来不能得到改性而不能应用于高等级公路建设(我国的高速公路用沥青基本上全部依赖进口),造成资源不能充分利用和交通建设成本提高。纳米改性沥青技术的发展为进一步提高改性沥青的性能开辟了新路,同时为我国量大面广的石蜡基石油沥青的改性和应用提供了战略性的途径。

纳米改性沥青的制备中,纳米粒子在沥青中的良好分散和稳定而不聚结的性能十分重要。改性沥青的改性效果与基质沥青中分散相粒子的数目有关,分散相粒子越多,所起的作用越大(当然,外加分散相材料也不能太多,以免喧宾夺主影响沥青的基本性能,同时要考虑成本因素)。纳米改性沥青中的纳米粒子如果不能良好分散或产生团聚现象,将直接影响到颗粒的表观数量,更重要的是微分散开的粒子或团聚的粒子可能会失去纳米效应,因此分散不良或粒子团聚将使纳米改性沥青的改性效果大打折扣。将纳米粉体直接分散在基质沥青中,纳米粒子的良好分散和在储运过程中的不团聚,是该项制备技术中所需解决的关键问题。

利用 Fe_3O_4 纳米磁液对沥青进行改性,是将制备好的 Fe_3O_4 纳米磁液,通过搅拌等方式加入到基质沥青中,通过加热使磁液的基载液组分挥发,从而得到由基质沥青和 Fe_3O_4 纳米粒子组成的改性沥青复合材料。由于 Fe_3O_4 纳米粒子是以均匀分散的液态形式加入的,因此在基质沥青中能够均匀分散;又由于 Fe_3O_4 纳米粒子包覆有表面活性剂,分散于基质沥青中仍能保持其抵抗团聚的性能,因此 Fe_3O_4 纳米磁液改性沥青技术良好地解决了纳米颗粒分散和稳定不团聚的问题。

Fe_3O_4 纳米改性沥青,利用的不是纳米磁液的磁性能,而是它的纳米效应以及流动性和分散性,同时发挥了无机 Fe_3O_4 纳米粒子对沥青材料的性能互补作用。

10.2　纳米磁性液体改性沥青分散稳定性研究

10.2.1　纳米改性沥青的基本原理

纳米改性沥青以神奇的纳米效应改善沥青的各项性能,如高温稳定性、低温抗裂性、抗疲劳性、摩擦性能(防滑性能)、抗老化性能和耐久性、对水的稳定性、施工和易性等。纳米改性沥青之所以不同于其他改性沥青,根本原因是纳米改性沥青是从微观结构上改变沥青性能的。众所周知,微观结构是宏观性能的唯一决定因素,因而纳米改性沥青能够从根本上大幅度改善沥青性能,这是其他沥青改性方法所不能比拟的。纳米改性沥青是国内外沥青材料研究的热点和前沿,它正在成为交通材料研究和应用的新的经济增长点。

纳米改性沥青是一种沥青纳米复合材料。纳米添加剂材料(分散相)与沥青基质材料(分散介质)的相容性和分散性、稳定性,是纳米改性沥青优异性能得以发挥和体现的关键因素。相容性就是分散相和分散介质在微观上能够良好结合、良好适应,要设法调整两相界面结构使之相似或相近,降低界面能,使二者融为一体(相似相容原理)。只有改善了相容性,才能使纳米粒子和沥青基质良好结合,提高材料性能;反之,相容性不好,不仅材料性能得不到提高,还会使材料性能变坏。分散性、稳定性就是要使纳米材料在微观尺度上良好地分散于沥青材料中并能处于长期稳定状态。宏观的分散、短时的稳定是容易做到的,而微观上的分散和稳定则要困难得多,尤其是对于沥青纳米复合材料,界面性能差异较大、沥青黏度较高、纳米粒子极易团聚等因素更增加了微观上良好分散稳定的难度。若纳米材料不能在微观上均匀分散于沥青中,则可能以团聚体形式存在或引起纳米粒子局部富集或偏析,造成复合材料微观结构不均匀,引起力场畸变,不但影响纳米效应的正常发挥,有时还会起相反的作用。若纳米材料在沥青中不能长期保持均匀分散状态,即稳定性差,在纳米改性沥青存放、运输或由其铺设的路面服役过程中,会引起材料微观结构的渐变,同样是十分有害的。

相容性是分散性、稳定性的基础因素和必要条件,但不是充分条件。如何采取适当的技术手段和工艺措施,使其良好混合,并使纳米材料均匀稳定地分散于沥青材料中,是我们研究的最终目的。本节结合我们近几年关于纳米材料和改性沥青的研究实践,对其相容性和分散性、稳定性进行分析与探讨。

10.2.2 相容性研究

1. 有机纳米材料作为纳米改性沥青添加剂

沥青材料是一种复杂的高聚物等分子的混合物,其本身就是一种典型的有机材料。纳米有机材料添加剂在化学键性和微观结构上与沥青材料具有某些相似之处,根据相似相容原理,二者的相容性问题比较容易解决。但国内外有机材料纳米改性沥青的研究较少见,主要原因为:

①有机材料属于大分子物质,较难用常规方法分散到纳米量级。

②有机材料分子结构复杂,支链较多,长链分子自身或相互之间易发生缠绕,因而即便制成纳米量级也难于保证不团聚。

③适合于降低有机纳米材料表面能、防止团聚的表面活性剂和分散稳定剂较少。

④有机纳米材料与沥青材料的物理性能互补性不强,也难于产生新的效应,因而限制了其应用。

2. 金属纳米材料作为纳米改性沥青添加剂

按现有技术,几乎可以将任何金属材料用比较方便的方法(激光法、等离子体法、自蔓延燃烧法等)制备成纳米量级,金属材料与沥青材料互补性也较强,应该是一种比较有前途的纳米沥青改性方法。但迄今为止,该方面的研究报道较少,主要原因为:

①金属材料的金属键不同于离子键、共价键(极性共价键)、分子键等键型,化学结合性有其特殊性,因而金属材料与其他材料的结合难度更大。

②有关金属表面活性剂的研究较少,即便有,也只是利用填隙原子或合金原理有限地改变金属材料(表面)的微观力场,很难将金属材料微颗粒的表面性质进行根本性的改变。

③金属材料的抗氧化性能、绝热性能、耐磨性能、高温力学性能等不如无机非金属材料。

④金属材料,尤其是稀有金属和贵金属材料的成本较高,来源也远不如无机非金属材料广泛。但金属材料毕竟在理论上能与沥青材料实现性能互补,预计随着研究的深入和拓展,金属材料纳米改性沥青的研究将逐步展开。

3. 无机非金属材料作为纳米改性沥青添加剂

无机非金属材料与沥青材料性能差别较大,要达到良好相容,必须对无机非金属材料纳米粒子进行表面改性。值得庆幸的是,无机非金属材料表面改性的研究较多,用于无机非金属材料的表面活性剂和分散剂技术比较成熟,加之无机非金属材料与沥青材料互补性较强,因而无机非金属纳米改性沥青成为该领域的研究热点。

(1)蒙脱土纳米改性沥青的相容性研究。

蒙脱土是一种层状硅酸盐材料,作为纳米改性添加剂使用,必须对蒙脱土进行有机化处理,方法是:将一定量的季铵盐配制成水溶液,缓慢滴加到提纯后的钠基蒙脱土的悬浮液中,加热到一定温度,强烈搅拌反应一段时间,将反应液抽滤,得白色沉淀物,用去离子水反复洗涤至无 Br^-,然后干燥,即得有机化蒙脱土。这样得到的蒙脱土已经在层间和表面进行了改性,可与沥青基质很好地相容。将有机化的蒙脱土加入加热到一定温度的沥青材料中,并强力剪切搅拌,可在沥青纳米复合材料中形成插层性或剥离性结构。

(2)Fe_3O_4 纳米改性沥青的相容性研究。

之所以选择 Fe_3O_4 纳米粒子作为改性剂,其中一个原因是它的制作成本低,较容易通过湿化学共沉淀法或胶体研磨粉碎法制备。

Fe_3O_4 为亲水性物质,沥青为憎水性物质,要使二者相容,必须进行表面处理。首先,在 Fe_3O_4 粒子上包覆一层表面活性剂进行表面改性。表面活性剂一般为两亲性分子,即一端为亲水基,另一端为憎水基。亲水基一端易与 Fe_3O_4 表面结合,故表面活性剂在颗粒表面吸附时,亲水基一端全部指向 Fe_3O_4 颗粒中心;憎水基一端全部向外,形成具有憎水基球状外壳的纳米 Fe_3O_4 复合粒子,由于憎水基外壳与沥青材料性质相近,故可与沥青材料很好地相容。我们在大量试验的基础上,选择合适的表面活性剂,严格控制制备过程和参数,制得了包覆良好的 Fe_3O_4 纳米粒子。图 10.1 为其高分辨透射电子显微镜(HTEM)图像,由图可见,纳米粒子外部包覆一层均匀的无定形表面活性剂,其厚度为 1 ~ 1.5 nm。

(3)其他无机非金属材料的纳米改性沥青相容性。

无机非金属材料一般为离子键、共价键(极性共价键),多为亲水性物质,或者能用表面活性剂降低其表面能。无机非金属材料一般都与沥青材料具有较强的互补性。从理论上讲,绝大多数无机非金属材料都可以制备成纳米尺度,与沥青材料形成沥青纳米复合材料,这里的关键是要找到同时适合于纳米添加剂材料和沥青材料的表面活性剂,并采取适当的工艺对纳米粒子进行包覆处理。关于表面活性剂的研究较多,理论上也较成熟,这为拓展无机非金属纳米改性沥青的研究奠定了良好的基础。我们正在

图 10.1　Fe_3O_4 纳米粒子表面无定形外壳 HTEM 图像

尝试用更多种类的无机非金属材料制备纳米改性沥青,优化选择添加剂材料的种类,以期开发出在性能上与沥青互补性更大、成本更低廉、工艺更简便的纳米改性沥青复合材料。

10.2.3　Fe_3O_4 纳米改性沥青的分散稳定性研究

为了促进 Fe_3O_4 纳米粒子在沥青中的分散,主要采取 4 种措施:

①将 Fe_3O_4 纳米粒子制备成胶体体系(水基或油基),利用表面活性剂的作用、双电层稳定作用和布朗运动动力稳定作用等,使纳米粒子处于良好的悬浮稳定状态,避免纳米粒子聚结。

②纳米粒子在沥青中分散时,加热沥青降低其黏度,以利于纳米粒子扩散。

③分散过程中强力剪切搅拌进一步帮助纳米粒子扩散。

④对沥青纳米复合材料体系进行脱水(使用水基纳米胶体体系时)或蒸馏(使用油基纳米胶体体系时)处理。

由于纳米粒子外层包覆表面活性剂,因此减小了粒子之间的团聚趋势,加之沥青具有较高黏度,纳米粒子在沥青材料中均匀分散后,可以长期稳定而不至于扩散聚结。

1. 纳米胶体体系的稳定作用

图 10.2 为制得的 Fe_3O_4 纳米胶体体系透射电子显微镜(TEM)图像,可以看出,纳米粒子细小均匀,基本无团聚现象。

该胶体体系的稳定机制主要有:

①表面活性剂空间位阻作用。包覆后的 Fe_3O_4 纳米粒子,表面有一层 1~1.5 nm 厚的表面活性剂外壳(图10.1),当两粒子相撞时,中间就隔着

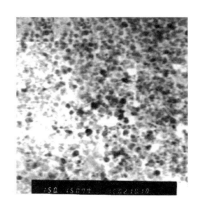

图 10.2　Fe_3O_4 纳米胶体体系 TEM 图像

1.5 nm+1.5 nm 的无定形物质,这一距离可大大减弱分子间力引起的聚结作用。

②弹性位阻作用。纳米 Fe_3O_4 粒子外面的球状无定形外壳,本身具有一定的强度和刚度,因此当两个粒子碰撞时,可看成弹性碰撞,产生弹性力,而使两粒子重新分开。参见第 7 章图 7.14。

③双电层稳定作用。纳米 Fe_3O_4 粒子分散度大,表面能高,极易吸附溶液中的离子而带电,形成双电层。带有双电层的粒子相撞时,由静电斥力和因双电层交联区电荷密度增大而引起的向外扩散的扩散斥力使两粒子重新分开,如图 10.3 所示。通过调整胶体体系 pH、体系离子强度,进行超声波强力分散等措施,使胶体体系扩散双电层增大,提高了胶体体系的稳定性。

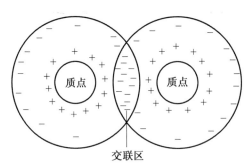

图 10.3　双电层交联产生的扩散斥力

2. 分散过程中的加热和强力剪切搅拌

此两种措施可配合完成。注意,加热温度不宜过高,以防止沥青老化,加热温度也不能太低,则沥青黏度大不利于搅拌和扩散,一般控制加热温度在 100 ℃左右。剪切搅拌时注意搅拌的强度。纳米胶体溶液以雾状分次喷入搅拌状态下的沥青中,注意每次喷入量不宜过多,避免沥青涨沸溢出。对于水基纳米胶体体系,带入的水分在加热和搅拌的同时可逐渐脱除;对于油基纳米胶体体系,需要另外的蒸馏过程,以便脱去带入的轻油组分,避免轻油组分残留带来的性能恶化。

3. 乳化纳米改性沥青

乳化纳米改性沥青也称纳米改性乳化沥青,即当纳米粒子以水基胶体溶液的形式引入时,不脱除或不完全脱除其水分,而是通过一定措施制成乳化纳米沥青复合材料。用高速搅拌磨将沥青/水基纳米胶体混合物破碎成微粒子,借助于乳化剂(磺酸钠盐或油角皂等)的作用使其分散成乳化液或微乳液。一般多使用水包油型的乳化液。

乳化沥青具有不燃、无臭、干燥快、使用方便、施工简单而经济等许多优点。乳化沥青可冷态施工,能节省大量能源,并减少环境污染,有利于工人健康;乳化沥青具有良好的工作性,和易性好,可均匀分布在石料表面;乳化沥青有较好的黏附性,能提高沥青结合力并可节省沥青用量;它对石料的浸润性好且施工方便,特别是代替液体沥青用于道路表面处理,从节省生产液体沥青的轻油来说,对我国是十分有利的;使用乳化沥青可延长施工季节,特别是阳离子乳化沥青,几乎可以不受阴湿或低温季节影响,能及时进行路面的维修和养护;使用乳化沥青时,可用湿的沙石料,这对我国南方多雨地区更为适用。

对于纳米乳化改性沥青,另一最大的特点是乳化沥青易于使纳米添加剂材料分散和稳定。特别是微乳液乳化沥青,由于微乳化是体系自由能降低的自发过程,所以它是热力学上稳定的体系。施工时通过一定的破乳措施即可使乳化沥青与骨料良好结合。乳化沥青加上纳米改性,赋予沥青材料一系列全新的优异性能,同时简化了沥青纳米复合材料的制备工艺,易于质量控制,保证了沥青纳米复合材料良好性能的发挥。目前此项研究正在进行中。

10.2.4　结　论

(1)制备良好的沥青纳米复合材料,关键是使添加剂纳米组分的表面性能与沥青材料相似或相近,加入表面活性剂以改进分散相(纳米粒子)与分散介质(沥青)的相容性是一有效方法。

(2)纳米粒子在微观水平上均匀分散于沥青材料中,是发挥沥青纳米复合材料优良性能的保障。

(3)纳米改性沥青已成为交通材料的研究热点,必须重视相容性、分散性、稳定性和微观结构及机理等方面的研究,以便为纳米改性沥青的研究、生产和应用提供指导。

10.3 纳米磁性液体改性沥青的三大指标研究

纳米材料由于处于介观领域,因而具有许多奇异的效应,如小尺寸效应、表面效应、量子隧道效应等,表现在宏观物理性能上,则可以使材料的性能产生质的突变,如绝缘体变为导体、导体变为绝缘体以及产生神奇的发光现象、光催化灭菌自清洁效应、超高强度和超高韧性等。

10.3.1 原材料

主要原材料:氯化铁 $FeCl_3 \cdot 6H_2O$,分析纯,用于合成纳米 Fe_3O_4 粒子;氯化亚铁 $FeCl_2 \cdot 4H_2O$,分析纯,用于合成纳米 Fe_3O_4 粒子;氨水,分析纯,在纳米 Fe_3O_4 粒子合成中用作碱源和催化剂;油酸(分析纯)、油酸钠(分析纯)、SD-03 等,用作表面活性剂,包覆 Fe_3O_4 粒子以防止其团聚;柴油,作为胶体体系分散介质;蒸馏水,用于纳米 Fe_3O_4 粒子的洗涤及作为胶体体系分散介质;稀盐酸(质量分数为 3% 的 HCl),调整胶体体系 pH,保持体系稳定;商品沥青(未加改性剂),作为基础沥青加入纳米粒子后将其改性;甘油滑石粉隔离剂(甘油与滑石粉的比例为 2:1),用作沥青脱模剂;Ag-NO_3,分析纯,用于配制检测 Cl^- 的指示液;无水乙醇,分析纯,用于清洗、洗涤等;滤纸,用于清洗过滤等;溶剂,三氯乙烯等,用于沥青清洗;其他,脱脂棉、食盐等。

10.3.2 研究方案与技术路线

1.基本思路

将无机 Fe_3O_4 纳米粒子通过表面活性剂加入到国产沥青中,利用纳米材料的奇异效应,改善沥青的感温性能、摩擦性能和抗老化性能等。

2.研究方案

(1)用湿化学共沉淀法制备(水基)Fe_3O_4 纳米磁液,用喷壶(喷出的液体呈雾状)将其加入到商品石油沥青中,经搅拌分散后制成试件,测其各项指标,以研究其性能。

(2)用湿化学共沉淀法制备(水基)Fe_3O_4 纳米磁液,将其放入离心机中进行分离,将分离所得的黑色 Fe_3O_4 纳米颗粒加入到商品石油沥青中,经搅拌分散后制成试件,测其各项指标,以研究其性能。

(3)用湿化学共沉淀法制备(柴油基) Fe_3O_4 纳米磁液,测柴油的沸点,将柴油基 Fe_3O_4 纳米磁液加入到商品石油沥青中,用蒸馏的方法消除柴油对沥青的影响,经搅拌分散后制成试件,测其各项指标,以研究其性能。

3. 技术路线

(1)原材料($FeCl_3 \cdot 6H_2O$ 、 $FeCl_2 \cdot 4H_2O$ 、氨水、SD-03)→制备 Fe_3O_4 纳米磁液(水基)→分离 Fe_3O_4 纳米磁液→将纳米粒子加入到商品沥青中进行剪切搅拌→做成常用试件→测改性沥青的指标。

(2)原材料($FeCl_3 \cdot 6H_2O$ 、 $FeCl_2 \cdot 4H_2O$ 、氨水、SD-03)→制备 Fe_3O_4 纳米磁液(水基)→边剪切搅拌边加 Fe_3O_4 纳米磁液到商品沥青中,蒸发完其中的水分并使 Fe_3O_4 纳米粒子均匀地分散到沥青中→做成常用试件→测改性沥青的指标。

(3)原材料($FeCl_3 \cdot 6H_2O$ 、 $FeCl_2 \cdot 4H_2O$ 、氨水、柴油)→制备 Fe_3O_4 纳米磁液(柴油基)→将纳米粒子加入到商品沥青中进行剪切搅拌→蒸馏以除去其中的柴油→做成常用试件→测改性沥青的指标。

10.3.3　试验过程

1. 水基及油基 Fe_3O_4 纳米胶体溶液的制备

试验方案:利用湿式化学共沉法的基本原理,通过胶体体系中的溶液反应直接合成纳米胶体粒子,并以表面活性剂包覆,改变制备过程中各种参数和表面活性剂种类和用量,遴选出最佳配方和工艺,最后对系列配方进行检测和表征。基本化学反应为

$$2Fe^{3+} + Fe^{2+} + 8OH^- \longrightarrow Fe_3O_4 + 4H_2O$$

试验步骤:精确称量一定量的 $FeCl_3 \cdot 6H_2O$ 和 $FeCl_2 \cdot 4H_2O$,分别配制成 $0.4\ mol \cdot l^{-1}$ 的溶液,将两种溶液按一定比例($FeCl_2 \cdot 4H_2O$ 溶液稍过量)混合搅拌,在密闭条件下滴加质量分数为 25% 的 NH_4OH 溶液,同时配合滴加表面活性剂,氨水应稍过量以保证反应完全。反应完毕后充分搅拌 $0.5\ h$,然后清洗沉淀 3~5 次,洗去过多的 Cl^- 。用加热水浴法排除多余的 NH_3 ,用稀盐酸调整 pH 为酸性,接着进行超声波分散 1 h,制得稳定悬浮的磁液。试验过程中随时对制得样品进行磁性检测,逐步调整工艺和参数。纳米胶体溶液的制备工艺流程如图 10.4 所示。

2. 纳米改性沥青复合材料的制备

将基础沥青加热到一定温度后,采取边对沥青进行剪切搅拌边加入纳

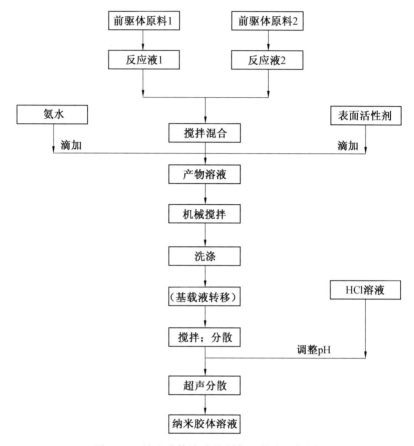

图 10.4　纳米胶体溶液的制备工艺流程框图

米添加剂的办法得到沥青纳米复合材料。试验步骤如下。

（1）商品沥青的处理（低温脱水）。由于购置的沥青含水率较高,影响沥青的性能,将沥青试样放入恒温烘箱中进行脱水（烘箱温度为 80 ℃ 左右）,直至沥青表面不出现气泡为止。

（2）称量烧锅质量 m_1,将脱水后的沥青置于烧锅中,称量其总质量 m_2,沥青的质量为 $m_3 = m_2 - m_1$。根据沥青的质量计算所需的改性剂的质量 m_4,进而算出所需要水基 Fe_3O_4 纳米磁液的体积。用量杯量出其体积,倒入喷壶中。

（3）将烧锅放在可调万用电炉上加热到 80～90 ℃,保持恒温。用强力电动搅拌机进行搅拌,边搅拌边分次用喷壶向其中加入 Fe_3O_4 纳米磁液。（一次加入的量不宜太多,防止液面上升从烧锅中溢出。）直至纳米磁液全部加完,水分全部蒸发,热沥青基本无气泡,液面基本恢复到未加改性剂前的水平。再充分搅拌 10 ~ 20 min,直至 Fe_3O_4 纳米粒子均匀地分散到沥青材料中,即得到纳米复合材料改性沥青。

3. 针入度试验

改性沥青纳米复合材料制备完成后,即可测其针入度指标,并将其与未加改性剂的基础沥青的针入度指标进行对照,见表 10.1。

表 10.1 未加入改性剂与加入改性剂的针入度比较

改性剂加入百分比	针入度/mm			降低值	降低百分比/%
	一组	二组	平均值		
未加入改性剂	①200 ②196 ③197 平均值:198	①195 ②190 ③210 平均值:198	198	0	0
加入0.2%改性剂	①160 ②165 ③165 平均值:163	①163 ②162 ③168 平均值:164.3	163.7	34.3	17.32
加入0.3%改性剂	①165 ②157 ③163 平均值:161.7	①162 ②163 ③160 平均值:161.7	161.7	36.3	18.33
加入0.4%改性剂	①154 ②141 ③143 平均值:146	①145 ②149 ③150 平均值:148	147	51	25.76
加入0.5%改性剂	①165 ②162 ③165 平均值:164	①153 ②154 ③149 平均值:152	158	40	20.20

利用针入度仪,测量沥青试样在规定的温度条件下,100 g 的标准针在 5 s 的时间内贯入沥青试样的深度。

4. 延性试验

测定纳米改性沥青的延度并与未加改性剂的基础沥青进行比较。基础数据是把沥青试样制成"8"字形的标准试件(最小断面为 1 cm²),测定其在规定速度和规定湿度下拉断时的长度。未加入改性剂与加入改性剂的延度比较见表 10.2。

表 10.2　未加入改性剂与加入改性剂的延度比较

改性剂加入百分比	延度/mm			增高值	提高百分比/%
	一组	二组	平均值		
未加入改性剂	①887 ②930 ③934 平均值:917	①877 ②912 ③938 平均值:909	913	0	0
加入0.2%改性剂	①1 019 ②1 025 ③1 036 平均值:1 026.7	①1 003 ②1 037 ③1 053 平均值:1 031	1 028.85	115.85	12.69
加入0.3%改性剂	①1 010 ②1 062 ③1 087 平均值:1 052.7	①1 047 ②1 078 ③1 091 平均值:1 072	1 062.35	149.35	16.36
加入0.4%改性剂	①1 033 ②1 080 ③1 126 平均值:1 079.7	①1 058 ②1 090 ③1 143 平均值:1 097	1 088.35	175.35	19.21
加入0.5%改性剂	①1 100 ②1 121 ③1 156 平均值:1 125.7	①1 073 ②1 131 ③1 161 平均值:1 121.7	1 123.7	210.7	23.08

5.软化点试验

测定纳米改性沥青的软化点指标并与未加改性剂的基础沥青进行比较。将沥青试样注于内径为 18.9 mm 的铜环中,环上置一重 3.5 g 的钢球,在规定的加热速度下进行加热,使沥青试样逐渐软化,直至在钢球作用下产生规定挠度时的温度。未加入改性剂与加入改性剂的软化点比较见表 10.3。

6.试验技术的关键

(1)Fe_3O_4 纳米胶体溶液体系的制备,主要包括:

①表面活性剂对纳米粒子的包覆。包覆情况的好坏直接影响纳米粒子与沥青材料的相容性,这也是制得性能良好的纳米改性沥青的重要基础。

表10.3 未加入改性剂与加入改性剂的软化点比较

改性剂加入百分比	软化点/℃			提高值	提高百分率/%
	一组	二组	平均值		
未加入改性剂	41.9	42.2	42.05	0	0
加入0.2%改性剂	44.2	44.8	44.5	2.45	5.8
加入0.3%改性剂	43.0	43.7	43.35	1.3	3.1
加入0.4%改性剂	43.7	44.4	44.05	2	4.8
加入0.5%改性剂	44.3	44.7	44.5	2.45	5.8

②制备所得的 Fe_3O_4 溶液的分散。分散良好并保持稳定,有利于后续过程纳米粒子在沥青中的分散和稳定。

(2)用加热并强力剪切搅拌的方法将制备所得纳米粒子均匀地分布到沥青大分子材料中。主要控制点为:

①加热的温度不能太高,防止沥青老化。

②一次加入的纳米胶体液体量不宜过多,防止因水分过多引起液面升高,导致沥青溢出;搅拌的速度也不宜太快,防止沥青溅出。

③充分搅拌,使 Fe_3O_4 纳米粒子均匀地分散到沥青中,并使水分蒸发完全。

10.3.4 试验结果

将加入纳米粒子的沥青——纳米改性沥青与基础沥青(未加改性剂)进行沥青三大性能指标的对照。每个指标分别测两组试样,每组测3个值。针入度性能对照见表10.1,延度性能对照见表10.2,软化点性能对照见表10.3。

改性沥青图表分析:软化点随改性剂加入百分比变化曲线如图10.5所示,延度随改性剂加入百分比变化曲线如图10.6所示,针入度随改性剂加入百分比变化曲线如图10.7所示。

10.3.5 分析讨论

从针入度、延度、软化点变化曲线可以看出,沥青的性能指标并不都是随改性剂加入百分比的提高而一直有规律地变化,这一点与我们的预测有一定出入。

软化点的变化随着改性剂加入百分比的提高,呈不很规则的抛物线变化。但总地来讲,加入纳米粒子后总能提高沥青的软化点,证明纳米粒子

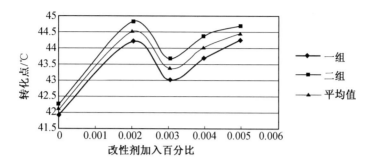

图 10.5　软化点随改性剂加入百分比变化曲线图

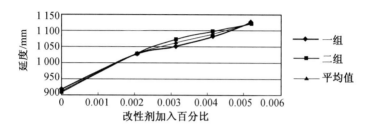

图 10.6　延度随改性剂加入百分比变化曲线图

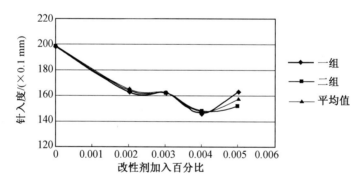

图 10.7　针入度随改性剂加入百分比变化曲线图

在沥青中起到了有益的作用。至于为什么曲线中有下降部分,分析认为:一是可能存在试验误差;二是由于试验条件较简陋,所制备的 5 种纳米改性沥青(纳米粒子含量不同)的制备质量存在差异。具体原因和机理尚不清楚,有待于进一步的研究与探索。

沥青的延度随着改性剂加入百分比的提高一直增大。纳米粒子在沥青中起微骨料的作用,能与沥青大分子良好结合,故能增加其黏度,提高其延度。但纳米粒子加入量不能无限制增加,需要考虑成本及对其他性能的影响。需要进一步地研究以确定最佳性价比时的纳米粒子加入量。

针入度的变化曲线也不是很有规律,这可能与试件的数量不够多、造成描点不够紧密和试验的一些误差有关。但针入度曲线足以说明加入纳米粒子对提高该项性能是有利的。

10.3.6 结 论

(1)通过湿化学沉淀法制备了水基和柴油基 Fe_3O_4 纳米胶体体系,该方法简便易行、成本低廉、科学合理,现在已经是一套比较成熟的纳米 Fe_3O_4 胶体溶液制备工艺。

(2)制得的纳米改性沥青的三大指标均有提高,本项研究达到了预期的目的。

(3)通过研究,证明了利用零维纳米材料(球状纳米粒子)可以制得性能良好的沥青纳米复合材料,在纳米改性沥青材料制备理论上取得突破。

(4)沥青中加入 Fe_3O_4 纳米粒子,为纳米改性沥青探索了一种发展方向,但该项研究远未完善,尚有许多繁杂而有意义的工作要做。例如,优化选择纳米添加剂材料,将侧重纳米物理改性的研究逐步拓展到纳米化学改性的研究,深入探讨纳米改性的微观机制,研究石蜡基沥青纳米改性课题。

10.4 基于截面畸变和微区反应的 Fe_3O_4 纳米改性沥青的机制研究

针对传统聚合物改性沥青存在的问题,尤其是国产石蜡基石油沥青感温性差且难于改性的难题,发挥纳米材料的奇异效能,用 Fe_3O_4 等无机纳米粒子对沥青改性。从微观结构和组成层面深入研究纳米改性的机理已成为该项技术的关键和瓶颈。结合道路工程应用研究其性能和机理,采用高分辨电镜等手段和红外光谱、拉曼光谱等分析以及显微化学方法研究纳米粒子/沥青复合材料改善沥青性能的微观机制,提出界面畸变、纳米微区反应、沥青组分重组等科学概念,探讨界面畸变和显微组成变化的机理,揭示纳米微区反应对纳米改性沥青显微结构影响的规律,阐明 Fe_3O_4 纳米粒子与沥青分子间显微化学作用对沥青化学组成的影响,探索纳米颗粒改变沥青微区结构和组成、影响沥青组分分布的规律,深入研究纳米改性对沥青宏观性能的影响及其机理。这些原创性具有知识产权的成果为纳米改性沥青技术的发展提供理论依据,为我国高等级公路用改性沥青的国产化奠定理论基础,促进我国交通建设。

10.4.1　项目的立项依据

1. 课题提出的科学背景

传统的改性沥青技术大多是在基质沥青中添加各种聚合物或其他无机材料,这些技术都有各自的优缺点和局限性。例如,仅对某几种性能有促进作用或在改善某种性能的同时可能使其他性能恶化;改性作用的范围较窄,由于起改性作用的主要是机械共混,因而不能从根本上改善沥青材料的微观结构和性能,尤其是不适合于石蜡基石油沥青的改性(我国绝大多数石油矿田正是石蜡基)等。另外,改性剂掺量大、工艺复杂、质量不易控制等也限制了其应用和发展。

纳米颗粒的尺度微小接近于原子团簇,具有独特而奇异的表面效应、小尺寸效应、体积效应和量子隧穿效应,所以可以在微观尺度上影响沥青材料的结构和性能,为从根本上提高和改进沥青的路用性能提供了有效途径。

交通建设是国民经济的动脉,改性沥青是交通建设最重要的材料,对沥青进行纳米改性是从根本上解决沥青性能问题的有效方法和战略途径,揭示纳米改性沥青的微观机制是纳米改性沥青技术的关键,研究纳米–沥青微观结构的界面畸变和微区反应以及纳米效应对沥青组分重组的影响,是纳米改性沥青研究中关键科学问题中的关键,可以借此建立纳米改性沥青技术的理论体系,更好地指导纳米改性沥青技术的研究,尤其是促进我国量大面广的石蜡基石油沥青改性技术的发展,有利于我国的公路建设和国民经济发展。

2. 国内外研究现状

近年来纳米改性沥青的研究较多,且多集中在纳米改性沥青的制备工艺和性能改进上,关于纳米改性沥青微观组织结构和机制机理方面的研究略显薄弱且不深入。从理论上讲,有机高分子纳米材料、金属纳米粒子、无机非金属纳米粒子以及它们之间的组合都可以用于沥青改性,目前研究较多的是无机纳米粒子改性沥青和有机–无机复合纳米改性沥青,后者主要是指有机化蒙脱土技术,即首先将蒙脱土进行有机化处理形成插层型或剥离型聚合物纳米复合材料,然后与沥青共混进行改性。这种改性方法的工艺复杂,蒙脱土有机化程度不易控制。无机纳米改性沥青则由于其复合过程直接、纳米颗粒与沥青组分产生协同作用以及无机纳米粒子–沥青间的良好互补性,使其具有很大的优越性和良好的发展潜力。我们进行的工作,主要是针对无机纳米粒子改性展开论述和研究。

（1）国外研究现状。

Larisa Shiman、Alexey Shiman、Natalia Spitsyna 和 Anatoliy Lobach 等人研究了纳米复合材料对 PG58（performance grade 58）沥青混合料高温流变性能的影响，指出纳米改性沥青复合材料的高温流变学性能的促进导致了 PG58 沥青混合料稳定性、黏附性、耐久性等性能的提高；Wei Zheng，P. E.、Hui-Ru Shih，P. E.、Karen Lozano 和 Yi-Lung Mo 等人研究了纳米技术对未来土木工程实践应用的影响，重点论述纳米技术将对土木工程技术的影响，论述了纳米改性沥青的研究发展现状，展现了良好的发展前景；Feipeng Xiao、Armen N. Amirkhanian 和 Serji N. Amirkhanian、M. ASCE 等人研究了碳纳米粒子对沥青混合料短期老化流变学行为的影响，指出掺加纳米粒子后有助于提高老化薄膜的断裂强度、复合模量和弹性模量，并能促进抗车辙性；Wynand Jvd M Steyn 研究了纳米技术在路面工程中的潜在应用，指出纳米技术可大大改进路面材料的性能，通过纳米技术对路面材料进行表征可更好地了解和优选路面材料，文章说明了这两方面正是纳米改性沥青技术的关键问题；D. A. Rozental、N. V. Maidanova 和 V. A. Kulikova 研究了纳米级细分散石墨粉尘对沥青性能和组成的影响，指出纳米石墨粉将影响沥青中各化学成分的组成分布（即组分微调作用），并使沥青的针入度降低、软化点提高，其他各项性能也得到明显改善；Eidt Jr C. M. 等人研究了纳米改性沥青的性质，指出经纳米复合改性后的沥青其各项指标尤其是高温稳定性和低温抗裂性都得到显著提高；Goh S. W. 、Akin M. 、You Z. 和 Shi，X. 研究了防冻液对纳米改性沥青混合料抗张强度的影响 Steyn W. J. 等人研究了纳米技术对公路工程的潜在应用；Amirkhanian A. 、Xiao F. 和 Amirkhanian S. N. 研究了碳纳米管对沥青混合料高温流变性能的改善作用。

上述研究者在纳米改性沥青研究方面获得了很有价值的成果，但却很少研究纳米改性沥青微观组织结构，某些文章有所涉及但论述不深，而对纳米改性沥青改性机制等科学问题的探讨也比较少。文献[7]提出了纳米粉具有改善沥青组分的作用，具有一定的科学意义，但该文对这一具有重要意义的科学问题未做深入研究。国外研究者对纳米改性沥青的研究在方向上和国内存在差别，可能是由于观念和国情的不同。比如国外学者一般不把蜡含量作为沥青指标，原因在于国外环烷基石油沥青（低蜡含量）居多，在其蜡含量范围之内蜡的含量变化对沥青性能影响较小，而我国则主要是石蜡基石油沥青，在此蜡含量范围内蜡含量对沥青性能影响甚大。相对而言，中国学者对纳米改性沥青的微观结构、微区组成改善以及机制探讨更加重视。

（2）国内研究现状。

姚辉、李亮、杨小礼、但汉成和罗苏平等人对纳米改性沥青的微观和力学性能进行了研究,指出掺加纳米材料后,沥青针入度、延度、软化点、黏度及劈裂强度、回弹模量、车辙、水稳定性等性能都有改善,通过对纳米改性沥青进行原子力显微镜表征,表明纳米改性沥青在微观结构上产生了明显变化,这是纳米改性沥青改善性能的基础,该文作者在探讨纳米改性沥青微观机制方面做了一些有益探索,但未对显微结构做深层次表征和分析,未对界面结构和微观结构组成的变化做研究;肖鹏、周鑫、张昊红等人研究了 ZnO/SBS 改性沥青微观结构和宏观性能之间的关系,利用荧光显微镜、图像采集系统以及专业分析软件取得纳米改性沥青的一系列微观结构数据,结果表明,纳米改性沥青微观结构参数与改性剂量以及宏观性能指标间均具有较好的相关性,该论文在纳米改性沥青微观结构和宏观性能之间建立了某种联系,对纳米改性沥青机理进行了有益探索,该项研究未涉及界面结构和微观组成的变化,而这对揭示纳米改性沥青的改性机制更为重要;王骁、余剑英、汪林、尤继中和王彦志等人对蒙脱土/SBS 改性沥青进行了研究,利用 X-射线衍射和荧光显微镜表征其微观结构,结果表明形成了剥离型的复合纳米结构,提高了沥青的黏度和软化点,改进了老化性能,该项研究验证了有机蒙脱土的剥离型微观结构及其对改性沥青性能的促进作用,对已有的有机蒙脱土改性沥青理论有所发展,但未能取得突破性进展;肖鹏,李雪峰等人对 ZnO/SBS 改性沥青性能与机理进行了研究,利用电镜技术和红外光谱表征其结构,表明纳米改性沥青可提高 SBS 在沥青中的分散效果,从而改善其高温性能、低温性能和抗老化性能,该项研究通过微观表征研究其改性机制,着重在分散机制的促进方面,指出 SBS 与沥青主要是物理改性,而纳米 ZnO 与沥青主要是化学改性,该项研究的重要意义在于明确了纳米改性中的化学作用,但该项研究仍未能对微观组织和微区组成进行研究,对更深层次的界面问题和微观组成变化未做研究。

以上研究者通过微观结构表征和分析对纳米改性沥青的改性机理进行了不同程度的探索,取得了一些有价值的结论,但他们的共同局限是没有对界面畸变、微区组成、沥青组分的变化等更本质的问题进行探讨,而这些正是本次课题所要解决的问题。

张春青、王妍、熊玲等人研究了纳米 TiO_2 改性沥青的抗紫外线老化能力,得出纳米 TiO_2 可显著改善沥青抗老化指标的结论;开前正、刘干斌、张军军、杨锋等人对纳米改性沥青的热反射性能进行了试验研究,通过掺入

高折光指数的纳米 TiO_2 和纳米 SiO_2，提高了沥青混凝土的反射率，降低了吸收率和路面温度，从而提高了沥青的高温性能；叶超、陈华鑫、王闯等人研究了纳米 TiO_2 改性沥青混合料的路用性能，结果表明，利用纳米 TiO_2 对沥青改性可全面提高沥青混合料的路用性能；张荣辉、曾志煌、李毅等人对纳米 $CaCO_3$ 和橡胶粉复合改性沥青进行了研究，以助剂增加 $CaCO_3$ 与沥青的相容性，制得的纳米改性沥青软化点、高温性能和水稳定性明显提高，针入度和延度性能也略有改善；刘大梁、姚洪波、包双雁等人研究了纳米碳酸钙/SBS 改性沥青的性能，结果表明，纳米 $CaCO_3$ 对 SBS 改性沥青具有增强效果，高温稳定性和低温韧性都有所提高；马峰、张超、傅珍等人对纳米 $CaCO_3$ 改性沥青的路用性能进行了研究，纳米 $CaCO_3$ 与沥青基质形成均匀稳定的共混体系，改善了沥青的高温性能。

以上研究者在纳米改性沥青的制备及性能研究方面做了多方面的探索，为纳米改性沥青技术的研究和发展做出了较大贡献。但以上研究主要是围绕应用进行的，未涉及纳米改性沥青微观结构和机制等科学问题。

Fe_3O_4 纳米粉具有来源广泛、价格低廉、性能稳定等特点，加之具有良好的抗氧化性能和抗老化性能，因此选择以 Fe_3O_4 纳米粉为主对沥青进行改性研究。

3. 课题研究意义

我们从新的角度提出，纳米改性沥青机理的研究应该从界面畸变、微区反应、沥青组分重组等出发，揭示纳米改性沥青的界面组织、结构畸变、协同效应、纳米微区反应、沥青组分变化等关键科学问题，阐明纳米改性沥青机制，为纳米改性沥青的研究发展，尤其是为开发我国石蜡基石油沥青纳米改性技术奠定基础。

（1）从全新的角度研究纳米改性沥青的机制，是目前路面材料和聚合物共混材料研究的前沿和热点，从微观上弄清纳米复合材料界面的机制已成为解决纳米改性沥青根本问题的关键和瓶颈。本项研究提出并验证新的理念，为纳米改性沥青技术提供理论指导，具有较大的学术价值。

（2）提出纳米改性沥青界面畸变、纳米微区反应、沥青组分重组等科学概念，探索纳米效应在微观上对沥青材料的作用机制，揭示纳米效应改变沥青微区结构和组成、影响沥青组分分布的内在规律，深入探讨纳米改性对沥青性能的影响及其机理。本项研究在以往研究工作的基础上细化深入，具有一定的科学意义。

（3）利用纳米技术对沥青材料进行改性，可大大提高改性沥青的各项性能，尤其是针对我国主要是石蜡基石油沥青的国情，用常规方法难以改性,纳米改性可在微观上影响石蜡成分的结构和性能,具有重要的工程应用前景。研究成果有望改变我国高等级公路用改性沥青长期依赖进口的状况,对于开发利用我国本土石油沥青资源、节约成本及提高路面质量,具有明显的实际意义。

(4)纳米改性沥青机理研究的方向之一,是针对纳米复合材料界面问题,而界面问题是复合材料的核心问题。虽然以纳米改性沥青为研究对象,但某些结论同样适用或可借鉴于其他类型纳米材料的研究,具有一定的普遍的科学意义。

10.4.2　纳米改性沥青界面和微区反应研究的内容和目标

1. 主要研究内容

(1)利用高分辨透射电镜等多种显微技术以及拉曼光谱等谱学分析和显微化学分析理论,研究纳米改性沥青微区界面的畸变,探索其微观机制及对沥青性能影响的机理。

纳米颗粒具有高的活性和表面能,在 TiO_2/沥青界面上将产生结构调整和变形,形成过渡层,有利于纳米颗粒与沥青的结合,提高相容性、均匀性和稳定性。界面畸变可能形成特殊活化层,影响石蜡等沥青组分的性能,并产生新的界面复合效应。

(2)通过显微结构的分析和显微化学的研究,探索纳米粒子与沥青的协同效应,揭示纳米效应对微区组成的影响,阐明纳米微区反应与沥青性能改善的关系。

纳米颗粒和沥青相互融合和影响,使本不亲和的有机/无机界面产生亲和力,受力时 TiO_2 粒子和沥青中聚合物分子协同产生的痉挛作用和弹性作用耗散应力能,提高路用性能。协同效应还可影响界面微区反应,改变微区化学成分,改善沥青微观组成。

(3)采用物理的、化学的和显微分析的手段研究纳米效应对沥青组分重组的影响,尤其是研究纳米效应对沥青中石蜡组分的影响,为解决我国石蜡基石油沥青不易改性的难题奠定基础。纳米化学效应引起沥青微区组成和结构改变,可对沥青组分产生重大影响,减少油分比重,增加沥青质比重,优化沥青组分,从而提高沥青的各项性能。

(4)结合道路工程应用,探索 TiO_2 纳米改性沥青的性能和机理。

2. 研究目标

(1)通过对纳米改性沥青界面畸变、微区反应、组分重组的研究,探索纳米改性沥青界面畸变的机制,阐明纳米效应提高沥青性能的机理,明确纳米微区反应对改变沥青微观组成所起的积极作用,揭示纳米化学作用使沥青组分重组从而导致沥青性能改善的规律,建立纳米改性沥青微观结构及显微组成科学问题的理论体系。

(2)构建 TiO_2 纳米改性沥青性能机制的基础模型,形成自主知识产权的原创性科学理论,为解决我国石蜡基石油沥青的改性应用问题奠定基础,为从根本上改变我国高等级公路用沥青长期依赖进口的问题提供可靠方法。

3. 项目拟解决的关键科学问题

(1)鉴于微观结构决定宏观性能以及沥青微观结构的多变性和复杂性,对纳米改性沥青界面微区进行深入表征和分析,以期深刻认识纳米粒子-沥青界面畸变的规律,揭示界面畸变与宏观性能的内在联系。

解决方案:首先采用多种先进的微观结构表征手段,如原子力显微镜、扫描电镜、透射电镜、电子探针、高分辨电镜、X-射线衍射、荧光显微镜等,对界面微区进行多方面分析,遴选出最适宜的分析表征手段,然后采用物理的、化学的、仪器分析的综合手段,进一步深入地分析表征,以期获得明晰的界面微区显微结构图景,探讨界面畸变的机制及其对沥青性能的影响,保证项目研究工作沿着正确的轨道进行。

(2)针对沥青组分的复杂性以及组成相同而组分变化对沥青性能产生的巨大影响,通过多种综合手段的系统分析研究,揭示微区反应的机理,弄清纳米效应对沥青组分重组的影响,利用纳米技术调整沥青组分从而改进沥青性能,掌握其规律。

解决方案:结合显微结构分析研究,采用红外光谱、紫外光谱、拉曼光谱、荧光光谱和穆斯堡尔谱等多种谱学手段,分析研究界面反应和微区组成,研究纳米效应,揭示纳米改性沥青界面反应和组分重组影响宏观性能的内在规律,并有望在沥青化学成分及组分分析这一世界难题上取得突破。

10.4.3　拟采取的研究方案及可行性分析

1. 研究方案

(1)项目研究的技术路线。

围绕项目提出的研究内容,为实现预期的研究目标和解决其中的关键科学问题,制订技术路线(图10.8)。

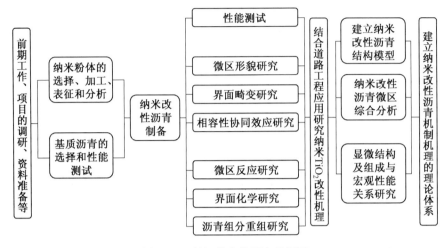

图 10.8　制订技术路线流程框图

（2）研究方法与要点。

①有针对性地选择基质沥青种类；TiO$_2$纳米粉体可以购买成品或半成品，也可自制，并对其进行表面改性处理；对所用原材料进行各项性能的表征分析，为后续研究工作提供基础数据。

②通过加热共混、高速剪切等方法制备纳米改性沥青，确保纳米改性沥青的均匀性、相容性和稳定性。均匀性是确保后续微观表征能取得代表性结果的基础，相容性和稳定性一方面保证样品质量与实践应用性，另一方面保证试验结果的稳定性和可靠性。

③对纳米改性沥青进行性能测试，方法基本同基质沥青，目的是为研究纳米改性沥青的性能改进提供参照和依据，为研究纳米改性沥青的机理提供数据。

④利用各种高科技仪器分析的手段，进行微区形貌研究，是本项目的关键技术之一，也是揭示纳米改性沥青机制的重要基础。应确保纳米微区定位准确、结构表征细致入微、所得结果正确反映微观结构的信息。

⑤通过各种试验的和理论的分析研究手段，进行纳米改性沥青界面畸变研究，探索界面畸变机制及其对沥青性能影响的规律。界面畸变研究是本项目的关键技术之一。

⑥通过物理的、化学的、谱学的方法，结合微观结构表征，研究纳米改性沥青微区反应，为后续界面化学研究和沥青组分研究奠定基础。由于微观组成直接影响微观结构和宏观性能，因此该步骤也是本项目的关键之一。

⑦通过显微化学和仪器分析等手段,研究纳米改性沥青界面化学和沥青组分重组,揭示纳米改性沥青改性机理的化学机制。该研究为本项目关键之一。

⑧经上述系列研究,通过系统的分析综合方法,建立纳米改性沥青机制机理的理论体系,形成具有原创性知识产权的科学理论,用以指导我国交通建设的实践。

综上所述,本项目的关键技术主要有:精准的微观结构表征;微观组成性能研究;界面畸变研究;界面化学研究;沥青组分的重组研究。这些是项目研究的重点和难点,也是本项目研究建立科学理论、达到研究目标的重要保障。

2. 可行性分析

(1)从界面畸变和微区反应角度研究纳米改性沥青机制,具有充分的科学依据。

如前所述,纳米改性沥青技术是当前交通领域和聚合物共混与复合材料学科中的研究热点和前沿,研究表明,纳米改性沥青的针入度可降低 $10 \sim 15(0.1 \ mm)$,软化点提高 $5 \sim 8 \ ℃$,低温延度提高 $5 \sim 8 \ cm$,其他各项路用性能都有一定提高。纳米材料极高的表面能和表面活性等使其有可能与沥青聚合物产生表面化学反应,具备从微观上解决沥青改性问题的可能性和现实性,而要根本解决纳米改性沥青问题,必须弄清其微观机理,其中的纳米粒子–沥青界面问题、纳米微区的反应、界面效应对沥青组分的影响等,是揭示其微观机理的关键。界面畸变和微区反应问题,是纳米改性沥青之根本问题的关键和重点,定位准确,选题正确,研究起点高,紧跟科技发展前沿,课题新颖,具有较强的前瞻性,可以解决前沿技术的核心问题,在科学思想方面是完全可行的。

(2)较丰富的前人工作经验及前期的工作基础。

近年来国内外学者进行了大量纳米改性沥青的研究,有很多经验可以借鉴(详见国内外研究现状部分);我们在纳米改性沥青及其机理研究方面进行了大量研究工作,并且熟悉微观结构表征的研究方法,这为本课题的顺利完成奠定了坚实的基础。前人的丰富经验和我们对纳米改性沥青研究的工作基础是界面和微区反应研究得以顺利进行的阶梯。

(3)纳米改性沥青界面和微区反应研究的关键和难点已有解决方案。

研究的技术关键和难点主要有:纳米改性沥青微观结构的准确表征、界面畸变研究、纳米微区反应研究、沥青组分重组研究。对这些关键技术和难点已有可行的研究解决方案(参见研究方案部分和拟解决的关键科学问题部分)。

3. 本项研究的特色与创新之处

(1)提出纳米改性沥青界面畸变的概念,从界面畸变角度研究纳米改性沥青微观结构,揭示纳米改性沥青微观结构机制。

(2)提出纳米改性沥青的微区反应思路,从纳米化学的角度,揭示纳米改性沥青改性作用的化学机制。纳米效应引起的纳米微区的微纳反应,改变纳米复合材料中无数个均匀分布的微区的化学组成,从而引起沥青宏观性能改变。

(3)提出纳米效应导致沥青组分重组的理念,揭示纳米改性沥青的组分改性机制。组成相同但组分不同时表征其化学结构方面的差异,从而研究沥青组分重组对沥青性能的影响。通过纳米效应的组分重组促进沥青性能改善。

10.5　小　　结

纳米磁液在许多领域都有重要应用,实际上其应用领域还在不断扩展。本章结合近年来交通新技术的发展和作者的研究,论述了纳米磁液在交通材料中的应用,指出纳米磁液不仅可用于尖端材料,而且可用于传统材料,可以对传统材料的性能和应用进行较大程度的提升。这就扩大了纳米磁液技术的应用范围,并且由于传统材料量大面广,所以纳米磁液将发挥出更大的效益。纳米磁液应用于交通材料,可以解决交通材料长期面临的痼疾问题,比如沥青材料的感温特性是路面应用中最重要的问题,由于沥青存在作为有机高分子材料的本征特点,此问题长期得不到有效解决,纳米技术可为解决此问题提供战略途径。尤其是我国的沥青大多属于高蜡基,感温性能更差且用常规改性办法不能奏效,使用纳米磁液改性后,实现了微区反应和性能互补,可以逐步解决我国高速公路用沥青长期依赖进口的局面。

参 考 文 献

［1］张金升,李志,李明田,等. 纳米改性沥青相容性和分散稳定机理研究［J］. 公路,2005(8):142-146.

［2］李学慧,吴业,刘宗明. 磁流体的研制［J］. 化学世界,1998(1):15-17.

［3］李德才. 磁性液体的理论及应用［M］. 北京:科学出版社,2003.

［4］张金升,张贤军,庞来学,等. 氯化铁水溶液和氯化亚铁水溶液性能研究［J］. 山东交通学院学报,2012(3):81-86.

［5］周丽绘,朱传征. 磁流体技术及其应［J］. 化学教育,1998(10):5-7,12.

［6］ZHANG J S,LI J,SHI R X,et al. Mechanism researches on the mutual adaptability and the dispersivity and stability of nanoparticle-modified asphalt composite［J］. Advanced Materials Research,2009(79-82):1159-1562.

［7］PISO M I. Applications of magnetic fluids for inertial sensors［J］. Journal of Magnetism and Magnetic Materials,1999(201):380-384.

［8］张金升,张爱勤,李明田,等. 纳米改性沥青研究进展［J］. 材料导报,2005,10:87-90.

［9］齐春风. 磁性液体［J］. 材料导报,12(2):17-20.

［10］孙体楠,张晓伏,任尚坤,等. 磁性液体的基本特性研究［J］. 信阳师范学院学报(自然科学版),10(3):23-27.

［11］张世远,路权,薛融化,等. 磁性材料基础［M］. 北京:科学出版社,1988.

［12］邹继斌,陆永平. 磁性流体密封原理与设计［M］. 北京:国防工业出版社,2000.

［13］过壁君,冯则坤,邓龙江. 磁性薄膜与磁性粉体［M］. 成都:电子科技大学出版社,1994.

［14］张金升,朱霞,张银燕,等. 纳米磁性液体制备工艺的研究［J］. 山东交通学院学报,2003(12):1-6.

［15］IUSAN V,BUIOCA C D,HADGIA S. Magnetic fluids of low viscosity［J］. Journal of Magnetism and Magnetic Materials,1999(201):38-40.

[16] 王会宗. 磁性材料及其应用[M]. 北京:国防工业出版社,1989.

[17] 姜继森,周兴平,任家瑛,等. Fe_3O_4 超细粒子及其对十二烷基磺酸钠的吸附研究[J]. 华东师范大学学报(自然科学版),1991(3):65-68.

[18] LUO W L,DU T D,HUANG J. Field-induced instabilities in a magnetic fluid [J]. Journal of Magnetism and Magnetic Materials,1999 (201): 88-90.

[19] KÖTITZ R, WEITSCHIES W, TRAHMS L,et al. Investigation of brown- ian and néel relaxation in magnetic fluids[J]. Journal of Magnetism and Magnetic Materials,1999 (201):102-104.

[20] 裴宁,梁志华. 磁流体密封原理与应用[J]. 真空,2001,2(1):46-48.

[21] 都有为. 纳米磁性材料及其应用[J]. 材料导报,2001,15(7): 6-8.

[22] 夏平畴. 永磁机构[M]. 北京:北京工业大学出版社,2002.

[23] 内山晋. 应用磁学[M]. 姜恩永,译. 天津:天津科学技术出版社, 1983.

[24] 施密特 J. 材料的磁性[M]. 中国科学院物理研究所磁学室,译. 北京:科学出版社,1978.

[25] 近角聪信. 磁性体手册[M]. 黄锡城,金龙焕,译. 北京:冶金工业出版社,1984.

[26] 戴道生,钱昆明. 铁磁学[M]. 北京:科学出版社,1987.

[27] 宋后定,陈培林. 永磁材料及其应用[M]. 北京:机械工业出版社, 1984.

[28] WOHLFARTH E P. 铁磁材料——磁有序物质特性手册(卷Ⅱ)[M]. 刘增民,译. 北京:电子工业出版社,1993.

[29] 特贝尔 R S,克雷克 D J. 磁性材料[M]. 北京冶金所,译. 北京:科学出版社,1979.

[30] 都有为. 磁性材料进展[J]. 物理,2000,29(6):323-332.

[31] 玻尔 R. 软磁材料[M]. 唐与谌,黄桂煌,译. 北京:冶金工业出版社, 1985.

[32] 任尚坤,杜远东,金富林,等. 磁场对磁流体磁粉存在状态的影响 [J]. 信阳师范学院学报(自然科学版),1995,10(4):374-377.

[33] 喻晓军,孙桂琴,郭朝辉. 硬盘驱动器(HDD)用磁性材料[J]. 金属功能材料,1998,5(3):100-103.

[34] 李国栋. 1999 年~2000 年磁性功能材料研究和应用的进展[J]. 稀有金属材料与工程,2001,31(1):1-3.

[35] 金燕苹,朱力,顾明元. Fe/SiO_2 纳米磁性复合粉的制备和结构研究

[J]. 上海交通大学学报,1995,10(1):263-266.

[36] 穆加尼 K,科埃 J M D. 磁性玻璃[M]. 赵见高,译. 北京:科学出版社,1992.

[37] 周世昌. 磁性测量[M]. 北京:电子工业出版社,1994.

[38] 张立德,牟季美. 纳米材料和纳米结构[M]. 北京:科学出版社,2001.

[39] 师昌绪. 材料大辞典[M]. 北京:化学工业出版社,1994.

[40] 曾汉民. 高技术新材料要览[M]. 北京:中国科学技术出版社,1993.

[41] 胡忠鲠. 现代化学基础[M]. 北京:高等教育出版社,2001.

[42] 北京师范大学,华中师范学院,南京师范学院. 无机化学[M]. 北京:高等教育出版社,1985.

[43] 孟庆珍,胡鼎文,程泉寿,等. 无机化学[M]. 北京:北京师范大学出版社,1987.

[44] 张青莲,申泮文. 无机化学丛书第九卷(铁、钴、镍)[M]. 北京:科学出版社,1996.

[45] 科顿 F A,威尔金森 G. 基础无机化学[M]. 南开大学化学系,译. 北京:科学出版社,1984.

[46] 印永嘉. 大学化学手册[M]. 济南:山东科学技术出版社,1985.

[47] 杨孔章. 胶体·吸附·催化科技词义汇编[M]. 济南:山东大学出版社,1989.

[48] 肖著 D J. 胶体与表面化学导论[M]. 3 版. 张中路,张仁佑,译. 北京:化学工业出版社,1989.

[49] 北京大学化学系胶体化学教研室. 胶体与界面化学实验[M]. 北京:北京大学出版社,1993.

[50] 沈忠,王果庭. 胶体与表面化学[M]. 北京:化学工业出版社,1991.

[51] 陈绍洲,徐佩若. 石油化学[M]. 上海:华东化工学院出版社,1993.

[52] 顾惕人. 表面化学[M]. 北京:科学出版社,1999.

[53] 姜兆华,孙德智,邵光杰. 应用表面化学与技术[M]. 哈尔滨:哈尔滨工业大学出版社,2000.

[54] 徐燕莉. 表面活性剂的功能[M]. 北京:化学工业出版社,2000.

[55] 普罗斯库列雅科夫 B A. 石油与天然气化学[M]. 阙国和,译. 北京:烃加工出版社,1985.

[56] 邓景发,范康年. 物理化学[M]. 北京:高等教育出版社,1993.

[57] 阿·诺伊曼. 材料和材料的未来[M]. 李新立,黄阿毕,陆中正,译. 北京:科学普及出版社,1986.

[58] 李成功,姚熹. 当代社会经济的先导——新材料[M]. 北京:新华出版社,1992.

[59] 师昌绪. 新型材料与材料科学[M]. 北京:科学出版社,1988.

[60] 马俊如,余翔林. 高技术研究前沿展望[M]. 合肥:中国科学技术大学出版社,1993.

[61] 郝霄鹏. 氮化物纳/微米晶的软化学合成研究[D]. 济南:山东大学,2002.

[62] 张立德. 我国纳米技术应用的现状和产业化的机遇[J]. 材料导报,2001,16(7):2-5.

[63] 杨萍. Ⅱ-Ⅵ族半导体纳米复合发光材料的研究[D]. 济南:山东大学,2002.

[64] 顾健明,黄欣,盛翠萍,等. 磁表面张力——磁流体密封机理研究的新思路[J]. 润滑与密封,2000(4):10-12.

[65] 张金升,尹衍升,张银燕,等. 以柴油为基液制备纳米磁性液体的研究[J]. 功能材料,2004(1):37-39.

[66] 许孙曲. 磁流体超声检测的原理和应用[J]. 声学技术,1994,13(2):95-96.

[67] 张健成,陈健文,王爱玲,等. 磁流体的粘磁特性及其应用[J]. 东北大学学报,1994,15(5):490-494.

[68] 蔡国琰,刘存芳. 磁流体力学及磁流体的工程应用[J]. 山东工业大学学报,1994,24(4):347-351.

[69] 邹继斌,陆永平,齐毓霖. 磁流体密封的阻力矩分析[J]. 润滑与密封,1995(1):6-9.

[70] 王瑞金. 磁流体研磨与磁性磨料研磨的比较试验[J]. 新技术新工艺,2001(3):18-20.

[71] 姚如杰. 磁流体在密封与润滑领域中的技术现状综述[J]. 润滑与密封,1994(3):64-67.

[72] 施锋,吴敏. 磁流体在交变磁场中的热效应[J]. 生物化学与生物物理进展,2000,27(3):281-283.

[73] 刘佐民,李玉明. 磁流研磨技术的国内外概况及其发展[J]. 武汉理工大学学报(信息与管理工程版),2000,22(1):26-29.

[74] 胡孕寅,高克敏. 磁性液体用于太阳能空调器的可行性探讨[J]. 磁性材料及器件,2001,32(1):51-54.

[75] 杨艳荣. 实验室制备的磁流体磁性与温度的关系[J]. 润滑与密封,1994(2):51-55.

［76］刘淑艳,赵克强. 铁磁流体及其应用[J]. 北京理工大学学报,1997
    (2):246-251.

［77］杨华,刘淑艳,赵克强,等. 铁磁流体粘度测量研究[J]. 北京理工大
    学学报,1995,15(1):45-49.

［78］黄军辉. 一种新型重液——水基磁流体[J]. 煤炭加工与综合利用,
    1998(3):1-5.

［79］朱传征,沈煜,徐超,等. 钇铁氧体磁流体的超顺磁性研究[J]. 化学
    通报,2000(4): 30-34.

［80］KODAMA R H. Magnetic nanoparticles [J]. Journal of Magnetism and
    Magnetic Materials,1999(200):359-372.

［81］ODENBACH S. Microgravity research as a tool for the investigation of
    effects in magnetic fluids [J]. Journal of Magnetism and Magnetic Mate-
    rials,1999 (201):149-154.

［82］ODENBACH S,RYLEWICZ T,HEYEN M. A rheometer dedicated for
    the investigation of visco-elastic effects in commercial magnetic fluids
    [J]. Journal of Magnetism and Magnetic Materials, 1999 (201): 155-
    158.

［83］VÉKÁS L,BIOA D,GHEORGHE D,et al. Concentration and composi-
    tion dependence of the rheological behavior of some magnetic fluids [J].
    Journal of Magnetism and Magnetic Materials,1999 (201):159-162.

［84］TUREK I,STELINA J,MUSIL C,et al. The effect of self-diffraction in
    magnetic fluids [J]. Journal of Magnetism and Magnetic Materials,1999
    (201):167-169.

［85］RAIKHER Y L,RUSAKOV V V. Dynamic of magneto-orientational sus-
    ceptibility in a viscoelastic magnetic fluid [J]. Journal of Magnetism and
    Magnetic Materials,1999(201):211-214.

［86］BOSSIS G,CEBERS A. Effects of the magneto dipolar interactions in the
    alternating magnetic fields [J]. Journal of Magnetism and Magnetic Ma-
    terials,1999(201):218-221.

［87］BASHTOVOI V,POGIRNITSKAYA S,REKS A. Dynamics of deforma-
    tion of magnetic fluid flat drops in a homogeneous longitudinal magnetic
    field [J]. Journal of Magnetism and Magnetic Materials, 1999 (201):
    300-302.

［88］JANG I J,HONG H E,CHOU Y C,et al. Pattern formation in microdrops of magnetic fluids[J]. Journal of Magnetism and Magnetic Materials,1999(201):317-320.

[89] LACIS S. Bending of ferrofluid droplet in rotating magnetic field[J]. Journal of Magnetism and Magnetic Materials,1999(201):335-338.

[90] UMEHARA N,KAWAUCHI M. Fundamental polishing properties of frozen magnetic fluid grinding [J]. Journal of Magnetism and Magnetic Materials,1999(201):364-367.

[91] KRAKOV M S. Influence of rheological properties of magnetic fluid on damping ability of magnetic fluid shock-absorber [J]. Journal of Magnetism and Magnetic Materials,1999(201):368-371.

[92] KATO K,UMEHARA N,SUZUKI M. A study of hardness of the frozen magnetic fluid grinding wheel [J]. Journal of Magnetism and Magnetic Materials,1999(201):376-379.

[93] 张金升,孙式霜,尹文军,等. 柴油基纳米磁性液体的制备[J]. 山东交通学院学报,2008(3):77-82.

[94] COTAE C,BALTAG O,OLARU R,et al. The study of a magnetic fluid-based sensor[J]. Journal of Magnetism and Magnetic Materials,1999(201):394-397.

[95] HADGIA S,IUSAN V,STANCI A. A method for magnetic field determination inside magnetic fluids[J]. Journal of Magnetism and Magnetic Materials,1999(201):404-406.

[96] BADESCU R,CONDURACHE D,IVANOIU M. Ferrofluid with modified stabilisant [J]. Journal of Magnetism and Magnetic Materials,1999(202):197-200.

[97] GAZEAU F,SHILOV V,BACRI J C,et al. Magnetic resonance of nanoparticles in a ferrofluid: evidence of thermofluctuational effects [J]. Journal of Magnetism and Magnetic Materials,1999(202):535-546.

[98] PRODAN D,CHANÉAC C,TRONC E,et al. Adsorption phenomena and magnetic properties of γ-Fe_2O_3 nanoparticles [J]. Journal of Magnetism and Magnetic Materials,1999(203):63-65.

[99] MORALES M P,ANDRES-VERGÉS M,VEINTEMILLAS-VERDAGUER S,et al. Structural effects on the magnetic properties of γ-Fe_2O_3 nanoparticles[J]. Journal of Magnetism and Magnetic Materials,1999(203):146-148.

[100] ZYSLER R D,FIORANI D,TESTA A M. Investigation of magnetic

properties of interacting Fe_2O_3 nanoparticles [J]. Journal of Magnetism and Magnetic Materials,2001(224):5-11.

[101] THORPE A N,SENFTLE F E,HOLT M,et al. Magnetization,micro-x-ray fluorescence,and transmission electron microscopy studies of low concentrations of nanoscale Fe_3O_4 particles in epoxy resin [J]. Journal of Materials Research,2000,15(11):2488-2493.

[102] 张茂润. Co-Fe_3O_4磁流体稳定性的研究[J]. 宁波大学学报(理工版),1998,11(2):28-31.

[103] 张世伟,李云奇. 磁流体动密封的工业应用[J]. 工业加热,1995(1):26-28.

[104] 刘鉴民. 磁流体发电[M]. 北京:机械工业出版社,1984.

[105] 李海英,沈煜,周丽绘,等. 磁流体在外加磁场中应用于油水分离的研究[J]. 化学世界,1999(9):492-495.

[106] 徐锦华. 日本磁性液体应用发展趋势[J]. 磁性材料及器件,1993,24(4):59-62.

[107] 顾红,祝琳华,王先逵,等. 一种极具潜力的新型化工材料——磁流体[J]. 云南化工,2001,28(2):37-40.

[108] 张金升,高友宾,李明田,等. 纳米 Fe_3O_4 粒子对改性沥青三大指标的影响[J]. 山东交通学院学报,2004(12):10-14.

[109] HONG C Y. Optical switch devices using the magnetic fluid thin films [J]. Journal of Magnetism and Magnetic Materials,1999 (201):178-181.

[110] ZUBAREV A Y, ISKAKOVA L Y. Nonlinear susceptibilities and sto-chastic resonance in frozen dense ferrocolloids[J]. Journal of Magnet-ism and Magnetic Materials,1999 (201):230-233.

[111] KIM Y S,NAKATSUKA K,FUJITA T,et al. Application of hydrophilic magnetic fluid to oil seal[J]. Journal of Magnetism and Magnetic Mate-rials,1999(201):361-363.

[112] UMEHARA N,SUZUKI K. Reduction of pull-off force with nanometer scale forming using magnetic fluid and magnetic field[J]. Journal of Magnetism and Magnetic Materials,1999(201):372-375.

[113] STANCI A, IUSAN V. Magnetofluidic sensor for mineral quality control in preparation processes [J]. Journal of Magnetism and Magnetic Mate-rials,1999(201):391-393.

[114] POPA N C,SIBLINI A,JORAT L. Influence of the magnetic permeabil-

ity of materials used for the construction of inductive transducers with magnetic fluid[J]. Journal of Magnetism and Magnetic Materials,1999 (201):398-400.

[115] CALARASU D,COTAE C,OLARU R. Magnetic fluid brake[J]. Journal of Magnetism and Magnetic Materials,1999(201):401-403.

[116] POPA N C,SIBLINI A,JORAT L. Gravitational electrical generator on magnetic fluid cushion[J]. Journal of Magnetism and Magnetic Materials,1999(201):407-409.

[117] PISO M I,VÉKÁS L. Magnetic fluid composites and tools for microgravity experiment[J]. Journal of Magnetism and Magnetic Materials,1999 (201):410-412.

[118] JORDAN A,SCHOLZ R,WUST P,et al. Magnetic fluid hyperthermia (MFH):cancer treatment with AC magnetic field induced excitation of biocompatible super paramagnetic nanoparticles[J]. Journal of Magnetism and Magnetic Materials,1999(201):413-419.

[119] CONNOLLY J, PIERRE T G S. Proposed biosensors based on time-dependent properties of magnetic fluids[J]. Journal of Magnetism and Magnetic Materials,2001(225):156-160.

[120] LIN X M,SORENSEN C M,KLABUNDE K J,HAJIPANAYIS G C. Control of cobalt nanoparticle size by the germ-growth method in inverse micelle system:size-dependent magnetic properties [J]. Journal of Materials Research,1999,17(4):1542-1547.

[121] ZHANG J S,YIN Y S,ZHANG Y Y,et al. Coating structure study on magnetic fluids by HREM[J]. Science of China,2003,46(4):401-406.

[122] 任伯胜. 稀土永磁材料的开发与应用[M]. 南京:东南大学出版社, 1989.

[123] 周寿曾. 稀土永磁材料及其应用[M]. 北京:冶金工业出版社, 1990.

[124] 浅海霞,熊惟皓. Sol-Gel 法合成有机/无机纳米复合材料的研究进展[J]. 材料导报,2001,15(12):55-57.

[125] 朱霞石,张晓红,范国康,等. Triton X100 微乳液体系中铁的萃取与分离[J]. 应用化学,2001,18(2):149-151.

[126] 杨毅,李凤生. 超细粒子复合技术进展[J]. 材料导报,2001(3):35-37.

[127] 邱广亮,邱广明,胡玲,等. $Fe_3O_4/P(St-CBA)$核壳磁性复合微球的制备及性质[J]. 精细化工,2001,18(5):274-277.

[128] 胡国祥. 磁流体润滑滑动轴承承载能力计算与分析[J]. 润滑与密封,1996(5):12-15.

[129] 赵勇,王强,查建中. 磁流体往复轴密封及其摩擦学设计初探[J]. 润滑与密封,2001(5):17-18.

[130] 蒋秉植,杨健美. 磁流体稳定性的解析[J]. 润滑与密封,1995(3):61-65.

[131] 许孙曲,许菱. 磁流体研究的若干新成果[J]. 磁性材料及器件,1995,26(2):23-28,39.

[132] 王听申. 磁流体轴密封的耐压计算[J]. 南京师大学报(自然科学版),1994,17(4):43-45.

[133] 彭洪修,朱以华,郑志凤,等. 磁性高分子微球的研究进展[J]. 材料导报,2001,15(5):46-49.

[134] 邹继斌,陆永平,齐毓霖. 磁性流体密封及其发展现状[J]. 摩擦学学报,1994,14(3):279-285.

[135] 李德才,钱丕智. 磁性流体密封系统的试验研究[J]. 电工电能新技术,1994(3):58-63.

[136] 邹继斌,陆永平,齐毓霖. 磁性流体水密封的实验研究[J]. 润滑与密封,1994(5):22-25.

[137] 王平. 磁性氧化铁悬浮体分散性的检验方法[J]. 实验技术与管理,1990,7(3):66-68.

[138] 李德才,宋登轩,袁祖贻. 磁性液体在直线型密封中的应用研究[J]. 功能材料,1997,28(1):96-98.

[139] 李海泓,李学慧,刘宗明. 氮化铁磁流体的制备技术[J]. 化学工程师,2000(2):17-19.

[140] 徐教仁. 氮化铁磁性液体材料及应用开发研究[J]. 材料导报,2001,15(2):6.

[141] 景志红,李延团,廖代正. 对苯二甲酸根桥联的双核铬(Ⅲ)配合物的合成与磁性[J]. 应用化学,2001,18(2):806-809.

[142] 许孙曲. 第5届国际磁流体会议学术论文综述[J]. 磁性材料及器件,1991,22(4):35-40.

[143] 许孙曲. 第6届国际磁流体会议学术论文综述[J]. 磁性材料及器件,1994,25(1):25-29.

[144] 许孙曲,许菱. 第7届国际磁流体会议学术论文综述[J]. 磁性材料

及器件,1996(4):40-45.

[145] 石秉仁,隋国芳. 电阻性鱼骨模理论[J]. 核聚变与等离子体物理, 1994,14(3):1-10.

[146] 刘学涌,丁晓斌,郑朝晖,等. 分散聚合制备聚苯乙烯/聚氧乙烯两亲磁性高分子微球[J]. 合成化学,2001(4):281-284.

[147] 杨玉玲,孙凤久,齐小龙,等. 改进型 Fe_3O_4 磁流体的研制及带膜磁畴观察[J]. 金属学报,2001,37(9):100-103.

[148] 孙凤兰,王井银. 金属超微粉磁流体研制及其稳定性分析[J]. 天津大学学报(自然科学与工程技术版),1994,27(3):375-379.

[149] 刘颖,王长葆,王建华. 改善磁流体稳定性的研究[J]. 润滑与密封, 1998(3):44-49.

[150] 王平,宋兰花,黄毓礼. 非水介质中磁粉对吸附质的吸附量与分散性的关系[J]. 北京化工学院学报(自然科学版),1990,17(1):38-42,49.

[151] 张茂润. 工艺参数的控制对液体磁性材料-铁磁流体性能的影响[J]. 功能材料,1996,27(4):328-331.

[152] 罗心,方裕勋,古埃磁. 天平法研究磁流体的磁性及稳定性[J]. 华东地质学院学报,1997,20(2):120-124.

[153] 焉翠蔚,李延团,廖代正. 含草酰胺桥的 $Cu(II)$-$Fe(II)$ 和 $Cu(II)$-$Zn(II)$ 双核配合物的合成、磁性及生物活性[J]. 应用化学,2001, 18(10):806-809.

[154] 佟晓东,薛博,白姝. 聚乙烯醇亲和磁性载体的吸附性能研究[J]. 天津大学学报(自然科学与工程技术版),2001,34(1):111-114.

[155] 姜继森,徐鸿志,陈龙武. 均匀 Fe_3O_4 胶体粒子形成机理 II. 低温 Mossbauer 谱研究[J]. 化学学报,1994(52):47-52.

[156] 池长青. 均匀磁场中铁磁流体润滑的平板滑块的性能[J]. 北京航空航天大学学报,2001,27(1):93-96.

[157] 陈龙武,章萍萍,姜继森,等. 均匀球状 Fe_3O_4 胶体粒子的制备[J]. 物理化学学报,1990,6(1):88-90.

[158] 张波,吴学兵,尹世忠. 开位形磁场中的螺旋星风[J]. 湖北大学学报(自然科学版),1994,16(1):60-62.

[159] 李志杰,孙维民,董星龙. 纳米 Fe 基磁流体制备[J]. 沈阳工程学院学报(自然科学版),2002,l4(1):32-34.

[160] BACRI J C,等. 离子铁磁流体的磁性胶体特性[J]. 材料导报, 1986,13(6):47-52.

[161] 童身毅,万敏. 两亲性高聚物及其应用[J]. 材料导报,1999,13 (5):46-48,68.

[162] 邢宏龙,徐国财,李爱元. 纳米粉体的分散及纳米复合材料的成型 技术[J]. 材料导报,2001,15(9):62-64.

[163] 樊世民,盖国胜. 纳米颗粒的应用[J]. 材料导报,2001,15(12):29- 31.

[164] 汪信,陆路德. 纳米金属氧化物的制备及应用研究的若干进展[J]. 无机化学学报,2000,16(2): 213-217.

[165] 徐爱菊,刘世昌,张强,等. 平炉尘合成超细 Fe_3O_4 碱性条件研究 [J]. 内蒙古师大学报(自然汉文版), 2003, 30(4):327-330,340.

[166] 郭广生,王志华,余实,等. 气-液化学反应制备氮化铁磁性液体[J]. 无机化学学报,2000,15(5): 921-925.

[167] 古映莹,桑商斌,黄可龙,等. 软磁铁氧体纳米超微粉及其热动力学 性质的研究进展[J]. 磁性材料及器件,1999,30(4): 51-55.

[168] 潘群雄,潘晖华,陈建华. 溶胶-凝胶技术与纳米材料的制备[J]. 材 料导报,2001,15(12):40-42.

[169] 陈郁明. 如何延长微乳液的使用寿命[J]. 广州机床研究,2001 (3):73.

[170] 高兰萍,邱广明. 纳米级磁性复合微球的制备[J]. 内蒙古师大学报 (自然汉文版), 1998,27(4):302-306.

[171] 童健忠,倪秋芽. 烧煤磁流体发电技术发展前景展望[J]. 高技术通 讯,1994(8):33-38.

[172] 黄军辉. 水基磁流体制备技术的研究[J]. 选煤技术,1998,6(3):3- 6.

[173] 池长青. 铁磁流体润滑中的非牛顿流影响[J]. 北京航空航天大学 学报,2001,27(1):88-92.

[174] 邱星屏. 四氧化三铁磁性纳米粒子的合成及表征[J]. 厦门大学学 报(自然科学版),1999,38(5):711-715.

[175] 石秉仁. 托卡马克理想磁流体不稳定性的统一描述(Ⅰ)[J]. 核聚 变与等离子体物理,2001,21(2):65-72.

[176] 石秉仁. 托卡马克理想磁流体不稳定性的统一描述(Ⅱ)[J]. 核聚 变与等离子体物理,2001,21(3):129-136.

[177] 王胜林,朱以华,吴秋芳,等. 微悬浮聚合法合成聚苯乙烯磁性微球 [J]. 华东理工大学学报,27(4): 364-367.

[178] 王丁林,沈骏,胡先罗,等. 稀土镝铁氧体磁流体的 W/O 微乳液法

制备及性质研究[J]. 华东理工大学学报(自然科学版),2001,3 (1):71-76.

[179] 张茂润,李广田. 新型磁性材料——Co-Fe_3O_4磁流体的研制[J]. 功能材料,1994,25(1):44-48.

[180] 邵庆辉,古国榜,章莉娟. 微乳化技术在纳米材料制备中的应用研究[J]. 化工新型材料,2001,29(7):9-12.

[181] 方启学. 微细颗粒水基悬浮体分散的研究[J]. 矿冶,1999,18(4):23-28.

[182] 陈捷,薛博,白姝. 新型磁性亲和载体的制备及其对溶菌酶的吸附[J]. 天津大学学报(自然科学与工程技术版),2001,34(1):103-106.

[183] 刘辉,钟伟,都有为. 新型磁性液体的制备及其旋转轴动态封油技术研究[J]. 磁性材料及器件,2001(4):45-48.

[184] 程彬,朱玉瑞,江万权,等. 无机-高分子磁性复合粒子的制备和表征[J]. 化学物理学报(英文版),2000,13(3):359-362.

[185] 杨兰田,杨丕博,吴少平,等. 修正的粘滞律及有磁吸积盘的稳定性研究[J]. 天文学报,1995,36(3):252-260.

[186] 杨玉波,马丽艳,崔商哲. 永磁磁系磁流体静力分选的研究[J]. 黄金,1994,15(4):8-13.

[187] 王文生,郑龙熙,高福祥. 用轧钢酸洗废液制备铁磁流体的研究[J]. 金属矿山,1994(1):44-46,27.

[188] 谢永贤,陈文,徐庆. 有序介孔材料的合成及机理[J]. 材料导报,2002,16(1):51-53.

[189] 张世伟,李云奇. 转轴偏心与磁流体密封耐压的关系[J]. 润滑与密封,1995(1):55-59.

[190] 丁明,曾桓兴. 中和沉淀法 Fe_3O_4 的生成研究[J]. 无机材料学报,1998,13(4):619-624.

[191] SIDDHESHWAR P G,PRANESH S. Effect of temperature/gravity modulation on the onset of magento-convection in weak electrically conducting fluids with internal angular momentum [J]. Journal of Magnetism and Magnetic Materials,1999(192):159-176.

[192] JEYADEVAN B,NAKATANI I. Characterization of field-induced needle-like structures in ionic and water-based magnetic fluids [J]. Journal of Magnetism and Magnetic Materials,1999(201):62-65.

[193] SEGAL V,NATTRASS D,RAJ K,et al. Accelerated thermal aging of

petroleum-based ferrofluids[J]. Journal of Magnetism and Magnetic Materials,1999(201):70-72.

[194] ZAHN M, PIOCH L L. Ferrofluid flows in AC and traveling wave magnetic fields with effective positive, zero or negative dynamic viscosity [J]. Journal of Magnetism and Magnetic Materials,1999(201):144-148.

[195] IVANOV A O. Phase separation in magnetic colloids [J]. Journal of Magnetism and Magnetic Materials [J]. 1999(201):234-237.

[196] TULCAN E,SOFONEA V. Morphology of cluster formation in magnetic fluids[J]. Journal of Magnetism and Magnetic Materials,1999(201): 238-241.

[197] KAMIYAMA S,UENO K,YOKOTA Y. Numerical analysis of unsteady gas liquid two-phase flow of magnetic fluid[J]. Journal of Magnetism and Magnetic Materials,1999(201):271-275.

[198] OMURA N,YAMASHITA K,SAWADA T,et al. Dynamic characteristics of a magnetic fluid column formed by magnetic field [J]. Journal of Magnetism and Magnetic Materials,1999(201):279-299.

[199] YANG H C,JANG I J,HONG H E,et al. Behavior of the magnetic structures of the magnetic fluid film under tilted magnetic fields[J]. Journal of Magnetism and Magnetic Materials,1999(201):313-316.

[200] ROTHERT A,RICHTER R. Experiments on the breakup of a liquid bridge of magnetic fluid[J]. Journal of Magnetism and Magnetic Materials,1999(201):324-327.

[201] BASHTOVOI V,KUZHIR P,REKS A. Statics of magnetic fluid drop in channels of various forms[J]. Journal of Magnetism and Magnetic Materials,1999(201):328-331.

[202] NALETOVA V A,TURKOV V A. Film thickness discontinuity generation in a magnetic field[J]. Journal of Magnetism and Magnetic Materials,1999(201):346-349.

[203] SHIMADA K,KAMIYAMA S,IWABUCHI M. Effect of a magnetic field on the performance of an energy conversion system using magnetic fluid [J]. Journal of Magnetism and Magnetic Materials,1999 (201):357-360.

[204] POPA N C, DE S I,ANTON I,et al. Magnetic fluids in aerodynamic measuring devices[J]. Journal of Magnetism and Magnetic Materials,

1999(201):385-390.

[205] KOROVIN V M, KUBASOV A A. Tangential magnetic field induced structure in a thin layer of viscous magnetic fluid when developing Rayleigh-Taylor instability[J]. Journal of Magnetism and Magnetic Materials,1999(202):547-553.

[206] CHEN Z M, ZHANG Y, HADJIPANAYIS G C, et al. Effect of wheel speed and subsequent annealing on the microstructure and magnetic properties of nano- composite $Pr_2Fe_{14}B/\alpha$-Fe magnets [J]. Journal of Magnetism and Magnetic Materials,1999(206):8-16.

[207] MENDOZA-SUÁREZ G, ESCALANTE-GARCIA J I, LÓPEZ-CUEVAS J, et al. Effect of roll speed on the magnetic properties of nanocompositie PrFeB magnets prepared by melt spinning [J]. Journal of Magnetism and Magnetic Materials,1999(206):37-44.

[208] YUE Z X, ZHOU J, LI L T, et al. Synthesis of nano- crystalline NiCuZn ferrite powders by sol-gel auto-combustion method[J]. Journal of Magnetism and Magnetic Materials,2000(208): 55-60.

[209] RAJES H, SHAH C, BHAT M V. Squeeze film based on magnetic fluid in curved porous rotating circular plates[J]. Journal of Magnetism and Magnetic Materials,2000(208):115-119.

[210] ISHIZAKA S, NAKAMURA K. Propagation of solitons of the magnetization in magnetic nanoparticle arrays[J]. Journal of Magnetism and Magnetic Materials,2000(210):L15-L19.

[211] RHEINLÄNDER T, ROESSNER D, WEITSCHIES W, et al. Comparison of size-selective techniques for the fractionation of magnetic fluids [J]. Journal of Magnetism and Magnetic Materials,2000(214):269-275.

[212] SIDDHESHWAR P G, PRANESH S. Effect of temperature/gravity modulation on the onset of magneto-convection in electrically conducting fluids with internal angular momentum [J]. Journal of Magnetism and Magnetic Materials,2000(219):L153-L162.

[213] RHEINLÄNDER T, KÖTITZ R, WEITSCHIES W, et al. Magnetic fractionation of magnetic fluids [J]. Journal of Magnetism and Magnetic Materials,2000(219):219-228.

[214] GENG D Y, ZHANG Z D, CUI B Z, et al. Nano- composite $SmFe_7C_x/\alpha$-Fe permanent magnet [J]. Journal of Magnetism and Magnetic Materials,2001(224):33-38.

[215] KIM D K,ZHANG Y,VOIT W,et al. Synthesis and characterization of surfactant-coated superparamagnetic monodispersed iron oxide nanoparticles[J]. Journal of Magnetism and Magnetic Materials,2001 (225): 30-36.

[216] MORAIS P C,GARG V K,OLIVEIRA A C,et al. Synthesis and characterization of size-controlled cobalt-ferrite-based ionic ferrofluids [J]. Journal of Magnetism and Magnetic Materials,2001(225):37-40.

[217] PARDOE H, Chua-Anusorn W, PIERRE T G,et al. Structural and magnetic properties of nanoscale iron oxide particles synthesized in the presence of dextran of polyvinyl alcohol [J]. Journal of Magnetism and Magnetic Materials,2001(225):41-46.

[218] STEVENSON J P,RUTNAKORNPITUK M,VADALA M,et al. Magnetic cobalt dispersions in poly(dimethylsiloxane) fluids [J]. Journal of Magnetism and Magnetic Materials,2001(225): 47-58.

[219] EDMONDS K W,BINNS C,BAKER S H,et al. Size dependence of the magnetic moments of exposed nanoscale iron particles [J]. Journal of Magnetism and Magnetic Materials,2001(231):113-119.

[220] JIANG I M,WANG C Y,TSAI M S,et al. Ordering classification of columnar lattices formed in magnetic fluid subjected to perpendicular fields [J]. Journal of Magnetism and Magnetic Materials,2001(232): 181-188.

[221] DE CASTRO A R B,FONSECA P T,PACHECO J G,et al. L-edge inner shell spectroscopy of nanostructured Fe_3O_4[J]. Journal of Magnetism and Magnetic Materials,2001(233):69-73.

[222] TIFREA I,GROSU I,CRISAN M. Magnetic instability of a two-dimensional Anderson non-Fermi liquid [J]. Journal of Magnetism and Magnetic Materials,2001(233):205-208.

[223] BENITO G,MORALES M P,REQUENA J,et al. Barium hexaferrite monodispersed nanoparticles prepared by the ceramic method [J]. Journal of Magnetism and Magnetic Materials,2001 (234): 65-72.

[224] FORSTER G D,PANKHURST Q A,PARKIN I P. Preparation of FeMnB alloys by chemical reduction[J]. Journal of Materials Science Letters,1999(18):39-40.

[225] BARQUIN L F,FORSTER G D,COHEN N S,et al. Synthesis of amorphous Fe-Zr-B by chemical reduction [J]. Journal of Materials Science

Letters,1999(18):425-426.

[226] CHOI Y,CHO N I. The formation of Ni-Zn ferrites through self-propagating high-temperature synthesis [J]. Journal of Materials Science Letters,1999(18):655-658.

[227] LEE J H,MAENG D Y,KIM Y S,et al. The characteristics of Ni-Zn ferrite powder prepared by the hydrothermal process [J]. Journal of Materials Science Letters,1999(18):1029-1031.

[228] CHHAYA U V,TRIVEDI B S,KULKARNI R G,et al. Magnetic ordering and properties of nickel ferrite doped with Al^{3+} and Cr^{3+} ions [J]. Journal of Materials Science Letters,1999(18): 1177-1179.

[229] WANG L,FENG L X,XIE T,et al. A new route for preparing magnetic polyolefins with well dispersed nanometer magnetic particles in polymer matrix using supported $Fe_3O_4/AlR_3/TiCl_4$ nanometer magnetic Ziegler-Natta catalyst [J]. Journal of Materials Science Letters, 1999 (18): 1489-1491.

[230] JIANG J S,GAO L,YANG X L,et al. Nanocrystalline NiZn ferrite synthesized by high energy ball milling [J]. Journal of Materials Science Letters,1999(18):1781-1783.

[231] BEALES T P. The magnetic properties of a series of bipyridyl TCNQ complex salts [J]. Journal of Materials Science Letters,2000(19): 397-399.

[232] PEROVA T S,FANNIN P C,PEROV P A. Magnetically doped discotic liquid crystal [J]. Journal of Materials Science Letters,2000(19): 459-460.

[233] HU J F,QIN H W,ZHAO W J,et al. Colossal magnetoresistance of $La_{0.67}Ca_{0.33}MnO_3$ doped with Ni[J]. Journal of Materials Science Letters,2000(19):1495-1497.

[234] SAITO T. The effect of the grain size on the oxidation resistance of Nd-Fe-B magnets [J]. Journal of Materials Science Letters,2001(20): 209-221.

[235] BERRY F J,MARCO J F,PONTON C B,et al. Preparation and characterization of rare earth-doped strontium hexaferrites $Sr_{1-x}M_xFe_{12}O_{19}$ (M=La,Eu) [J]. Journal of Materials Science Letters,2001(20): 431-434.

[236] ATWATER J E,AKSE J R,JOVANOVIC G N,et al. Preparation of me-

tallic cobalt and cobalt-barium titanate spheres as high temperature media for magnetically stabilized fluidized bed reactors [J]. Journal of Materials Science Letters,2001(20):487-488.

[237] SUN L,CHIEN C L, SEARSON P C. Fabrication of nanoporous single crystal mica templates for electrochemical deposition of nanowire arrays [J]. Journal of Materials Science,2000(35):1097-1103.

[238] TONEGUZZO P H,VIAU G,ACHER O,et al. CoNi and FeCoNi fine particles prepared by the polyol process: physico-chemical characterization and dynamic magnetic properties[J]. Journal of Materials Science,2000 (35):3767-3784.

[239] NAKAYAMA T, YAMAMOTO T A, CHOA Y H,et al. Structure and magnetic properties of iron oxide dispersed silver based nanocluster composite [J]. Journal of Materials Science,2000(35):3857-3861.

[240] ZYSLER R D,RAMOS C A,ROMERO H,et al. Chemical synthesis and characterization of amorphous Fe-Ni-B magnetic nanoparticles [J]. Journal of Materials Science,2001(36):2291-2294.

[241] GONSALVES K E,LI H,SANTIAGO P. Synthesis of acicular iron oxide nanoparticles and their dispersion in a polymer matrix [J]. Journal of Materials Science,2001(36):2461-2471.

[242] LIN W H,JIANG S K, JEAN S K J,et al. Phase formation and composition of Mn-Zn ferrite powders prepared by hydrothermal method [J]. Journal of Materials Research,1999,14(1):204-208.

[243] DONG X L, ZHANG Z D,ZHAO X G,et al. The preparation and characterization of ultrafine Fe-Ni particles [J]. Journal of Materials Research,2003,15(2):398-406.

[244] MAO O,ALTOUNIAN Z,STRÖM-OLSEN J O,et al. Phase transformation in ball- milled iron-rich Sm-Fe(-C) powders [J]. Journal of Materials Research,1999,16(3):750-762.

[245] LÓPEZ-DELGADO A, LÓPEZ F A, MARTÍN DE VIDALES J L,et al. Synthesis of nickel-chromium-zinc ferite powders from stainless steel pickling liquors [J]. Journal of Materials Research, 1999, 21 (8): 3427-3432.

[246] KUNDU T K, CHAKRAVORTY D. Nanocrystalline $MnFe_2O_4$ produced by niobium doping [J]. Journal of Materials Research,1999,22(10):

3957-3961.

[247] ZHONG W B. Ultrafine $MnFe_2O_4$ powder preparation by combusting the coprecipitate with and without Mg^{2+} or Zn^{2+} additives [J]. Journal of Materials Research,2000,15(1):170-175.

[248] PAL M,DAS D,CHINTALAPUDI S N,et al. Preparation of nanocomposites containing iron and nickel-zinc ferrite [J]. Journal of Materials Research,2000,15(3):683-688.

[249] BRITTON M M, GRAHAM R G, PACKER K J. Relationships between flow and NMR relaxation of fluids in porous solids [J]. Magnetic Resonance Imaging,2001(19):325-331.

[250] MANSFIELD P,BENCSIK M. Stochastic effects on single phase fluid flow in porous media [J]. Magnetic Resonance Imaging,2001(19): 333-337.

[251] SEDERMAN A J, GLADDEN L F. Magnetic resonance visualisation of single- and two-phase flow in porous media [J]. Magnetic Resonance Imaging,2001 (19):339-343.

[252] KIMMMICH R, KLEMM A, WEBER M. Flow, diffusion, and thermal convection in percolation clusters: NMR experiments and numerical FEM/FVM simulations [J]. Magnetic Resonance Imaging,2001 (19): 353-361.

[253] STAPF S,BERNHARD BLÜMICH. Multi-gradient pulse investigations of fluid transport in porous media [J]. Magnetic Resonance Imaging, 2001 (19):385-389.

[254] GRINBERG F,RAINER K. Surface effects and dipolar correlations of confined and constrained liquids investigated by NMR relaxation experiments and computer simulations [J]. Magnetic Resonance Imaging, 2001 (19):401-404.

[255] URYADOV A V, SKIRDA V D. Study of molecular mobility of fluid in zeolite NaX [J]. Magnetic Resonance Imaging,2001 (19):429-432.

[256] HILLS B P,TANG H-R. , MANOJ P,et al. NMR difusometry of oil-in-water emulsions [J]. Magnetic Resonance Imaging,2001 (19):449-451.

[257] VILFAN M, APIH T, GREGOROVIČ A, et al. Surface-induced order and diffusion in 5CB liquid crystal confined to porous glass [J]. Mag-

netic Resonance Imaging,2001(19):433-438.

[258] HOLZ M, HEIL S R, SCHWAB I A. Electrophoretic NMR studies of electrical transport in fluid-filled porous systems [J]. Magnetic Resonance Imaging,2001(19):457-463.

[259] STEPIŠNIK J, CALLAGHAN P T. Low-frequency velocity correlation spectrum of fluid in a porous media by modulated gradient spin echo [J]. Magnetic Resonance Imaging,2001(19):469-472.

[260] FANTAZZINI P, VIOLA R, ALNAIMI S M, et al. Combined MR-relaxation and MR-cryoporometry in the study of bone microstructure [J]. Magnetic Resonance Imaging,2001(19):481-484.

[261] DJEMAI A,GLADDEN L F,BOOTH J,et al. MRI investigation of hydration and heterogeneous degradation of aliphatic polyesters derived from lactic and glycolic acids: a controlled drug delivery device [J]. Magnetic Resonance Imaging,2001(19):521-523.

[262] MANTLE M D,BIJELJIC B,SEDERMAN A J,et al. MRI velocimetry and Lattice-Boltzmann simulations of viscous flow of a Newtonian liquid through a dual porosity fibre array [J]. Magnetic Resonance Imaging, 2001(19):527-529.

[263] SHIMADA K, KAMIYAMA S. Numerical analysis of effect of distribution of mass concentration on steady magnetic fluid flow in a straight tube [J]. IEEE Transactions On Magnetics,2000,36(5):3706-3708.

[264] BRYAR T R,DAUGHNEY C J,KNIGHT R J. Paramagnetic effects of iron(Ⅲ) species on nuclear magnetic relaxation of fluid protons in porous media [J]. Journal of Magnetic Resonance,2001(42):74-85.

[265] ENNAS G,MARONGIU G,MUSINU A,et al. Characterization of nanocrystalline γ-Fe$_2$O$_3$ prepared by wet chemical method [J]. Journal of Materials Research,1999,18(4):1570-1575.

[266] 尹衍升,张金升,张银燕,等. 纳米磁流体密封结构的设计[J]. 机械工程学报,2004(4):103-107.

[267] 曹茂盛. 超微颗粒制备科学与技术[M]. 哈尔滨:哈尔滨工业大学出版社,1998.

[268] 魏雨,赵建路,武瑞涛,等. 一种液相制备均匀 α-Fe$_3$O$_4$ 微粉的新方法[J]. 功能材料,2000,31(1):105-106.

[269] 解奉生,宋华秀,赵光棋,等. 氨水泵磁流体密封[J]. 润滑与密封, 1996(3):21-23.

[270] 马秋成,刘颖,王建华. 磁流体密封水的有关规律研究[J]. 润滑与密封,1996(5):24-27.

[271] 解奉生,宋华秀,魏泽鼎. 磁流体液膜密封[J]. 润滑与密封,1996(3):18-20.

[272] 刘同冈,刘玉斌,杨志伊. 磁流体用于旋转轴液体密封的研究[J]. 润滑与密封,2001(1):29-31.

[273] GUO L C. Surface and colloidal chemistry in processing of advanced alumna ceramics[D]. Japan:Nagaoka University of Technology,1998.

[274] 成昭华,沈保根. 铁基纳米复合永磁材料的相成分与磁性[J]. 物理,1997,26(5):272-279.

[275] MORALES M P,VEINTEMILLAS-VERDAGUER S,SERNA C J. Magnetic properties of uniform γ-Fe_2O_3 nanoparticles smaller than 5nm prepared by laser pyrolysis[J]. Journal of Materials Research,1999,20(7):3066-3072.

[276] 赖欣,毕剑,高道江,等. Fe_3O_4 磁性流体的制备[J]. 磁性材料及器件,2000,31(3):15-18.

[277] KATZ J L,XING Y C,CAMMARATA R C. Magnetophoretic deposition of nanocomposites[J]. Journal of Materials Research,1999,23(12):4457-4459.

[278] 张银燕,王遵义,弓文国,等. 纳米磁性液体的制备和影响因素研究. 湖南文理学院学报(自然科学版),2004(6):22-26,51.

[279] 张金升,尹衍升,张银燕,等. 均匀超细 Fe_3O_4 磁流体的研究[J]. 化工进展,2003(5):38-42.

[280] 张金升,尹衍升,吕忆农,等. 磁性流体中纳米 Fe_3O_4 粒子包覆结构的研究[J]. 中国科学,2003,33(7):609-613.

[281] 张银燕,尹衍升,张金升,等. 纳米 Fe_3O_4 磁性液体稳定性的研究[J]. 化学物理学报,2004(2):83-86.

[282] 杨淑珍,周和平. 无机非金属材料测试实验[M]. 武汉:武汉工业大学出版社,1991.

[283] 黄孝瑛,侯耀永,李理. 电子衍衬分析原理与图谱[M]. 济南:山东科学技术出版社,2000.

[284] 杨南如. 无机非金属材料测试方法[M]. 武汉:武汉工业大学出版社,1993.

[285] 山东大学材料科学与工程学院. 材料物理研究方法[M]. 济南:山东大学出版社,2002.

[286] 王兆民,王奎雄,吴宗凡. 红外光谱学的理论与实践[M]. 北京:兵器工业出版社,1995.

[287] 王宗明,何欣翔,孙殿卿. 实用红外光谱学[M]. 2 版. 北京:石油工业出版社,1990.

[288] 林秀英. 红外光谱解析[M]. 济南:济南出版社,1995.

[289] 陈英方. 红外和喇曼光谱技术[M]. 北京:纺织工业出版社,1988.

[290] 陈允魁. 红外吸收光谱法及其应用[M]. 上海:上海交通大学出版社,1993.

[291] 卢涌泉,邓振华. 实用红外光谱解析[M]. 北京:电子工业出版社,1989.

[292] 郑顺旋. 激光喇曼光谱学[M]. 上海:上海科学出版社,1985.

[293] MORAIS P C,DA SILVA S W,SOLER M A G,et al. Raman spectroscopy in oleoylsarcosine-coated magnetic fluids: a surface grafting investigation [J]. IEEE Transactions on Magnetics,2000,36(5):3712-3714.

[294] 夏元复,陈懿. 穆斯堡尔谱学基础和应用[M]. 北京:科学出版社,1987.

[295] 夏元复,叶纯灏,张健. 穆斯堡尔效应及其应用[M]. 北京:原子能工业出版社,1984.

[296] 韦特海姆. 穆斯堡尔效应原理及应用[M]. 北京:北京冶金研究所,1976.

[297] ŚLAWSKA-WANIEWSKA A, DIDUKH P, GRENECHE J M, et al. Mössbauer and magnetisation studies of $CoFe_2O_4$ particles in a magnetic fluid [J]. Journal of Magnetism and Magnetic Materials,2000(215-216):227-230.

[298] ZHANG H Y. The Mossbauer spectra of carbon-coated iron and iron compound nanocrystals produced by arc discharge [J]. Journal of Materials Science Letters,1999(18):919-920.

[299] 贡泽尔. 穆斯堡尔谱学[M]. 徐英庭,等译. 北京:科学出版社,1979.

[300] 贡泽尔. 穆斯堡尔谱学(Ⅱ)——方法的奇异方面[M]. 徐英庭,等译. 北京:科学出版社,1988.

[301] 马如璋,等. 穆斯堡尔谱学手册[M]. 北京:冶金工业出版社,1993.

[302] 许菱,许孙曲. 磁流体密封的应用[J]. 机械工程师,2000(6):24-

26.

[303] 李德才,袁祖贻. 磁流体密封的研究[J]. 北京交通大学学报,1995, 19(2):183-187.

[304] POPA N C,DE SABATA I,ANTON I,et al. Magnetic fluids in aerodynamic measuring devices [J]. Journal of Magnetism and Magnetic Materials,1999（201）:385-390.

[305] 王以真. 实用磁路设计[M]. 天津:天津科学技术出版社,1992.

[306] 邹继斌,刘宝迅,崔淑敏,等. 磁路与磁场[M]. 哈尔滨:哈尔滨工业大学出版社,1998.

[307] 林其壬,赵佑民. 磁路设计原理[M]. 北京:机械工业出版社,1987.

[308] 马秋成. 磁流体密封结构[J]. 润滑与密封,1995(4):50-53.

[309] 赵国伟,池长青,王之珊,等. 磁流体密封结构参数对密封能力的影响[J]. 航空动力学报,2000,15(3): 255-259.

[310] PARK G S,PARK S H. New structure of the magnetic fluid linear pump [J]. IEEE Transactions On Magnetics,2000,36(5):3709-3710.

[311] 王之珊,陈建平,赵丕智. 一种新型组合密封系统的实验研究[J]. 北京航空航天大学学报,2000,26(4):451-453.

[312] 刘颖,王全胜,王建华,等. 磁流体密封自修复的试验研究[J]. 摩擦学学报,1998,18(3): 263-267.

[313] 张金升,尹衍升,张淑卿,等. 磁性液体及其密封应用研究综述[J]. 润滑与密封,2003(5): 20-25.

[314] 徐桂英,张莉,李干佐. 表面活性剂吸附对固/液分散体系稳定性的影响[J]. 日用化学工业,1997(3):56-59.

[315] 伦宁. 表面活性剂在胶体制备中的作用[J]. 山东工程学院学报, 1999,13(2):62-65.

[316] 周伦,王凯印. 磁流体分散稳定机理分析研究[J]. 润滑与密封, 1996(1):58-60.

[317] 贝特曼. 磁流体力学不稳定性[M]. 徐复,译. 北京:原子能工业出版社,1982.

[318] SALEHI D M,HESHMAT D H. On the dynamic and thermal performance of a zero clearance auxiliary bearing(zcab) for a magnetic bearing system [J]. Tribology Transactions,2000（43）:3,345-440.

[319] WU K T,YAO Y D. Dynamic structure study of Fe_3O_4 ferrofluid emulsion in magnetic field [J]. Journal of Magnetism and Magnetic Materials,1999(201):186-190.

[320] IVANOV A O,ZUBAREV A Y. Kinetics of a ferrofluid phase separation induced by an external magnetic field [J]. Journal of Magnetism and Magnetic Materials,1999（201）:222-225.

[321] ZUBAREV A Y, ISKAKOVA L Y, YUSHKOV A V. Dynamical properties of dense magnetic suspensions [J]. Journal of Magnetism and Magnetic Materials,1999（201）:226-229.

[322] KORB J P. Surface dynamics of liquids in porous media [J]. Magnetic Resonance Imaging,2001（19）:363-368.

[323] CHOI J,KATO T. Static and dynamic behavior of liquid Nano-Meniscus bridge [J]. Tribology Transactions,2001（44）:1,19-26.

[324] SEGAL V,RABINOVICH A,NATTRASS D,et al. Experimental study of magnetic colloidal fluids behavior in power transformers [J]. Journal of Magnetism and Magnetic Materials,2000（215-216）:513-515.

[325] CHOI H J,KWON T M,JHON M S. Effects of shear rate and particle concentration on rheological properties of magnetic particle suspensions [J]. Journal of Materials Science,2000（35）:889-894.

[326] PHULÉ P P,MIHALCIN M P,GENC S. The rule of the dispersed-phase remnant magnetization on the redispersibility of magnetorheological fluids [J]. Journal of Materials Research,1999,19（7）:3037-3041.

[327] XIONG G,WEI G B,YANG X J,et al. Characterization and size-dependent magnetic properties of $Ba_3Co_2Fe_{24}O_{41}$ nanocrystals synthesized through a sol-gel method [J]. Journal of Materials Science, 2000（35）:931-936.

[328] 肖序刚. 晶体结构几何学[M]. 北京:高等教育出版社,1993.

[329] 王矜奉. 固体物理教程[M]. 济南:山东大学出版社,1999.

[330] 范雄. X-射线金属学[M]. 北京:机械工业出版社,1981.

[331] 周志朝,杨辉,朱永花. 无机材料显微结构分析[M]. 杭州:浙江大学出版社,1993.

[332] 张金升. 超细 Fe_3O_4 磁性液体的制备、表征和稳定机制研究[D]. 济南:山东大学,2002.

名 词 索 引

B

靶向药物　1.4
包覆　1.4
饱和磁化强度　1.2
表面活性剂　1.4
表征　1.2
布朗运动　1.3

C

柴油　3.2
超声波　1.4
超顺磁性　1.1
沉降　1.3
沉降平衡　1.3
齿部　8.6
传感器　1.2
磁场　1.1
磁场强度　1.2
磁畴　1.1
磁导率　1.2
磁感应强度　1.2
磁化强度　1.2
磁回路　1.4
磁流体　1
磁路　1.4
磁性　1
磁性血栓　1.4
磁性液体　1

磁性针剂　1.4
磁液　1

D

单级密封　8.1
单极密封　8.6
电动电势　1.3
电动现象　1.3
电渗　1.3
电泳　1.3
电子衍射谱　6.7
丁达尔效应　4.1
动密封　1.4
多级密封　1.4
多极密封　1.4

F

反铁磁性　1.2
分离细胞　9.3
分散剂　1.3
分散性　2.2
负溶胶　1.3

G

高分辨电镜　1.3
高压密封　8.7

H

红外光谱　6.8

J

机油　2.4

基液　1.3

基载液　1

极尖　8.6

碱源　3.2

胶团　1.3

界面畸变　10.4

静电稳定机制　1.3

聚沉　1.3

聚沉电解质　1.3

聚结　1.3

K

抗磁性　1.2

空间位阻　1.3

扩散　1.3

扩散层　1.3

L

拉曼光谱　6.9

老化　1.4

冷冻干燥法　3.1

离子溅射法　3.1

离子强度　4.4

两性溶胶　1.3

流变学　1.3

漏磁导　8.6

M

密封　1.1

密封环　8.4

密封压差　1.4

N

纳米　1

纳米改性沥青　10.1

纳米颗粒　1

纳米效应　1.1

黏度　1.3

黏性　1.3

浓度　1.3

P

平均直径　2.1

Q

起始磁导率　1.4

气体密封　1.4

前驱体　3.1

R

溶胶-凝胶法　3.1

乳光实验　4.1

润滑剂　1.4

S

SD-03　4.2

扫描电镜　3.2

湿化学共沉淀　3.2

双电层　1.3

双酯　3.6

顺磁性　1.1

T

弹性外壳　1.3

弹性位阻　1.3

铁磁流体　1

铁磁性　1
铁磁性物质　1
透射电镜　3.2
团聚　1.3

W

微区反应　10.4
微乳液　1.4
稳定机制　1.3
稳定性　1.2

X

X-射线衍射　1.4
吸附　1
吸附层　1.3
稀土永磁　1.2
洗涤　1.3
细胞分离　1.2
絮凝　1.3

悬浮性　1.4
旋转密封　1.2

Y

压力密封　1.4
亚铁磁性　1.2
氧化作用　3.7
液体密封　1.4
油酸　1.3
油酸钠　3.2

Z

造影剂　1.4
真空磁导率　2.1
真空蒸发法　3.1
蒸发-凝聚法　3.1
蒸气压　1.4
正溶胶　1.3
组分重组　10.4